なるほどベクトルポテンシャル

村上 雅人　著

なるほどベクトルポテンシャル

海鳴社

はじめに

　ベクトルポテンシャル (vector potential) は、まことに不思議な存在である。多くの初学者は電磁気学を学習したときにはじめて出会うが、なぜ、このような物理量が導入されたのかに戸惑うはずである。しかも、ポテンシャルという名前がついているが、力学で習うポテンシャルとはまったく異なる概念である。ポテンシャルならばスカラーになるはずであるが、ベクトルなのである。

　さらに、通常の電磁現象を解析するのであれば、磁場や電場で充分である。それが、回転演算子である rotation (rot) を施して、はじめて物理的実態である磁場を与えるベクトルポテンシャルが導入される。そして、この rot という演算子もよくわからないからお手上げである。このようなわけで、その存在意義もわからないまま、「そういえば、電磁気学ではベクトルポテンシャルというものを習った記憶がある」という程度で終わってしまうのではないだろうか。

　しかし、いったん、量子力学の世界に入り込むと、なぜかベクトルポテンシャルが主役として登場する。しかも、「もともとマックスウェルは、ベクトルポテンシャルこそが電磁気学の本質であると考えていた」などという話を聞くと、落ち着かない。

　実は、私自身も、ベクトルポテンシャルは仮想的な物理量であり、「磁場中で運動する荷電粒子に働く力が、ベクトル積に従う」という現象を数学的に取り扱いやすくするために導入された道具と捉えていた。

　その理由のひとつは、ベクトルポテンシャルの任意性にある。ベクトルポテンシャルに、ある条件を満足する定ベクトル（任意関数の勾配 grad）を加えても、まったく同じ磁場を与えるのである。これでは、物理量として不安である。

　磁場は測定可能であり、ガウスメータなどによって測定できる。その単位も[A/m]や[Oe]と明確であり、磁束密度ならば[T]や[G]と指定されている。もちろん、ベクトルポテンシャルにも[Wb/m]という単位はあるが、これを実測するこ

5

とはできない。ならば、仮想的なものと考えても仕方がないであろう。

　ベクトルポテンシャルが実在するかもしれないと思うようになったのは、日立基礎研究所で活躍された故外村彰博士との出会いである。もともと、1986 年の高温超伝導フィーバーがきっかけで知り合いになったのであるが、氏の「量子力学の世界を目で見る」という信念と実践、そして、電子の干渉を示した 2 重スリット実験や、超伝導体内の量子化磁束の観察などの数多くのノーベル賞級の研究成果にも魅せられた。

　当時、外村博士はアハラノフ-ボーム効果（AB 効果）の実証実験に取り組まれていたが、超伝導の完全反磁性を利用することで、ベクトルポテンシャルが物理的実在であるということを実験的に証明することに成功したのである。この成果については、本書でも簡単に触れているが、氏は、その経緯を熱く語ってくれた。

　実は、私自身、超伝導現象を数学的に扱うとき、磁場よりもベクトルポテンシャルのほうが本質ではないかと思われる場面に出会っていた。本書で紹介するロンドン方程式もそうである。

　このため、ハワイの居酒屋で外村氏とふたりで、その店の日本酒を空にした一夜の熱き議論以来、ベクトルポテンシャルこそが本質という信念が、自身にも湧いてきたのである。そこで、いつか「ベクトルポテンシャル」に的を絞った本をまとめてみたいと思っていた。それが、本書が誕生した理由である。本書によって、ベクトルポテンシャルの持つ魅力と、有用性がある程度、読者にも伝わるものと期待している。

　最後に、本書をまとめるにあたり、理工数学研究所の小林忍さんと鈴木正人さん、名古屋大学准教授の飯田和昌さんには、大変お世話になった。謝意を表する。

2020 年 9 月　著者

もくじ

第 1 章　ベクトルポテンシャル

　物体の運動を解析する基本は、物体に働く**力** *F* (force)を求めることである。
力がわかれば、あとは、**運動方程式** (equation of motion)

$$F = ma = m\frac{d^2 x}{dt^2}$$

を解くことによって、物体の運動が解析できる。ただし、*m* は**質量** (mass)、*a* は
加速度 (acceleration) であり、距離 *x* の時間 *t* に関する 2 階微分である。

　一般に、物体に働く力は、**ポテンシャルの勾配** (gradient of potential) によって
与えられる。**重力場** (gravitational field) におけるポテンシャルは位置エネルギー
であり、高所から低所へと力が働く。**電場** (electric field) も同様である。**電位**
(electric potential)というポテンシャルが存在し、**電荷** (electric charge) には電位の
勾配にそった力が働く。

　ところが、電荷と磁場の相互作用はそうはならないのである。まず、電荷が静
止しているとき、磁場による力は働かない。ところが、電荷が動くと、力が働
く。これを**ローレンツ力** (Lorentz force) と呼んでいる。さらに、電荷に働くロ
ーレンツ力の方向と、移動する方向が直交するという奇妙な現象が生じる。この
ため、電荷が動いているにもかかわらず、ローレンツ力は仕事をしないのである。

　この特異な現象を解析するために、一般的な**スカラーポテンシャル** (scalar
potential) ではなく、**ベクトルポテンシャル** (vector potential) が導入されたので
ある。本章では、その背景を紹介する。

1.1.　電場と電荷

　一様な大きさの電場 *E* [V/m] が *x* 方向のみに存在する場合、*q*[C]の電荷
(electric charge) を有する質量 *m*[kg]の粒子の運動について解析してみよう。この

粒子に働く力は、位置に関係なく、常に一定で

$$F = qE \quad [\mathrm{N}]$$

となる。単位解析すれば、[C][V/m] = [CV/m] = [J/m] = [N] となる。ちなみに[CV] = [J] はエネルギーの単位である。したがって、運動方程式は

$$F = m\frac{d^2 x}{dt^2} = qE$$

となる。これは、等加速度運動となり、一様な電場の中で荷電粒子は電場方向に加速される。

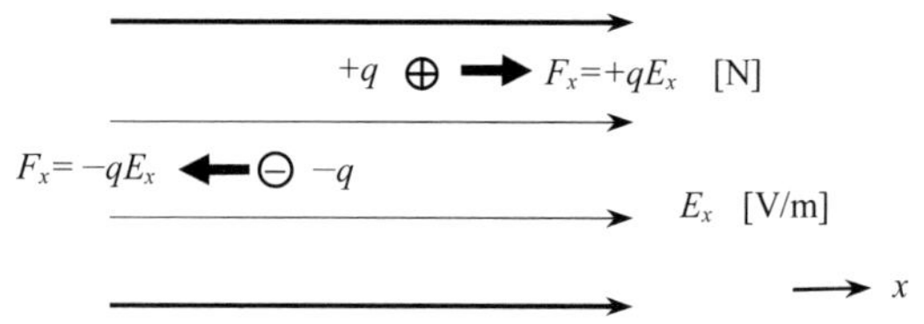

$+q \oplus \rightarrow F_x = +qE_x \quad [\mathrm{N}]$

$F_x = -qE_x \leftarrow \ominus -q$

$E_x \quad [\mathrm{V/m}]$

$\rightarrow x$

図 1-1 電場 E [V/m] の中に、電荷 q [C] を置くと、電場方向に力 $F{=}qE$ [N]が働く。

　実際の運動は 3 次元空間で生じるので、電場もベクトルとして考える必要がある。このとき、電場ベクトルは

$$\vec{E} = -\mathrm{grad}\,\phi(x,y,z) \quad [\mathrm{V/m}]$$

のように、**電位** (electric potential) あるいは静電ポテンシャルと呼ばれるスカラー関数 $\phi(x,y,z)$ の grad によって与えられる。grad は英語の勾配である gradient の略であり、スカラーに作用してベクトルを生成するベクトル演算子であり、まさにポテンシャルの勾配を与える。

　成分で表示すれば

$$\vec{E} = \begin{pmatrix} E_x \\ E_y \\ E_z \end{pmatrix} = -\mathrm{grad}\,\phi(x,y,z) = -\begin{pmatrix} \partial\phi/\partial x \\ \partial\phi/\partial y \\ \partial\phi/\partial z \end{pmatrix}$$

となる。

演習 1-1　2 次元平面における電位（静電ポテンシャル）が

$$\phi(x,y) = \exp\{-(x^2 + y^2)\}$$

と与えられるとき、電場を求めよ。また、点(0, 0) ならびに (2, 3)における電位と電場を求めよ。

　解）　電場ベクトルは

$$\vec{E} = -\mathrm{grad}\,\phi(x,y) = \begin{pmatrix} 2x\exp\{-(x^2 + y^2)\} \\ 2y\exp\{-(x^2 + y^2)\} \end{pmatrix}$$

と与えられる。点(0, 0) における電位は

$$\phi(0,0) = \exp(0) = 1$$

電場ベクトルは

$$\vec{E} = (0, 0)$$

となる。点(2, 3) における電位は

$$\phi(2, 3) = \exp(-4 - 9) = \exp(-13) = \frac{1}{e^{13}}$$

電場ベクトルは

$$\vec{E} = \begin{pmatrix} 2x\exp\{-(x^2 + y^2)\} \\ 2y\exp\{-(x^2 + y^2)\} \end{pmatrix} = \begin{pmatrix} 4\exp(-13) \\ 6\exp(-13) \end{pmatrix}$$

となる。

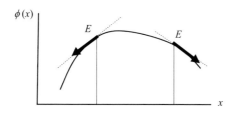

図 1-2　電位 $\phi(x)$ の勾配: gradient（高低差）が電場 E を与える。

　この関係は重力場と同様であるが、地球上のポテンシャルは、電位ではなく、高度 $h\,[\mathrm{m}]$ によって決まる位置エネルギーとなる。また、$\phi(x, y, z)$ の単位は [V]

で静電ポテンシャルとも呼ぶが、正確にはポテンシャルエネルギーではない。この単位は電圧と同じボルトである。つまり電位差が電圧なのである。

そして、電場のポテンシャルエネルギーは、電位に電荷をかけた

$$U = q\phi(x, y, z) \quad [\text{J}]$$

となる。こうすれば、単位も[CV]となり、エネルギーの[J]となる。

ところで、電場 E [V/m] のもとに電荷 q [C]を置いたときに発生する力は

$$\vec{F} = \begin{pmatrix} F_x \\ F_y \\ F_z \end{pmatrix} = q\vec{E} = q(-\text{grad}\phi)$$

$$= -q \begin{pmatrix} \partial\phi / \partial x \\ \partial\phi / \partial y \\ \partial\phi / \partial z \end{pmatrix} = -\text{grad}\,(q\phi) = -\text{grad}U \quad [\text{N}]$$

のように、ベクトルとなる。よって、1次元方向の運動も、正式には

$$\vec{F} = \begin{pmatrix} F_x \\ F_y \\ F_z \end{pmatrix} = q\vec{E} = q \begin{pmatrix} E_x \\ 0 \\ 0 \end{pmatrix}$$

としたうえで、ポテンシャルエネルギーは

$$U = -\int \vec{F} \cdot d\vec{r} \quad [\text{Nm}]$$

によって与えられる。そして

$$\vec{F} \cdot d\vec{r} = (qE_x \quad 0 \quad 0) \begin{pmatrix} dx \\ dy \\ dz \end{pmatrix} = qE_x\,dx$$

から

$$U = -\int \vec{F} \cdot d\vec{r} = -\int qE_x dx = -qE_x \int dx = -qE_x x \quad [\text{J}]$$

によって、ポテンシャルエネルギーを求めることになる。

1.2. 磁荷と磁場

一様な大きさの磁場 H [A/m] が x 方向のみに存在する場合、$+m$ [Wb] の磁荷 (magnetic charge) を有する粒子に働く力を考えてみよう。この粒子に働く力は、位置に関係なく、常に一定で

$$F = mH \quad [\text{N}]$$

となる。

単位解析では、[Wb][A/m]から[WbA/m]という単位であるが、これが力の単位 [N]となる。とすれば[WbA]がエネルギーの単位[J]となる。

この関係は、電場と電荷の関係と相似であり、とてもわかりやすいが、問題もある。それは、電荷と違って、単独の磁荷 (monopole) が存在しないという事実である。磁場の場合には、必ず正 (+) の磁荷$+m$ (N 極)と負 (−) の磁荷$-m$ (S 極) が対でしか現れないのである。

単極磁荷、つまり**モノポール** (monopole) を取り出そうという試みもあるが、いまだに成功していない（もともと、モノポールは存在しないという考えもある。）

ただし、電場との相似から、磁荷の存在を仮定して、いろいろな解析を進めることは有用である。このとき、磁石を、$+m$ と$-m$ の磁荷対として取り扱う[1]。

また、電場における電位 (electric potential) ϕ に擬して、磁位 (magnetic potential) ϕ_m というものを考える。そして、電位ϕ の単位は[V]であるが、磁位ϕ_m の単位は、なんと電流と同じ [A] なのである。この事実は、なかなか興味深い。しかし、電荷の流れである電流をポテンシャルと称することには、いささか違和感はあるが、磁位が電流の単位を有するという事実は、「磁場の源泉が電流である」ということを示唆しており、マックスウェル方程式に、それが表現されている。エルステッドの発見も、まさに、この事実を物語っている。

さらに、電場 E の単位は [V/m] と、単位長さあたりの電圧（電位差）[V] となっているが、磁場 H の単位は [A/m] となり、電圧のところに、電流 [A] が

---

[1] この取り扱いについては、拙著『なるほど電磁気学』(海鳴社) の「8 章 1 節 磁石と磁荷」、p. 197 を参照いただきたい。

入っている。このことも、磁場の源泉が電流であることを示唆している。

　ところで、仮に磁位の存在を許せば、磁場ベクトルは

$$\vec{H} = -\mathrm{grad}\ \phi_m(x, y, z)\quad [\mathrm{A/m}]$$

のように、**磁位** (electric potential) に対応したスカラー関数 $\phi_m(x,y,z)$ の勾配 grad によって与えられる。これは、電場の場合とよく似ており、いったん、このような仮定を認めれば、それ以降は、磁場も電場と同様の取り扱いが可能となる。

1.3. 磁場下の荷電粒子の運動

　電場に電荷が置かれると力が働く、同様にして、磁場に磁荷が置かれると力が働く。そして、いずれの場合にも、電位あるいは磁位というポテンシャルを考えると、重力場と同じように、「ポテンシャルの差によって力が働く」という取り扱いが可能となる。この場合、ポテンシャルはスカラーとなる。

　そして、磁場中に電荷を置いても力が働かないし、電場中に磁荷を置いても力が働かない。これもわかりやすい。

　しかし、ここで、電磁場の不思議な特性が顕在化する。それは、「磁場の存在下で電荷が運動した場合には力が働く」という事実である。これは、ポテンシャルの差によって力が働くという従来のスキームを逸脱することになり、この力は**保存力** (conservative force) ではないことになる。保存力は、力の方向と、物体の移動方向が一致しており、始点と終点が決まれば、その間の移動経路に関係なく仕事が一定となる力のことである[2]。

　このとき、電荷 $+q$ [C] に働く力ベクトル $\vec{F}$ [N] は電荷の速度ベクトル (velocity vector) を $\vec{v}$ [m/s]、磁束密度ベクトル (magnetic flux density vector) を $\vec{B}$ [Wb/m^2]とすると

$$\vec{F} = q\vec{v} \times \vec{B}\quad [\mathrm{N}]$$

という式で与えられる。これはベクトルの**外積** (outer product) である。また、磁束密度ベクトル $\vec{B}$ [Wb/m^2]と磁場ベクトル $\vec{H}$ [A/m]の間には

---

[2] 非保存力 (non-conservative force) の代表は摩擦力であり、空気抵抗もその一種となる。摩擦があれば、仕事は経路に依存するので非保存力となることは自明であろう。

$$\vec{B} = \mu\,\vec{H}$$

という関係が成立する。ここで、μ [Wb/Am] は透磁率 (permeability) と呼ばれる定数である[3]。したがって

$$\vec{F} = q\,\vec{v}\times\vec{B} = q\mu\,\vec{v}\times\vec{H}$$

となる。この力を**ローレンツ力** (Lorentz force) と呼んでいる。この不思議な力を説明するために、導入されたポテンシャルが、**ベクトルポテンシャル** (vector potential) なのである。

　ローレンツ力はベクトル積であるので、図 1-3 に示すように、速度ベクトル $\vec{v}$ [m/s]の向きを x 軸、磁束密度ベクトル $\vec{B}$ [Wb/m^2]の向きを y 軸とすると、力ベクトル $\vec{F}$ [N]の向きは z 軸方向となる。また、当然のことながら、電荷が負の場合には、力の向きは逆になる。

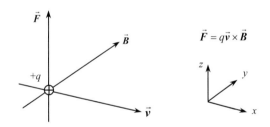

図 1-3　磁場（磁束密度 $\vec{B}$）中を荷電粒子+q が運動すると、図の向きに力 $\vec{F}$ が働く。

演習 1-2　電荷+q の粒子が、磁束密度ベクトルが $\vec{B} = (0\quad B_y\quad 0)$ からなる磁場中を、速度ベクトル $\vec{v} = (v_x\quad 0\quad 0)$ で運動しているときに、この粒子に働くローレンツ力ベクトルを求めよ。

---

[3] 磁束密度 B と磁場 H が単なる比例関係にあるならば、これらの物理量を導入することに意味があるのであろうか。実は明確な違いがある。その詳細については、拙著『なるほど電磁気学』（海鳴社）を参照いただきたい。電束密度 D と電場 E も同様である。

解)　力ベクトルは $\vec{F} = q\vec{v} \times \vec{B}$ によって与えられるので

$$\vec{F} = q(v_x \quad 0 \quad 0) \times (0 \quad B_y \quad 0) = q \begin{vmatrix} \vec{e}_x & \vec{e}_y & \vec{e}_z \\ v_x & 0 & 0 \\ 0 & B_y & 0 \end{vmatrix} = q\vec{e}_z \begin{vmatrix} v_x & 0 \\ 0 & B_y \end{vmatrix}$$

$$= qv_xB_y\vec{e}_z = (0 \quad 0 \quad qv_xB_y)$$

となる。ただし、$\vec{e}_x, \vec{e}_y, \vec{e}_z$ は、x, y, z 方向の単位ベクトルである。したがって、力の方向は z 方向で、その大きさは

$$F = qv_xB_y$$

となる。

　一般の物理現象では、力はポテンシャルエネルギーの差（高低差や電位差）に起因すると考える（図 1-4 参照）。一方、荷電粒子に働くローレンツ力の場合、それとは発想を変えなければならない。それでは、ローレンツ力に対応したポテンシャルは、どうなるのであろうか。

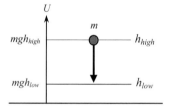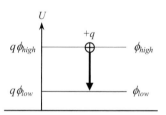

図 1-4　重力場や電場では、ポテンシャル U の高低差によって、高い位置から低い位置に向かって力が働く。電磁場中での力の源泉は何なのであろうか？

　このとき、ローレンツ力ではスカラーではなくベクトルからなる新しいポテンシャルを導入して対処する。それが、ベクトルポテンシャルである。

　電場と磁場が存在する場合に、電磁場中に置かれた電荷 q [C]の荷電粒子に働く力ベクトルは

$$\vec{F} = q\vec{E} + q\vec{v} \times \vec{B} \quad [\text{N}]$$

となる。成分を示せば

$$\begin{pmatrix} F_x \\ F_y \\ F_z \end{pmatrix} = q \begin{pmatrix} E_x \\ E_y \\ E_z \end{pmatrix} + q \begin{pmatrix} v_y B_z - v_z B_y \\ v_z B_x - v_x B_z \\ v_x B_y - v_y B_x \end{pmatrix}$$

となる。x 成分を取り出せば

$$F_x = q E_x + q (v_y B_z - v_z B_y)$$

となり、ローレンツ力の成分は yz 成分からなっている。これが、磁場解析を複雑にしている。

　ここで、磁場下のポテンシャルについて考えてみよう。ローレンツ力も含めて

$$U = -\int \vec{F} \cdot d\vec{r}$$

という関係を適用し、ポテンシャルエネルギーを計算してみるのである。（正式には、ローレンツ力に対応した項はポテンシャルではないのであるが、ここでは強引に進めていく。）このとき、成分表示では

$$\vec{F} \cdot d\vec{r} = (F_x \quad F_y \quad F_z) \begin{pmatrix} dx \\ dy \\ dz \end{pmatrix} = F_x dx + F_y dy + F_z dz$$

であるから

$$U = -\int F_x dx - \int F_y dy - \int F_z dz$$

となる。

演習 1-3　電場がない磁場中を運動している $+q$ [C]の電荷を有する粒子のポテンシャルエネルギーを計算せよ。

　解）　電場がないので、働く力ベクトルは

$$\vec{F} = q \vec{v} \times \vec{B}$$

となる。成分を示せば

$$\begin{pmatrix} F_x \\ F_y \\ F_z \end{pmatrix} = q \begin{pmatrix} v_y B_z - v_z B_y \\ v_z B_x - v_x B_z \\ v_x B_y - v_y B_x \end{pmatrix}$$

となる。この力ベクトルの成分を

$$U = -\int F_x dx - \int F_y dy - \int F_z dz$$

に代入すると、ローレンツ力に対応したポテンシャル U_L は

$$U_L = -q \int (v_y B_z - v_z B_y) dx - q \int (v_z B_x - v_x B_z) dy - q \int (v_x B_y - v_y B_x) dz$$

となる。

　いま求めた、磁場中を運動する荷電粒子のポテンシャル U_L の被積分項を見ると、dx の項には、y と z 成分が入っている。さらに、dy の項には z と x 成分が、dz の項には x と y 成分が入っている。このため、取り扱いが煩雑となる。

　そこで、少し工夫して、つぎの関係を満足するベクトル $\vec{A}$ を考えよう。

$$\vec{B} = \mathrm{rot}\ \vec{A}$$

成分で書けば

$$\vec{B} = \mathrm{rot}\ \vec{A} = \left(\frac{\partial A_z}{\partial y} - \frac{\partial A_y}{\partial z} \right) \vec{e}_x + \left(\frac{\partial A_x}{\partial z} - \frac{\partial A_z}{\partial x} \right) \vec{e}_y + \left(\frac{\partial A_y}{\partial x} - \frac{\partial A_x}{\partial y} \right) \vec{e}_z$$

となる。

　rot は回転の英語である rotation の略であり、右ねじを回転するときに、その進む方向に作り出されるベクトルである。距離に関する偏微分となっており、B の単位が[Wb/m^2] であるので、$\vec{A}$ の単位は[Wb/m]となる。このベクトル $\vec{A}$ が**ベクトルポテンシャル** (vector potential) である。

　磁束密度ベクトルとベクトルポテンシャルの関係を図示すると、図 1-5 のようになる。

　この関係は、まさに、円電流がつくる磁場と相似である。後に示すように、ベクトルポテンシャルは、自由空間を流れる電流とみなすことができ、ベクトルポテンシャルの回転が磁場を形成するという物理的描像がえがけるのである。

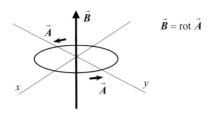

図 1-5　磁束密度ベクトルとベクトルポテンシャルの関係

演習 1-4　z 方向の磁場ベクトル $\vec{B} = (0 \quad 0 \quad B_z)$ に対応したベクトルポテンシャルとして $\vec{A} = (0 \quad B_z x \quad 0)$ が採用できることを確かめよ。

解)　ベクトルポテンシャルを $\vec{A} = (A_x \quad A_y \quad A_z)$ と置くと

$$\vec{B} = \mathrm{rot}\ \vec{A} = \left(\frac{\partial A_z}{\partial y} - \frac{\partial A_y}{\partial z}\right)\vec{e}_x + \left(\frac{\partial A_x}{\partial z} - \frac{\partial A_z}{\partial x}\right)\vec{e}_y + \left(\frac{\partial A_y}{\partial x} - \frac{\partial A_x}{\partial y}\right)\vec{e}_z$$

という対応関係にある。$\vec{A} = (0 \quad B_z x \quad 0)$ の場合

$$\frac{\partial A_z}{\partial y} - \frac{\partial A_y}{\partial z} = 0 \quad \frac{\partial A_z}{\partial x} - \frac{\partial A_x}{\partial z} = 0 \quad \frac{\partial A_y}{\partial x} - \frac{\partial A_x}{\partial y} = B_z$$

となり、$\vec{B} = (0 \quad 0 \quad B_z)$ に対応したベクトルポテンシャルであることが確かめられる。

演習 1-5　z 方向の磁場 B_z がある空間を、電荷 q の荷電粒子が y 方向に速さ v_y で運動しているとき、ローレンツ力に対応したポテンシャル U_L を求め、それが $U_L = -q\vec{v}\cdot\vec{A}$ と一致することを確かめよ。

解)　磁場ベクトル $\vec{B} = (0 \quad 0 \quad B_z)$ と、この磁場ベクトルに対応したベクトルポテンシャルとして $\vec{A} = (0 \quad B_z x \quad 0)$ を採用する。すでに示したように、ローレンツ力に対応したポテンシャル U_L は

$$U_L = -q \int (v_y B_z - v_z B_y) dx - q \int (v_z B_x - v_x B_z) dy - q \int (v_x B_y - v_y B_x) dz$$

と与えられる。いまの場合、$v_x = 0, v_z = 0$ ならびに $B_x = 0, B_y = 0$ であるから

$$U_L = -q \int v_y B_z dx = -q v_y \int B_z dx = -q v_y B_z x$$

となる。つぎに、$\vec{A} = (0 \quad B_z x \quad 0)$ であるから

$$\vec{v} \cdot \vec{A} = v_y A_y = v_y B_z x$$

となるので

$$U_L = -q \vec{v} \cdot \vec{A}$$

となることが確かめられる。

いまは、磁場ベクトルと荷電粒子の運動方向を、それぞれ z 軸と y 軸に固定して考えたが、$U_L = -q \vec{v} \cdot \vec{A}$ は一般の場合にも成立する[4]。

演習 1-6　ローレンツ力が行う仕事を計算せよ。

解）　一般に、力による仕事は $W = \int \vec{F} \cdot d\vec{r}$　と与えられる。被積分項は内積

である。ここでローレンツ力は $\vec{F} = q \vec{v} \times \vec{B}$　と与えられるので、その仕事は

$$W = q \int (\vec{v} \times \vec{B}) \cdot d\vec{r}$$

---

[4] ここではベクトルポテンシャルの時間依存性は考えていないが、ベクトルポテンシャルが時間変動するときには電場を誘導する。この効果を考慮に入れると、この関係は一般化できる。その導出は第 4 章で行う。

となる。ここで $\vec{v} = \dfrac{d\vec{r}}{dt}$　より　$d\vec{r} = \vec{v}\,dt$　から

$$W = q \int (\vec{v} \times \vec{B}) \cdot \vec{v}\,dt$$

と変形できる。ベクトル $\vec{v} \times \vec{B}$ は $\vec{v}$ と直交するから

$$(\vec{v} \times \vec{B}) \cdot \vec{v} = 0$$

から、$W = 0$ となり、結局、ローレンツ力は仕事をしないことになる。

　このように、ローレンツ力に対応したポテンシャルを模擬してきたが、この力は仕事をしないので、ポテンシャルエネルギーではないことになる。実は、図 1-6 に示すように、磁場の存在下では、**荷電粒子** (charged particle) は**円運動** (circular motion) をする。

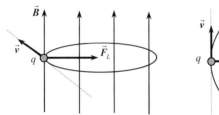 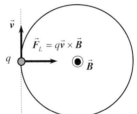

図 1-6　磁場の存在下に荷電粒子が突入すると、ローレンツ力 $\vec{F}_L$ が働き、粒子は円運動する。この際、$\vec{F}_L$ は、円運動の向心力として働くことになる。

　この際、荷電粒子の移動方向と力は常に直交するので、ローレンツ力は仕事をしないのである。一般の円運動においても、**向心力** (centripetal force) は仕事をしない。ただし、当然のことながら粒子は回転運動をしているので、運動量 p (momentum) と運動エネルギー K (kinetic energy) を有する。

　例えば、図 1-7 に示すように、回転半径を r、回転速度を $v = r\omega$（ω は角周波数）とすると、回転の運動エネルギーは

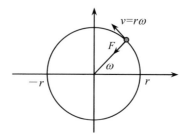

図 1-7 等速円運動では向心力 $F = mr\omega^2$ が働くが、運動方向と力の向きは直交しているので仕事はしない。よって、力学的エネルギーは保存される。

$$K = \frac{1}{2}mv^2 = \frac{1}{2}mr^2\omega^2$$

となる。このときの向心力は $F_L = mr\omega^2$ と与えられる。

　したがって、ローレンツ力は保存力ではなく、ポテンシャルエネルギーには寄与しないのである。この意味では、向心力は非保存力といえるが、円運動（始点と終点がない運動）では、エネルギーが保存される。さらに、スカラーの物理量だけでみれば

$$E = \int F_L dr = \int mr\omega^2 dr = \frac{1}{2}mr^2\omega^2$$

となって、仕事に成立する関係が見かけ上成立しているが、常に力が働いているので、運動量は保存されない。

　この後は、「ローレンツ力に対応したポテンシャル（すなわちベクトルポテンシャル）がある」という仮定のもとで、さらに論を展開していく。

1.4.　ベクトルポテンシャルの具体例

　前節で示したように、z 方向を向いた磁場 B_z に対応したベクトルポテンシャルのひとつとして

$$\vec{A} = (0 \quad B_z x \quad 0)$$

が採用できる。しかし、このベクトルポテンシャルは y 成分しか持たない。それ

にもかかわらず、その回転が磁場を生成するというのは、どういうことなのだろうか。ここで、図を使って、この関係を説明しておこう。

　ベクトルポテンシャルの y 成分の x 依存性が $A_y(x) = B_z x$ ということは、図1-8に示すように、$x > 0$ の領域ではベクトルポテンシャルの正の方向のベクトルが大きくなり、$x < 0$ の領域では、負の方向のベクトルが大きくなっていく。ここで、原点まわりの回転を考えれば、この変化は反時計まわりの回転 (rot) を与える。したがって、右ネジの法則から、紙面の背面から表面に向かう方向のベクトルが生成されることになる。この方向は、まさに z 方向であり、生成されるベクトルが磁束密度ベクトルとなるのである。

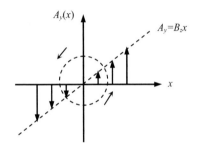

図 1-8　ベクトルポテンシャル $\vec{A} = (0 \quad B_z x \quad 0)$ に対応した模式図。xy 平面で示している。このとき、図のような回転が生じて磁場が発生する。

　ところで、いまは

$$\frac{\partial A_z}{\partial y} - \frac{\partial A_y}{\partial z} = 0 \qquad \frac{\partial A_z}{\partial x} - \frac{\partial A_x}{\partial z} = 0 \qquad \frac{\partial A_y}{\partial x} - \frac{\partial A_x}{\partial y} = B_z$$

という条件を満足するベクトルポテンシャルのひとつを求めたが、実は、この他にも、いろいろなベクトルポテンシャルが同条件を満足する。

演習 1-7　　$\vec{B} = (0 \quad 0 \quad B_z)$ のベクトルポテンシャルとして $\vec{A} = (-B_z y \quad 0 \quad 0)$

が採用できることを確かめよ。

解）　ベクトルポテンシャル $\vec{A} = (\; A_x \quad A_y \quad A_z \;)$ の条件は

$$\frac{\partial A_z}{\partial y} - \frac{\partial A_y}{\partial z} = 0 \qquad \frac{\partial A_z}{\partial x} - \frac{\partial A_x}{\partial z} = 0 \qquad \frac{\partial A_y}{\partial x} - \frac{\partial A_x}{\partial y} = B_z$$

である。　$\vec{A} = (-B_z y \quad 0 \quad 0)$ のとき

$$\frac{\partial A_z}{\partial y} - \frac{\partial A_y}{\partial z} = 0 - 0 = 0 \qquad \frac{\partial A_z}{\partial x} - \frac{\partial A_x}{\partial z} = 0 - 0 = 0$$

$$\frac{\partial A_y}{\partial x} - \frac{\partial A_x}{\partial y} = 0 - (-B_z) = B_z$$

となり条件を満足する。

いま求めたベクトルポテンシャルの x 成分の y 依存性が

$$A_x(y) = -B_z y$$

となる。

ということは、図 1-9 に示すように、$y > 0$ の領域では、原点から離れるほど A_x の負の方向のベクトル成分が大きくなり、$y < 0$ の領域では、A_x の正の方向のベクトル成分が大きくなっていく。

原点まわりの回転を考えれば、この変化は反時計まわりの回転を与える。そして、紙面の背面から表面に向かう方向、すなわち z 方向のベクトルが生成されることになる。ちょうど、図 1-8 を左方向に 90 度だけ回転した図となっている。

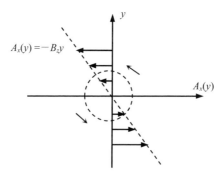

図 1-9　ベクトルポテンシャル $\vec{A} = (-B_z y \quad 0 \quad 0)$ に対応した模式図。xy 平面で示している。このとき、図 1-8 と同じ回転、したがって同じ磁場が発生することがわかる。

演習 1-8　磁場 B_z のベクトルポテンシャルとして $\vec{A} = ((-1/2)B_z y \quad (1/2)B_z x \quad 0)$ が採用できることを確かめよ。

　解）　ベクトルポテンシャル $\vec{A} = (A_x \quad A_y \quad A_z)$ の条件は

$$\frac{\partial A_z}{\partial y} - \frac{\partial A_y}{\partial z} = 0 \qquad \frac{\partial A_z}{\partial x} - \frac{\partial A_x}{\partial z} = 0 \qquad \frac{\partial A_y}{\partial x} - \frac{\partial A_x}{\partial y} = B_z$$

である。$\vec{A} = \left((-1/2)B_z y \quad (1/2)B_z x \quad 0 \right)$ のとき

$$\frac{\partial A_z}{\partial y} - \frac{\partial A_y}{\partial z} = 0 \qquad \frac{\partial A_z}{\partial x} - \frac{\partial A_x}{\partial z} = 0 \qquad \frac{\partial A_y}{\partial x} - \frac{\partial A_x}{\partial y} = \frac{1}{2}B_z - \left(-\frac{1}{2}B_z \right) = B_z$$

となって、ベクトルポテンシャルとしての条件を満足する。

　このベクトルポテンシャルの空間分布を図で示すと、図 1-10 のようになる。

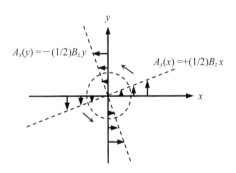

図 1-10　ベクトルポテンシャル $\vec{A} = (-(1/2)B_z y \quad (1/2)B_z x \quad 0)$ が生み出す回転。A_x ならびに A_y の回転への寄与がそれぞれ 1/2 でトータルとして同じ磁場ベクトルとなる。

　このように、ひとつの磁束密度ベクトル $\vec{B}$ に対応したベクトルポテンシャル $\vec{A}$ は多数存在するのである。

　ここで、ベクトルポテンシャルの任意性について、一般化してみよう。

　ある関数 $\eta(x, y, z)$ があるとき

$$\text{rot grad}\,\eta(x, y, z) = 0$$

という関係は、恒等的に成立する。ただし、右辺はゼロベクトルである。

演習 1-9　rot grad $\eta(x, y, z) = 0$ が恒等的に成立することを示せ。

解）

$$\mathrm{rot}\,\{\mathrm{grad}\,\eta(\vec{r})\} = \nabla \times \{\nabla\,\eta\} = \begin{pmatrix} \dfrac{\partial}{\partial x} & \dfrac{\partial}{\partial y} & \dfrac{\partial}{\partial z} \end{pmatrix} \times \begin{pmatrix} \partial\eta\,/\,\partial x \\ \partial\eta\,/\,\partial y \\ \partial\eta\,/\,\partial z \end{pmatrix}$$

となるが、この x 成分は

$$\frac{\partial}{\partial y}\left(\frac{\partial\eta}{\partial z}\right) - \frac{\partial}{\partial z}\left(\frac{\partial\eta}{\partial y}\right) = \frac{\partial^2\eta}{\partial y\partial z} - \frac{\partial^2\eta}{\partial z\partial y} = 0$$

となり、y 成分、z 成分も同様に 0 となるので、ゼロベクトルとなる。

　よって　$\vec{B} = \mathrm{rot}\,\vec{A}$　を満足するベクトルポテンシャル $\vec{A}$ のかわりに

$$\vec{A}' = \vec{A} + \mathrm{grad}\,\eta(x, y, z)$$

というベクトルを考え、その rot をとると

$$\vec{B} = \mathrm{rot}\,\vec{A} + \mathrm{rot}\,\,\mathrm{grad}\,\eta(x, y, z) = \mathrm{rot}\,\vec{A}$$

となって、ベクトル $\vec{A}'$ も磁場 $\vec{B}$ のベクトルポテンシャルとなることがわかる。すなわち、ベクトルポテンシャルには、定ベクトル grad $\eta(x, y, z)$ だけの任意性があると一般化できるのである。

　通常のポテンシャルの場合、どこを基準とするかによって、定数分の不定性があるが、ベクトルポテンシャルでは、それが関数 (の勾配 grad) となるのである。とはいえ、基準があいまいのままでは不便であるので、後に紹介するように、**クーロンゲージ** (Coulomb gauge) や**ローレンツゲージ** (Lorentz gauge) と呼ばれる条件を課すことになる（これらのゲージについては、第 4 章で説明する）。いずれにせよ、同じ磁束密度ベクトル $\vec{B}$ を与えるベクトルポテンシャル $\vec{A}$ はひとつには定まらないということだけ理解しておいてほしい。

> **演習 1-10**　つぎの 3 個のベクトルの rot が同じ値となることを確かめよ。
> $$\vec{A}_1 = \begin{pmatrix} -B_z y \\ 0 \\ 0 \end{pmatrix} \qquad \vec{A}_2 = \begin{pmatrix} 0 \\ B_z x \\ 0 \end{pmatrix} \qquad \vec{A}_3 = \frac{1}{2}\begin{pmatrix} -B_z y \\ B_z x \\ 0 \end{pmatrix}$$

解）　それぞれのベクトルの rot の成分を求めると

$$\text{rot}\,\vec{A}_1 = \begin{pmatrix} 0 \\ \partial(-B_z y)/\partial z \\ -\partial(-B_z y)/\partial y \end{pmatrix} = \begin{pmatrix} 0 \\ 0 \\ B_z \end{pmatrix} \qquad \text{rot}\,\vec{A}_2 = \begin{pmatrix} -\partial(B_z x)/\partial z \\ 0 \\ \partial(B_z x)/\partial x \end{pmatrix} = \begin{pmatrix} 0 \\ 0 \\ B_z \end{pmatrix}$$

$$\text{rot}\,\vec{A}_3 = \frac{1}{2}\begin{pmatrix} -\partial(B_z x)/\partial z \\ \partial(-B_z y)/\partial z \\ \partial(B_z x)/\partial x - \partial(-B_z y)/\partial y \end{pmatrix} = \frac{1}{2}\begin{pmatrix} 0 \\ 0 \\ B_z + B_z \end{pmatrix} = \begin{pmatrix} 0 \\ 0 \\ B_z \end{pmatrix}$$

となり、すべて同じ z 方向に大きさ B_z を有する磁場となる。

ここで、これらのベクトル間には

$$\vec{A}_2 = \begin{pmatrix} 0 \\ B_z x \\ 0 \end{pmatrix} = \vec{A}_1 + \begin{pmatrix} B_z y \\ B_z x \\ 0 \end{pmatrix} \qquad \vec{A}_3 = \frac{1}{2}\begin{pmatrix} -B_z y \\ B_z x \\ 0 \end{pmatrix} = \vec{A}_1 + \frac{1}{2}\begin{pmatrix} B_z y \\ B_z x \\ 0 \end{pmatrix}$$

という関係がある。ところで

$$\text{rot}\begin{pmatrix} B_z y \\ B_z x \\ 0 \end{pmatrix} = \begin{pmatrix} -\partial(B_z x)/\partial z \\ \partial(B_z y)/\partial z \\ \partial(B_z x)/\partial x - \partial(B_z y)/\partial y \end{pmatrix} = \begin{pmatrix} 0 \\ 0 \\ B_z - B_z \end{pmatrix} = \begin{pmatrix} 0 \\ 0 \\ 0 \end{pmatrix}$$

であるから、これら 3 個のベクトルの rot は、ベクトル積の分配法則

$$\vec{a} \times (\vec{b} + \vec{c}) = \vec{a} \times \vec{b} + \vec{a} \times \vec{c}$$

を使うと

$$\nabla \times (\vec{b} + \vec{c}) = \nabla \times \vec{b} + \nabla \times \vec{c}$$

から

$$\text{rot}\,\vec{A}_2 = \text{rot}\{\vec{A}_1 + (B_z y \quad B_z x \quad 0)\} = \text{rot}\,\vec{A}_1 + \text{rot}\,(B_z y \quad B_z x \quad 0) = \text{rot}\,\vec{A}_1$$

$$\mathrm{rot}\,\vec{A}_3 = \mathrm{rot}\left\{\vec{A}_1 + \frac{1}{2}\begin{pmatrix} B_z y & B_z x & 0 \end{pmatrix}\right\}$$

$$= \mathrm{rot}\,\vec{A}_1 + \frac{1}{2}\mathrm{rot}\begin{pmatrix} B_z y & B_z x & 0 \end{pmatrix} = \mathrm{rot}\,\vec{A}_1$$

となり、すべて同じベクトルとなる。

　ここで、関数

$$\eta(x,y,z) = B_z xy$$

を考えてみよう。すると

$$\mathrm{grad}\,\eta(x,y,z) = \begin{pmatrix} \partial\eta(x,y,z)/\partial x \\ \partial\eta(x,y,z)/\partial y \\ \partial\eta(x,y,z)/\partial z \end{pmatrix} = \begin{pmatrix} B_z y \\ B_z x \\ 0 \end{pmatrix}$$

となって、いま求めたベクトルポテンシャルの任意関数となっていることがわかる。つまり

$$\vec{A}_2 = (0 \quad B_z x \quad 0) = \vec{A}_1 + \mathrm{grad}\,\eta(x,y,z)$$

$$\vec{A}_3 = \left(-\frac{1}{2}B_z y \quad \frac{1}{2}B_z x \quad 0\right) = \vec{A}_1 + \frac{1}{2}\mathrm{grad}\,\eta(x,y,z)$$

となっている。

演習 1-11　ベクトルポテンシャルが

$$\vec{A} = \frac{1}{2}\vec{B}\times\vec{r}$$

と与えられるとき磁束密度ベクトルを求めよ。

　解）　まず、ベクトルポテンシャルの成分を表示すると

$$A_x = \frac{1}{2}(B_y z - B_z y) \qquad A_y = \frac{1}{2}(B_z x - B_x z) \qquad A_z = \frac{1}{2}(B_x y - B_y x)$$

となる。ここで、$\mathrm{rot}\,\vec{A}$ を計算してみよう。この x 成分は

$$(\mathrm{rot}\,\vec{A})_x = \frac{\partial A_z}{\partial y} - \frac{\partial A_y}{\partial z}$$

となる。ここで

$$\frac{\partial A_z}{\partial y} = \frac{1}{2}\frac{\partial}{\partial y}(B_x y - B_y x) = \frac{1}{2}B_x \qquad \frac{\partial A_y}{\partial z} = \frac{1}{2}\frac{\partial}{\partial z}(B_z x - B_x z) = -\frac{1}{2}B_x$$

となる。したがって

$$(\mathrm{rot}\,\vec{A})_x = \frac{\partial A_z}{\partial y} - \frac{\partial A_y}{\partial z} = \frac{1}{2}B_x - \left(-\frac{1}{2}B_x\right) = B_x$$

となる。同様にして

$$(\mathrm{rot}\,\vec{A})_y = B_y \qquad (\mathrm{rot}\,\vec{A})_z = B_z$$

となる。よって

$$\vec{B} = \mathrm{rot}\,\vec{A}$$

となる。

　つまり、磁束密度ベクトル $\vec{B}$ が与えられたとき

$$\vec{A} = \frac{1}{2}\vec{B}\times\vec{r}$$

というベクトル積を求めれば、それが $\vec{B}$ のベクトルポテンシャルとなる。

演習 1-12　電場がなく、z 方向に均一な磁場 B [Wb/m^2]が印加されているとき

$$\vec{A} = \frac{1}{2}\vec{B}\times\vec{r}$$

によってベクトルポテンシャルを求めよ。

　解）　磁束密度ベクトルは $\vec{B} = (0 \quad 0 \quad B)$ と与えられる。したがって

$$\vec{A} = \frac{1}{2}\vec{B} \times \vec{r} = \frac{1}{2}\begin{vmatrix} \vec{e}_x & \vec{e}_y & \vec{e}_z \\ 0 & 0 & B \\ x & y & z \end{vmatrix} = \frac{1}{2}\vec{e}_x\begin{vmatrix} 0 & B \\ y & z \end{vmatrix} - \frac{1}{2}\vec{e}_y\begin{vmatrix} 0 & B \\ x & z \end{vmatrix} + \frac{1}{2}\vec{e}_z\begin{vmatrix} 0 & 0 \\ x & y \end{vmatrix}$$

$$= -\frac{1}{2}\vec{e}_x By + \frac{1}{2}\vec{e}_y Bx = \frac{1}{2}(-By \quad Bx \quad 0)$$

となる。

演習 1-13　電場がなく、z 方向に均一な磁場 B [Wb/m²]が印加されているとき、磁場中での電子の運動について解析せよ。

解）　この場合のベクトルポテンシャルとして

$$\vec{A} = \frac{1}{2}(-By \quad Bx \quad 0)$$

を選ぶ。電場はなく、電子の電荷は $q = -e$ であるから、ローレンツ力に対応したポテンシャルは

$$U_L = e\vec{v} \cdot \vec{A} = ev_x A_x + ev_y A_y + ev_z A_z$$

となるが

$$v_x = \frac{dx}{dt} \qquad v_y = \frac{dy}{dt} \qquad v_z = \frac{dz}{dt}$$

であるから

$$U_L = eA_x\frac{dx}{dt} + eA_y\frac{dy}{dt} + eA_z\frac{dz}{dt} = \frac{1}{2}\left(-eBy\frac{dx}{dt} + eBx\frac{dy}{dt}\right)$$

となる。ローレンツ力は　$\vec{F}_L = -\mathrm{grad}\,U_L$　から

$$\vec{F}_L = \frac{1}{2}\left(-eB\frac{dy}{dt},\ eB\frac{dx}{dt},\ 0\right)$$

となる。すると、力のつりあいは、x, y, z 方向では、それぞれ

$$m\frac{d^2x}{dt^2} = -\frac{eB}{2}\frac{dy}{dt} \qquad m\frac{d^2y}{dt^2} = \frac{eB}{2}\frac{dx}{dt} \qquad m\frac{d^2z}{dt^2} = 0$$

となる。したがって、z 方向には等速運動をすることになるので、x, y 方向に注目する。すると

$$m\frac{d^2x}{dt^2}+\frac{eB}{2}\frac{dy}{dt}=0 \qquad\qquad m\frac{d^2y}{dt^2}-\frac{eB}{2}\frac{dx}{dt}=0$$

という 2 個の微分方程式がえられ、求める解は、これらを連立して解けばよいことがわかる。最初の式から

$$\frac{dy}{dt}=-\frac{2m}{eB}\frac{d^2x}{dt^2}$$

となるので、次式に代入すると

$$\frac{2m^2}{eB}\frac{d^3x}{dt^3}+\frac{eB}{2}\frac{dx}{dt}=0 \qquad\qquad \frac{d^3x}{dt^3}=-\left(\frac{eB}{2m}\right)^2\frac{dx}{dt}$$

となる。これは、dx/dt について 2 階の微分方程式となり $\omega=eB/2m$ と置くと、一般解として

$$\frac{dx}{dt}=C\cos(\omega t+\theta)$$

がえられる。ただし、C と θ は定数である。したがって

$$x=\int C\cos(\omega t+\theta)\,dt=\frac{C}{\omega}\sin(\omega t+\theta)+C_1$$

となる。ここで、C_1 は定数である。また

$$\frac{dy}{dt}=-\frac{2m}{eB}\frac{d^2x}{dt^2}=-\frac{1}{\omega}\frac{d}{dt}\{C\cos(\omega t+\theta)\}=C\sin(\omega t+\theta)$$

から

$$y=\int C\sin(\omega t+\theta)\,dt=-\frac{C}{\omega}\cos(\omega t+\theta)+C_2$$

となる。ただし、C_2 も定数である。よって、電子の運動は

$$x=\frac{C}{\omega}\sin(\omega t+\theta)+C_1 \qquad y=-\frac{C}{\omega}\cos(\omega t+\theta)+C_2 \qquad z=vt+C_3$$

によって与えられる。ただし、v は z 方向の電子の初速であり、C_3 は定数である。

　ここで、x, y の関係をまとめると

$$(x - C_1)^2 + (y - C_2)^2 = \left(\frac{C}{\omega}\right)^2$$

という関係にあるから、速度の z 成分が 0 のとき電子は xy 平面内で、座標 (C_1, C_2) を中心として円運動をすることになり、その軌道半径の大きさは C/ω となる。これを**サイクロトロン運動** (cyclotron motion) と呼んでいる。すでに紹介したように、ローレンツ力によって荷電粒子は円運動する。いまの演習結果は、そのことを具体例として示したものである。

　ただし、電場が z 方向に存在して、速度の z 成分があるときには、円運動と z 方向の運動の合成によって、荷電粒子は**らせん運動** (helical motion) をすることになる。

1.5.　ベクトルポテンシャルと運動量

　ローレンツ力には、粒子の速度の項が入っている。そこで、粒子の運動量を $p = mv$ [kg m/s] としたときに成立する

$$\frac{d\vec{p}}{dt} = \vec{F} \quad [\text{N}]$$

という関係式を利用して、磁場中で運動している荷電粒子の運動量を求めてみよう。正式には解析力学を利用して求める必要があり、それは第 5 章で紹介するが、ここでは概略を示す。まず

$$\vec{F} = q\,\vec{v} \times \vec{B}$$

を成分で示せば

$$\begin{pmatrix} F_x \\ F_y \\ F_z \end{pmatrix} = q \begin{pmatrix} v_y B_z - v_z B_y \\ v_z B_x - v_x B_z \\ v_x B_y - v_y B_x \end{pmatrix}$$

となる。

　ここで、粒子が y 方向に運動し、磁場が z 方向に平行とすると

$$(F_x \quad F_y \quad F_z) = q(v_y B_z \quad 0 \quad 0)$$

　よって、z 方向の磁場下での荷電粒子では

$$\frac{dp_x}{dt} = qv_yB_z \qquad \frac{dp_y}{dt} = 0 \qquad \frac{dp_z}{dt} = 0$$

と置ける。時間に関して積分すると

$$p_x = q\int v_yB_z\,dt = q\int \frac{dy}{dt}B_z\,dt = q\int B_z\,dy = qB_zy$$

となる。ここで、積分定数を 0 と置くと

$$\vec{p} = (p_x \quad p_y \quad p_z) = q(B_zy \quad 0 \quad 0)$$

となり

$$\vec{A} = (-B_zy \quad 0 \quad 0)$$

は、B_z を与えるベクトルポテンシャルであるから

$$\vec{p}_L = -q\vec{A}$$

という関係がえられる。

演習 1-14　粒子が x 方向に運動し、磁場が z 方向に平行の場合も

$$\vec{p}_L = -q\vec{A}$$

という関係が成立することを確かめよ。

解）

$$(F_x \quad F_y \quad F_z) = q(0 \quad -v_xB_z \quad 0)$$

よって、z 方向の磁場下での荷電粒子では

$$\frac{dp_x}{dt} = 0 \qquad \frac{dp_y}{dt} = -v_xB_z \qquad \frac{dp_z}{dt} = 0$$

と置ける。時間に関して積分すると

$$p_y = -q\int v_xB_z\,dt = -q\int \frac{dx}{dt}B_z\,dt = -q\int B_z\,dx = -qB_zx$$

となる。ここで、積分定数を 0 と置くと

$$\vec{p} = (p_x \quad p_y \quad p_z) = q(0 \quad -B_z x \quad 0)$$

となり

$$\vec{A} = (0 \quad B_z x \quad 0)$$

は、B_z を与えるベクトルポテンシャルであるから

$$\vec{p}_L = -q\vec{A}$$

となる。

　この結果は、磁場下においては、荷電粒子の運動量は、ベクトルポテンシャルに平行となることを示している。つまり、図 1-11 に示すように、荷電粒子は、ベクトルポテンシャルに沿って運動する。第 2 章であらためて紹介するが、実は、電流はベクトルポテンシャルと平行となるのである。いまの解析結果は、このことを示唆している。

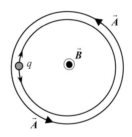

図 1-11　磁場下における荷電粒子の運動量は、ベクトルポテンシャルに平行となる。

　ただし、すでに紹介したように、ベクトルポテンシャルには任意性があるので、運動量 $\vec{p}_L$ に平行となるベクトルポテンシャル $\vec{A}$ を選ぶことができるという表現が正しい。ここで、定性的な説明をしておこう。

$$\frac{d\vec{p}}{dt} = \vec{F} = q\,\vec{v} \times \vec{B}$$

であるが、右辺は

$$\frac{d\vec{p}}{dt} = q\,\vec{v} \times \vec{B} = q\,\frac{d\vec{r}}{dt} \times \vec{B}$$

と変形でき、磁場の時間変化がないとすると

$$\frac{d\vec{p}}{dt} = q\,\frac{d\vec{r}}{dt} \times \vec{B} = q\,\frac{d}{dt}(\vec{r} \times \vec{B}) = \frac{d}{dt}\{-q(\vec{B} \times \vec{r})\}$$

から

$$\vec{p} = -q\,\vec{B} \times \vec{r}$$

となる。

　すでに紹介したように磁場ベクトル $\vec{B}$ を与えるベクトルポテンシャルとして

$$\vec{A} = \frac{1}{2}\vec{B} \times \vec{r}$$

を選べば、運動量 $\vec{p}$ と平行となることがわかる。

1.6. エネルギー

　ベクトルポテンシャル $\vec{A}$ の定義は

$$\vec{B} = \mathrm{rot}\,\vec{A}$$

である。ただし、スカラーではないにもかかわらずポテンシャルという名がついているのは、磁場中で運動する荷電粒子のポテンシャルエネルギーに相当する項が、ベクトルポテンシャルによって

$$U_L = -q\vec{v} \cdot \vec{A}$$

と与えられるからである。ただし、これも正確にはポテンシャルエネルギーではないことを説明した。

　磁場中を運動する荷電粒子の運動量は、ベクトルポテンシャルを使えば

$$\vec{p} = m\vec{v} + q\vec{A}$$

$$\begin{pmatrix} p_x \\ p_y \\ p_z \end{pmatrix} = m \begin{pmatrix} v_x \\ v_y \\ v_z \end{pmatrix} + q \begin{pmatrix} A_x \\ A_y \\ A_z \end{pmatrix} = \begin{pmatrix} mv_x + qA_x \\ mv_y + qA_y \\ mv_z + qA_z \end{pmatrix}$$

となる。 $q\vec{A}$ が磁場による運動量である。ここで

$$\vec{p} = m\vec{v} + q\vec{A} \qquad\qquad m\vec{v} = \vec{p} - q\vec{A}$$

というふたつの式を眺めてみよう。このとき、$\vec{p}$ と $m\vec{v}$ の違いは、いったい何なのだろうか。両者とも運動量にかわりはない。ここで、図 1-12 にこれらの関係を模式的に示した。

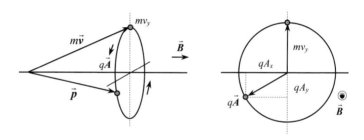

図 1-12 $\vec{p}$ と $m\vec{v}$ の関係。$m\vec{v}$ は磁場がないときの荷電粒子の運動量。$q\vec{A}$ は、磁場によって付加される運動量である。

まず、荷電粒子の速度ベクトルを $\vec{v} = (0 \quad v_y \quad v_z)$ とすると

$$m\vec{v} = (0 \quad mv_y \quad mv_z)$$

となる。ここで、一定の大きさの磁場が z 方向を向いているとすれば

$$\vec{B} = (0 \quad 0 \quad B_z)$$

となる。この磁場に対応するベクトルポテンシャルを

$$\vec{A} = (A_x \quad A_y \quad 0)$$

としよう。とすれば

$$\vec{p} = m\vec{v} + q\vec{A} = m\begin{pmatrix} 0 \\ v_y \\ v_z \end{pmatrix} + q\begin{pmatrix} A_x \\ A_y \\ 0 \end{pmatrix} = \begin{pmatrix} qA_x \\ mv_y + qA_y \\ mv_z \end{pmatrix}$$

となる。あるいは

$$m\vec{v} = \vec{p} - q\vec{A} = \begin{pmatrix} p_x \\ p_y \\ p_z \end{pmatrix} - q\begin{pmatrix} A_x \\ A_y \\ 0 \end{pmatrix} = \begin{pmatrix} p_x - qA_x \\ P_y - qA_y \\ p_z \end{pmatrix}$$

となる。

　ところで、古典力学の延長で運動エネルギーを考えるとき

$$T = \frac{1}{2}m|\vec{v}|^2 \qquad \text{と} \qquad T = \frac{1}{2m}|\vec{p}|^2$$

のふたつが考えられる。$m\vec{v}$ は通常の運動量であるのに対して、$q\vec{A}$ はローレンツ力に基づくポテンシャルに対応した運動量である。

　後ほど紹介する第 5 章の解析力学によれば、一般化座標に**共役な運動量** (conjugate momentum) としては、$m\vec{v}$ ではなく $\vec{p}$ を採用する必要があることがわかっている。そして、運動エネルギーとしては荷電粒子の速度ベクトル $\vec{v}$ に注目して $T = (1/2)m|\vec{v}|^2$ を採用することになる。実は、この措置も、解析力学に基づくハミルトニアンの導出で示すことができる。

　ここで、電子が磁場中を運動しているとする。このとき $q = -e$ とし、質量を m とすると、その運動エネルギー T は

$$T = \frac{1}{2}m|\vec{v}|^2 = \frac{1}{2}mv_x^2 + \frac{1}{2}mv_y^2 + \frac{1}{2}mv_z^2$$

となるので、磁場下では、$\vec{p} = m\vec{v} + q\vec{A}$ の電子の電荷 $q = -e$ を代入して

$$\vec{p} = m\vec{v} - e\vec{A} \qquad \text{から} \qquad \vec{v} = \frac{1}{m}(\vec{p} + e\vec{A})$$

としなければならない。これを運動エネルギーに代入すると

$$T = \frac{1}{2}m|\vec{v}|^2 = \frac{1}{2m}(\vec{p} + e\vec{A})^2$$

となる。

演習 1-15 つぎのベクトル計算をし、それを成分で示せ。

$$(\vec{p}+e\vec{A})^2$$

解） ベクトル演算であるから、ベクトルの 2 乗は、それ自身の内積となり

$$(\vec{p}+e\vec{A})^2 = (\vec{p}+e\vec{A})\cdot(\vec{p}+e\vec{A})$$

よって

$$(\vec{p}+e\vec{A})^2 = (p_x+eA_x \quad p_y+eA_y \quad p_z+eA_z)\begin{pmatrix} p_x+eA_x \\ p_x+eA_x \\ p_x+eA_x \end{pmatrix}$$

$$= (p_x+eA_x)^2 + (p_y+eA_y)^2 + (p_z+eA_z)^2$$

となる。

したがって運動エネルギーは

$$T = \frac{1}{2m}(p_x+eA_x)^2 + \frac{1}{2m}(p_y+eA_y)^2 + \frac{1}{2m}(p_z+eA_z)^2 = \frac{1}{2m}(\vec{p}+e\vec{A})^2$$

となる。

いままで、「ローレンツ力に対応したポテンシャル」という表現をしてきた。そして、それをあたかもポテンシャルエネルギーのように U_L と表記してきたが、すでに見てきたように、ローレンツ力は仕事をしないので、ポテンシャルエネルギーへの寄与はなく、ここで示したように、運動量の変化を通して、運動エネルギーに寄与すると考えることもできる。

よって、電磁場下での電子のトータルエネルギー H は、電場によるポテンシャルエネルギー $U = q\phi = -e\phi$ を足して

$$H = \frac{1}{2m}(p_x+eA_x)^2 + \frac{1}{2m}(p_y+eA_y)^2 + \frac{1}{2m}(p_z+eA_z)^2 - e\phi$$

$$= \frac{1}{2m}(\vec{p}+e\vec{A})^2 - e\phi$$

と与えられる。

このように電磁場下において運動量やエネルギーを取り扱う場合には、ベクト

ルポテンシャルが主役を演じることになる。

　また、次章で紹介するように、電流ベクトル（電荷の運動方向）とベクトルポテンシャルは、同じ方向を向く（互いのベクトルが平行）という特徴がある。これも、ベクトルポテンシャルが活躍する要因となっている。

　最後に、ローレンツ力について少し言及しておこう。この力は不思議な力である。それは、ポテンシャルの勾配が力を与えるという考えから逸脱するからであった。さらに、力の方向と物体の運動方向が直交するため、力が働いても仕事をしないという特徴もある。

　ここで、私案を紹介する。荷電粒子が移動するということは、電流が流れるということである。電流は磁場を発生する。よって、運動する荷電粒子は磁場を発生する。とすれば、荷電粒子が磁場のある空間に突入すれば、空間の磁場と粒子の発生する磁場が相互作用して力が生じるのは自然である。これがローレンツ力の起源と考えられる。図 1-13 を参照いただきたい。

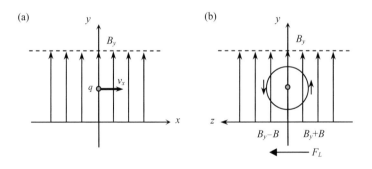

図 1-13　磁場の相互作用によるローレンツ力の起源

　いま、3 次元空間の y 方向に均一な磁場 B_y が存在するとしよう。ここに図 1-13(a)に示すように、電荷 q の正電荷が、x 方向の負の方向から速度 v_x で突入したとしよう。この様子を x 方向（荷電粒子の進行方向正面）から眺めたのが、図 1-13(b)である。

　運動する荷電粒子は、この図に示すように磁場をともなっている。この磁場によって、それまで均一であった磁場空間には局所的な乱れが生じる。　この乱れ

は、z 方向の負の方向では局所磁場が高くなり、正の方向では低くなる変化である。自然は、それを緩和する方向に変化するので荷電粒子は、z の正方向にはじかれることになる。つまり、力を受けることになる。これがローレンツ力 F_L の起源である。このとき、その方向は $v_x \rightarrow B_y \rightarrow F_z$ となり、ちょうど外積の方向となる。負電荷の場合には、磁場の方向が反転するので、力の方向も反転する。

　しかし、この図のままでは、荷電粒子は、図の z 方向に移動し続け、やがて磁場の外にはじき出されることになる。

　実は、ローレンツ力によって荷電粒子は z 方向に移動するので、今度は x 方向に対して力を受けることになる。これが繰り返され、軌道はどんどん曲げられる。この結果、円運動（サイクロトロン運動）が観察されると考えられるのである。

第2章　電流とベクトルポテンシャル

　この章では、**ベクトルポテンシャル** (vector potential) は**電流** (electric current) によって自由空間につくられ、しかも、<u>その方向が電流と平行となる</u>ことを示す。つまり、ベクトルポテンシャルは、空間に生ずる（仮想的な）電流とみなせるのである。さらに、このベクトルポテンシャルが空間に磁場を形成すると考えれば、われわれが観察する物理現象との整合性もえられる。

　つまり、導線に電流を流すと、そのまわりにベクトルポテンシャルが生じ、その回転 (rot: rotation) が磁場となるという物理的描像がえられるのである。

2.1.　電荷に働く力

　電荷 (electric charge) には正（プラス）と負（マイナス）がある。例えば、電流を主として担っている**電子** (electron) は負に帯電 (negative charge) している。ここで、$+q_1$ [C] と $+q_2$ [C]という電荷を持った粒子が距離 r [m] だけ離れているとき、これらの電荷に働く力 F は

$$F = k \frac{q_1 q_2}{r^2} \quad [\text{N}]$$

と与えられる。ここで k は比例定数である。このように、電荷間にはたらく力は電荷の大きさに比例し、距離の 2 乗に反比例する。このため、この関係を**逆 2 乗則** (inverse-square law) と呼ぶ。

　また、力 F が正のときは**斥力** (repulsive force)、負のときは**引力** (attractive force) となる。空間の**誘電率** (permittivity) を ε とすると、電荷間に働く力は

$$F = \frac{q_1 q_2}{4 \pi \varepsilon r^2}$$

と与えられる。

図 2-1 2 個の電荷の間に働く力：2 個の電荷の極性が同じ場合には斥力が働き、異なる場合には引力が働く。引力の場合、力には負の符号がつく。

　ここで、力 F の単位 [N] はニュートン (newton: N) であり、電荷の単位 [C] はクーロン (coulomb: C)、距離 r の単位 [m] はメートル (meter: m) である。また、真空の誘電率は $\varepsilon_0 = 8.854 \times 10^{-12}$ [C/Vm] という値である。

　力は 3 次元空間で働くので、スカラーではなくベクトルであり、当然、**電気力** (electric force) もベクトルとなる。このとき、電荷 1 から電荷 2 に向かう位置ベクトルを $\vec{r}$ とすると、電気力ベクトルは

$$\vec{F} = \frac{q_1 q_2}{4\pi\varepsilon r^2}\left(\frac{\vec{r}}{r}\right) = \frac{q_1 q_2}{4\pi\varepsilon r^3}\vec{r}$$

と与えられる。ただし、$r = |\vec{r}|$ である。

演習 2-1　$\vec{r}/r$ が $\vec{r}$ 方向の単位ベクトルとなることを示せ。

　解）　$\vec{r} = (x \quad y \quad z)$ と置くと $r = |\vec{r}| = \sqrt{x^2 + y^2 + z^2}$ であるから

$$\frac{\vec{r}}{r} = \left(\frac{x}{\sqrt{x^2 + y^2 + z^2}} \quad \frac{y}{\sqrt{x^2 + y^2 + z^2}} \quad \frac{z}{\sqrt{x^2 + y^2 + z^2}}\right)$$

となるので

$$\left|\frac{\vec{r}}{r}\right|^2 = \frac{x^2}{x^2 + y^2 + z^2} + \frac{y^2}{x^2 + y^2 + z^2} + \frac{z^2}{x^2 + y^2 + z^2} = \frac{x^2 + y^2 + z^2}{x^2 + y^2 + z^2} = 1$$

となる。したがって、$\vec{r}/r$ は $\vec{r}$ 方向の単位ベクトルである。

さらに、r 方向の単位ベクトルを $\vec{e}_r$ として

$$\vec{F} = \frac{q_1 q_2}{4\pi\varepsilon\, r^2}\vec{e}_r$$

とする場合もある。この表記のほうが、逆 2 乗則ということがより明確となる。

さらに、原点を 3 次元空間の任意の点にとり、電荷 1 および電荷 2 の位置ベクトルを、それぞれ $\vec{r}_1$ および $\vec{r}_2$ として、電気力を表現することもできる。

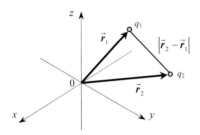

図 2-2　3 次元空間における電荷の位置ベクトル表示と相対関係

この場合の電荷間に働く力ベクトルは

$$\vec{F} = \frac{q_1 q_2}{4\pi\varepsilon\left|\vec{r}_2 - \vec{r}_1\right|^3}(\vec{r}_2 - \vec{r}_1)$$

と与えられる。これが、より一般的な表記となる。

演習 2-2　位置ベクトル $\vec{r}_1 = (0\ 0\ -1)$ [m] に +1 [C] 、$\vec{r}_2 = (1\ 1\ 0)$ [m] に +2 [C] の電荷があるとき、これらの電荷間に働く力を求めよ。

解）　力ベクトルは

$$\vec{F} = \frac{q_1 q_2}{4\pi\varepsilon\left|\vec{r}_2 - \vec{r}_1\right|^3}(\vec{r}_2 - \vec{r}_1) = \frac{q_1 q_2}{4\pi\varepsilon\left|\vec{r}_2 - \vec{r}_1\right|^2}\frac{\vec{r}_2 - \vec{r}_1}{\left|\vec{r}_2 - \vec{r}_1\right|}$$

によって与えられる。ここで

$$\vec{r}_2 - \vec{r}_1 = \begin{pmatrix} 1 \\ 1 \\ 0 \end{pmatrix} - \begin{pmatrix} 0 \\ 0 \\ -1 \end{pmatrix} = \begin{pmatrix} 1 \\ 1 \\ 1 \end{pmatrix} \qquad \left| \vec{r}_2 - \vec{r}_1 \right| = \sqrt{1^2 + 1^2 + 1^2} = \sqrt{3}$$

となるから、力が働く方向の単位ベクトルは

$$\frac{\vec{r}_2 - \vec{r}_1}{\left| \vec{r}_2 - \vec{r}_1 \right|} = \frac{1}{\sqrt{3}} (1 \quad 1 \quad 1)$$

と与えられる。つぎに力の大きさは

$$F = \left| \vec{F} \right| = \frac{q_1 q_2}{4\pi\varepsilon \left| \vec{r}_2 - \vec{r}_1 \right|^2} = \frac{(+1) \times (+2)}{4 \times 3.14 \times (8.854 \times 10^{-12}) \times 3} \cong 6.0 \times 10^9 \quad [\text{N}]$$

となり、反発力となる。

　これは、とてつもなく大きな力であるが、もともと[C]という単位そのものが大きすぎることに原因がある。実際の電荷の大きさは、はるかに小さい。

2.2. 磁荷に働く力

　同様の逆 2 乗則は、磁場の場合にも成立し、空間に置かれた 2 個の**磁荷** (magnetic charge) を m_1 [Wb]と m_2 [Wb] とすると、その間に働く力は

$$F = \frac{m_1 m_2}{4\pi\mu r^2} \quad [\text{N}]$$

と与えられる。ここで μ [Wb/Am] は、磁荷の置かれた空間の**透磁率** (permeability) である。ちなみに、真空の透磁率は $\mu_0 = 4\pi \times 10^{-7}$ [Wb/Am] である。大気中では、真空とほぼ同じ値を示すため μ_0 を代用している。磁荷の単位 [Wb] は weber であり、日本語ではウェーバーと読む。

　より、一般的には、磁気力の場合もベクトルで表現する必要があり、電荷の場合と同様の位置ベクトルを考えると

$$\vec{F} = \frac{m_1 m_2}{4\pi\mu r^3} \vec{r} \qquad \text{ならびに} \qquad \vec{F} = \frac{m_1 m_2}{4\pi\mu \left| \vec{r}_2 - \vec{r}_1 \right|^3} (\vec{r}_2 - \vec{r}_1)$$

となる。

演習 2-3　大気中において、位置ベクトル $\vec{r}_1 = (1\ 2\ 1)$ [m] に+2 [Wb]、
$\vec{r}_2 = (2\ \ 2\ 3)$ [m]に+3 [Wb] の磁荷があるとき、これら電荷間に働く力を求めよ。

解）　力ベクトルは

$$\vec{F} = \frac{m_1\,m_2}{4\pi\mu_0 \left|\vec{r}_2 - \vec{r}_1\right|^3}(\vec{r}_2 - \vec{r}_1) = \frac{m_1\,m_2}{4\pi\mu_0 \left|\vec{r}_2 - \vec{r}_1\right|^2}\frac{\vec{r}_2 - \vec{r}_1}{\left|\vec{r}_2 - \vec{r}_1\right|}$$

によって与えられる。ここで

$$\vec{r}_2 - \vec{r}_1 = \begin{pmatrix} 2 \\ 2 \\ 3 \end{pmatrix} - \begin{pmatrix} 1 \\ 2 \\ 1 \end{pmatrix} = \begin{pmatrix} 1 \\ 0 \\ 2 \end{pmatrix} \qquad \left|\vec{r}_2 - \vec{r}_1\right| = \sqrt{1^2 + 0^2 + 2^2} = \sqrt{5}$$

となるから、力が働く方向の単位ベクトルは

$$\frac{\vec{r}_2 - \vec{r}_1}{\left|\vec{r}_2 - \vec{r}_1\right|} = \frac{1}{\sqrt{5}}(1\quad 0\quad 2)$$

と与えられる。つぎに力の大きさは

$$F = \left|\vec{F}\right| = \frac{m_1 m_2}{4\pi\mu_0 \left|\vec{r}_2 - \vec{r}_1\right|^2} = \frac{(+2)\times(+3)}{4^2 \times 3.14^2 \times 10^{-7} \times 5} \cong 7.61\times10^4 \quad [\text{N}]$$

となり、反発力となる。

　磁荷の間に働く力の式は、電荷の場合と同様であり、概念としてわかりやすい。ただし、気をつける必要があるのは、前章でも紹介したように、単独の磁荷（モノポール; monopole）の存在そのものは、いまだに確認されていないという事実である。

　例えば、磁石には N 極 (north pole) と S 極 (south pole) がある。このとき、磁石の両端にプラスとマイナスの磁荷があると考えることができる。しかし、N 極なら N 極だけを単独で取り出すことはできない。

　一方、磁荷という概念は非常に有用である。例えば、磁石は両端にプラスとマイナスの磁荷があると考えることによって、多くの現象を矛盾なく説明すること

ができる。このため、磁荷という概念をうまく利用して電磁解析に使っているのである。

2.3. 電荷が作る電場

第1章で紹介したように、電荷および磁荷に働く力は、それぞれ**電場** (electric field) および**磁場** (magnetic field) という概念を使って表現できる。このとき、電場および磁場の大きさを E [V/m] および H [A/m]とすると、これらの場に置かれた、電荷 q [C] および磁荷 m [Wb]に働く力は

$$F = qE \quad [\text{N}] \qquad\qquad F = mH \quad [\text{N}]$$

と与えられるのであった。

電場および磁場はベクトルであり、ベクトル表示では

$$\vec{F} = \begin{pmatrix} F_x \\ F_y \\ F_z \end{pmatrix} = q\,\vec{E} = \begin{pmatrix} qE_x \\ qE_y \\ qE_z \end{pmatrix} \quad [\text{N}] \qquad\qquad \vec{F} = \begin{pmatrix} F_x \\ F_y \\ F_z \end{pmatrix} = m\,\vec{H} = \begin{pmatrix} mH_x \\ mH_y \\ mH_z \end{pmatrix} \quad [\text{N}]$$

となる。ここで、電荷 q および磁荷 m はスカラーとなる。

演習 2-4 電荷にはたらく力の2つの式である

$$F = \frac{q_1 q_2}{4\pi\varepsilon\, r^2} \qquad と \qquad F = q_1 E$$

をもとに、電場と電荷の関係を示す式を導出せよ。

解） 2式が等しいと置くと

$$F = \frac{q_1 q_2}{4\pi\varepsilon\, r^2} = q_1 E$$

となる。したがって

$$E = \frac{q_2}{4\pi\varepsilon\, r^2}$$

となる。

この式は、空間に電荷 q_2 を置くと、そのまわりに E という電場が形成されることを意味している。これを一般化して、電荷を q_2 ではなく、Q と置き直してみよう。さらに、ベクトル表示にすれば、空間の原点に置かれた電荷 $+Q$ が発生する電場ベクトルは

$$\vec{E} = \frac{Q}{4\pi\varepsilon r^3}\vec{r} = \frac{Q}{4\pi\varepsilon r^2}\vec{e}_r$$

となる。ちなみに、$\vec{e}_r$ は r 方向の単位ベクトルである。原点に置かれた電荷が負 $-Q$ であれば

$$\vec{E} = -\frac{Q}{4\pi\varepsilon r^3}\vec{r} = -\frac{Q}{4\pi\varepsilon r^2}\vec{e}_r$$

となって、電場の向きは反転する。ここで、点電荷 $\pm Q$ から生じる電場のイメージを示すと図 2-3 のようになる。

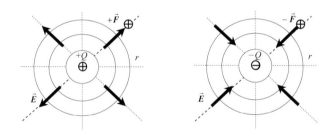

図 2-3　空間に電荷を置いたときに生じる電場のイメージと正電荷に働く力の向き：正負の電荷では、ベクトルの方向が逆となる。

電場の向きは $\vec{F} = q\vec{E}$ という式から、正電荷を置いたときに働く力の方向と一致する。よって、図 2-3 に示すように、正の電荷から生じる電場は外向きとなり、負の電荷から生じる電場は内向きとなる。さらに、電場は、$4\pi r^2$ に反比例して小さくなる。これは、電荷から r だけ離れた球の表面積であり、ガウスの法則によって説明できる。

同様にして、磁荷の場合にも

$$F = \frac{m_1 m_2}{4\pi\mu r^2} \quad と \quad F = m_1 H \quad から$$

$$H = \frac{m_2}{4\pi\mu r^2} \quad あるいは \quad \vec{H} = \frac{m_2}{4\pi\mu r^3}\vec{r} = \frac{m_2}{4\pi\mu r^2}\vec{e}_r$$

という式がえられ、空間に磁荷 m_2 を置くと、そのまわりに H という磁場が形成されるという関係が導出される。

2.4. 電荷と磁場の相互作用

　前章でも紹介したように、電荷が磁場中で静止していると力は働かないが、運動した場合には力が働く。このとき、力ベクトルは、電荷 (q) の速度を速度ベクトル、磁場もベクトルで表すと

$$\vec{F} = q\vec{v}\times\mu\vec{H} = q\vec{v}\times\vec{B}$$

という外積 (outer product) (あるいはベクトル積 vector product とも呼ぶ) で与えられる。これを**ローレンツ力** (Lorentz force) と呼んでいる。

　このように、ローレンツ力は、電荷の運動方向ではなく、その垂直方向に働く。これが現象を複雑化しており、前章で紹介したベクトルポテンシャルが導入された背景ともなっている。

演習 2-5　電荷+q が、磁束密度ベクトル $\vec{B} = (B_x \quad B_y \quad B_z)$ からなる磁場中で、速度ベクトル $\vec{v} = (v_x \quad v_y \quad v_z)$ で運動するとき、荷電粒子に働くローレンツ力ベクトルを求めよ。

　解)　　$\vec{F} = q\vec{v}\times\vec{B}$　であるが、このベクトル積は

$$\vec{v}\times\vec{B} = \begin{vmatrix} \vec{e}_x & \vec{e}_y & \vec{e}_z \\ v_x & v_y & v_z \\ B_x & B_y & B_z \end{vmatrix}$$

という行列式 (determinant) で与えられる。この行列式を、余因子展開すると

$$\vec{v}\times\vec{B} = \vec{e}_x\begin{vmatrix} v_y & v_z \\ B_y & B_z \end{vmatrix} - \vec{e}_y\begin{vmatrix} v_x & v_z \\ B_x & B_z \end{vmatrix} + \vec{e}_z\begin{vmatrix} v_x & v_y \\ B_x & B_y \end{vmatrix}$$

となる。あとは、2 行 2 列の行列式の計算をすればよい。よって

$$\vec{v}\times\vec{B}=\vec{e}_x(v_yB_z-v_zB_y)-\vec{e}_y(v_xB_z-v_zB_x)+\vec{e}_z(v_xB_y-v_yB_x)$$

$$=\vec{e}_x(v_yB_z-v_zB_y)+\vec{e}_y(v_zB_x-v_xB_z)+\vec{e}_z(v_xB_y-v_yB_x)$$

となる。

　ちなみに、$\vec{e}_x,\vec{e}_y,\vec{e}_z$ はそれぞれ、x, y, z 方向の単位ベクトルである。したがって成分で示せば、ベクトル積

$$\vec{v}\times\vec{B}=\begin{pmatrix}v_yB_z-v_zB_y\\v_zB_x-v_xB_z\\v_xB_y-v_yB_x\end{pmatrix}\quad\text{から力ベクトルは}\quad\vec{F}=q\vec{v}\times\vec{B}=q\begin{pmatrix}v_yB_z-v_zB_y\\v_zB_x-v_xB_z\\v_xB_y-v_yB_x\end{pmatrix}$$

となる。

　ここで、方位関係をより明確化するために、均一な磁場 B が y 方向に印加されており、この磁場中を電荷$+q$ が x 方向に速度 v で運動している場合を解析してみよう。このとき、速度ベクトルと磁束密度ベクトルは

$$\vec{v}=(v\ \ 0\ \ 0)\qquad\vec{B}=(0\ \ B\ \ 0)$$

となる。すると

$$\vec{F}=q\vec{v}\times\vec{B}=\vec{e}_xq(v_yB_z-v_zB_y)+\vec{e}_yq(v_zB_x-v_xB_z)+\vec{e}_zq(v_xB_y-v_yB_x)$$

において $v_x=v, B_y=B$ であり、他の成分はすべて 0 であるから

$$\vec{F}=\vec{e}_xq(0-0)+\vec{e}_yq(0-0)+\vec{e}_zq(vB-0)=\vec{e}_zqvB=\begin{pmatrix}0&0&qvB\end{pmatrix}$$

となる。よって、力は z 方向に作用し、その大きさは qvB となる。ここで

$$\vec{F}=q\vec{v}\times\mu\vec{H}=q\vec{v}\times\vec{B}$$

という関係を図示すると図 2-4 のようになる。

　つまり、電荷が x 方向に運動し、磁場の方向が y 方向とすると、力は z 方向に働くのである。このとき、$x\,y\,z$ 直交座標 (orthogonal coordinates) としては、**右手系 (right handed system)** を採用する。右手系とは、右手の親指が x 方向、人差指が y 方向、中指が z 方向となる系である。ベクトル積では、ベクトルの方向は、右手の（親指）×（人差指）とすれば、結果は、（中指）方向となる。

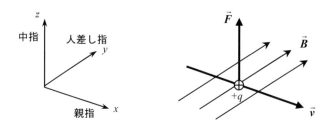

図 2-4 磁場 $\vec{B}$ 中を電荷 q が移動したときに働く力 $\vec{F}$ の向きはベクトル積に従う。このとき右手系を採用する。ベクトル積の速度ベクトルが親指方向、磁場ベクトルが人差指方向とすると、力ベクトルは中指の方向となる。

　いままでは、電荷の運動方向と磁場が直交している場合を見てきたが、磁場と電荷の運動方向が傾いている場合を想定してみよう。その様子を図 2-5 に示す。

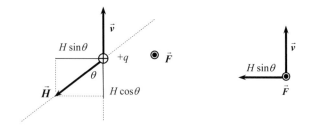

図 2-5 磁荷の運動と磁場との相互作用。記号の◉は、力ベクトル $\vec{F}$ の方向が紙面の裏から表への向きであることを示している。右図は、ローレンツ力の有効成分である。

　電荷 $+q$ が図の方向に速さ v で運動しているとする。そして、磁場は、この方向に垂直ではなく、θ だけ傾いているとしよう。このとき、電荷に働く力 F の方向は、紙面に垂直で、紙面の裏から表への向きとなることがわかる。

　すると、この電荷に働く力の大きさは

$$F = qv\mu H \qquad ではなく \qquad F = qv\mu H \sin\theta$$

と修正されることになる。これは、磁荷の運動方向に対して垂直な磁場の成分の大きさが、図 2-5 の右図に示すように $H \sin\theta$ になることに対応している。

　ここで、この電荷 q の感じる磁場は、図 2-6 のように、電荷から距離 r だけ離れた点に磁荷 m が存在し、それが磁場を発生しているものと仮定しよう。

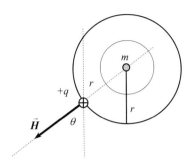

図 2-6　電荷が感じる磁場 H が、距離 r だけ離れた磁荷 m から発生していると仮定する。

　このとき、磁場 H は、磁荷 m と　$H = m/4\pi\mu r^2$　という関係にある。すると、電荷に働く力は、磁荷 m を使って

$$F = qv\mu H \sin\theta = \frac{qvm\sin\theta}{4\pi\, r^2}$$

と与えられることになる。

　ところで、電荷に力が働くということは、**作用反作用の法則** (Law of action and reaction) から、図 2-7 に示すように、同じ大きさの力が磁荷 m にも働いているものと考えられる。ただし、力の向きは逆となる。

　そして、磁荷に力が働くとすれば、図 2-8 に示すように、この場所に磁場 H' が存在すると考えることができる。このとき　$-\vec{F} = m\vec{H}'$　のように磁場は磁荷に働

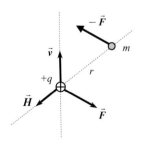

図 2-7　電荷 $+q$ が感じる磁場 $\vec{H}$ が仮想的な磁荷 m によって生じると仮定すると、この磁荷にも力が働くが、それは電荷が感じる力とは逆向きとなる。

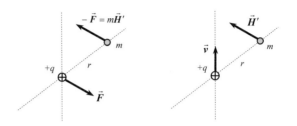

図 2-8　磁荷 m に力 $-\vec{F}$ が働くということは、この点に力と平行した磁場 $\vec{H'}$ が存在することを意味する。

く力と平行であり、大きさは　　$H' = \dfrac{qv\sin\theta}{4\pi r^2}$　となる。

　　したがって、電荷 q の運動によって距離 r の位置に磁場 H' が形成されると考えてもよいことになる。この関係を表示すると図 2-9 のようになる。発生する磁場の向きは、電荷の運動方向を中心とする同心円を描いたときの接線方向となる。

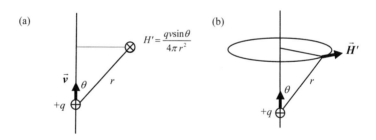

図 2-9　電荷の運動と発生磁場の関係：(a) 磁場の方向は、紙面の表から裏に向かう方向（⊗）である。　(b) この関係を立体的にみた図である。

　　さらに、電荷の運動方向をネジを押し込む方向とすると、図 2-10 に示したように、発生する磁場は右ネジを回したときに進む向きとなる。これが、いわゆる**右ネジの法則** (right handed screw law) である。実は、円電流においても、磁場が発生する向きには、右ネジの法則が成立する。

　　それでは、電荷 q が移動するとき、r だけ離れた点における電場と磁場を求めてみよう。電荷が動けば、この点での電場は、同じ速度で移動するはずである。

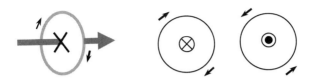

図 2-10　右ネジの法則。右図は磁場（電流）の回転方向と電流（磁場）方向である。紙面の前方から背面への向きにはねじ山⊗が対応し、逆の場合、ネジの先端を模した◉を描く。

　一方、電荷が移動すれば、磁場が形成される。

演習 2-6　磁荷 q がつくる電場は $E = \dfrac{q}{4\pi\varepsilon\, r^2}$ と与えられる。一方、電荷 q が速度 v で移動するとき発生する磁場は $H = \dfrac{qv\sin\theta}{4\pi\, r^2}$ と与えられる。以上から、電荷移動の際の電場と磁場の関係を示せ。

　解）　　磁場を変形すると

$$H = v\frac{q}{4\pi\, r^2}\sin\theta = v\varepsilon\left(\frac{q}{4\pi\varepsilon\, r^2}\right)\sin\theta$$

となる。ここで

$$E = \frac{q}{4\pi\varepsilon\, r^2} \qquad であったから \qquad H = v\varepsilon\, E\sin\theta$$

となる。

　この関係を、ベクトル積で示せば

$$\vec{H} = \varepsilon\vec{v}\times\vec{E}$$

となることがわかる。磁束密度ベクトルは

$$\vec{B} = \mu\vec{H} = \mu\varepsilon\vec{v}\times\vec{E}$$

となる。ここで、電場ベクトルと磁場ベクトルとの関係を図示すると、図 2-11 のようになる。

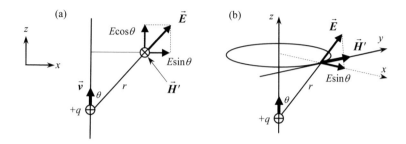

図 2-11　電荷移動によって発生する電場ベクトルと磁場ベクトルの相対関係: (a) xz 2 次元平面 ; (b) 3 次元空間

演習 2-7　移動する電荷と、それにともなう電場ならびに磁場が図 2-11 の配置にあるとき　$\vec{v} \times \vec{E}$　の値を求めよ。

　解）　　電荷$+q$ は z 方向に速度 v で移動しているので、速度ベクトルは

$$\vec{v} = (0 \quad 0 \quad v)$$

となる。電場ベクトルは、図 2-11 の座標系では x 成分と z 成分に分解できて

$$\vec{E} = (E\sin\theta \quad 0 \quad E\cos\theta)$$

となる。よって

$$\vec{v} \times \vec{E} = \begin{pmatrix} v_y E_z - v_z E_y \\ v_z E_x - v_x E_z \\ v_x E_y - v_y E_x \end{pmatrix}$$

において

$$v_x = v_y = 0, \quad v_z = v \qquad E_x = E\sin\theta, \quad E_y = 0, \quad E_z = E\cos\theta$$

であるので

$$\vec{v} \times \vec{E} = (0 \quad vE\sin\theta \quad 0)$$

となる。

　したがって、磁場ベクトルは $\vec{H} = \varepsilon v E \sin\theta \vec{e}_y$ となる。つまり、磁場の向き
は、y の正方向であり、大きさが $\varepsilon v E \sin\theta$ となる。なお、この方向は、導線を中
心とした半径 r の円の接線方向である。

2.5.　ビオ・サバールの法則

　それでは、導線に流れる電流がつくる磁場を求めてみよう。まず、電流とは、
単位時間 Δt に流れる電荷の量であるから $I = q / \Delta t$ となる。ここで、導線に沿
った座標を s とすると、$v = \Delta s / \Delta t$ であるから

$$qv = q\frac{\Delta s}{\Delta t} \qquad \text{から} \qquad qv = q\frac{\Delta s}{\Delta t} = I\Delta s$$

となる。ここでは、図 2-12 のように、この電流素片 $I\Delta s$ が、その位置から角度
θ をなし、距離 r だけ離れた点での磁場成分を求める。

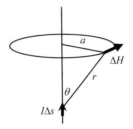

図 2-12　ビオ・サバールの法則：電流素片 $I\Delta s$ が距離 r だけ離れた位置につくる磁場

　この関係は、図 2-9 で求めたものと同様であり

$$\Delta H = \frac{qv\sin\theta}{4\pi r^2} = \frac{I\Delta s \sin\theta}{4\pi r^2}$$

となる。これが、いわゆる**ビオ・サバールの法則** (Biot-Savart's law) である。こ
れを微分のかたちに書き換えると

$$dH = \frac{Ids\sin\theta}{4\pi r^2}$$

となる。

演習 2-8　無限の長さからなる導線に流れる電流 I が、電線から距離 a のところにつくる磁場を計算せよ。

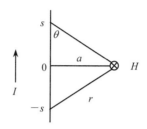

図 2-13　導線に流れる電流 I が距離 a のところに生じる磁場

　解）　ビオ・サバールの法則に従えば、求める磁場は

$$H = \int_{-\infty}^{+\infty} \frac{I\sin\theta}{4\pi r^2} ds$$

と与えられる。図 2-13 を参考にすれば　$a = r\sin\theta$, $a = s\tan\theta$ であるから

$$s = \frac{a}{\tan\theta} \quad \text{より} \quad ds = -\frac{a}{\sin^2\theta} d\theta$$

となる。積分は $0 \le s$ の範囲をとり 2 倍する。このとき、積分範囲は

$$s = 0 \text{ に対応した} \theta = \pi/2 \quad \text{から} \quad s \to \infty \text{ の } \theta = 0$$

までとなり

$$H = \int_{-\infty}^{+\infty} \frac{I\sin\theta}{4\pi r^2} ds = 2\int_{\pi/2}^{0} \frac{I\sin^3\theta}{4\pi a^2}\left(-\frac{a}{\sin^2\theta}\right)d\theta$$

$$= -2\int_{\pi/2}^{0} \frac{I\sin\theta}{4\pi a} d\theta = \left[\frac{I\cos\theta}{2\pi a}\right]_{\pi/2}^{0} = \frac{I}{2\pi a}$$

となる。

　ビオ・サバールの法則は、電流がつくる磁場を求める場合の基本式となっており、電磁気学ではおなじみの式である。

2. 6.　ベクトルポテンシャル

　電流が磁場をつくることがわかったが、ベクトルポテンシャルは磁束密度ベクトルと　$\vec{B} = \mathrm{rot}\,\vec{A}$　という関係で結ばれている。とすれば、電流によってベクトルポテンシャルがつくられることにもなる。実は、ベクトルポテンシャルのほうが、磁場よりも電流との相性がよいのである。それを見ていくことにしよう。

　ここで、図 2-14 のように、原点に電荷 q[C]を置いたとしよう。原点から r [m]だけ離れた点 p を考えると、電位 ϕ[V]と電場ベクトル $\vec{E}$ [V/m]は

$$\phi = \frac{q}{4\pi\varepsilon r} \qquad\qquad \vec{E} = -\mathrm{grad}\,\phi$$

と与えられる。

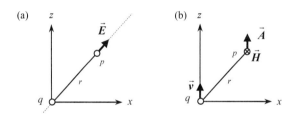

図 2-14　(a) 電荷と電場の関係: 電荷 q が原点にあると、r だけ離れた点 p に電場 $\vec{E}$ が発生する。　(b) 電荷 q が z 方向に移動すると、r だけ離れた点に紙面の表から裏に向かう方向に磁場 $\vec{H}$ が形成され、ベクトルポテンシャル $\vec{A}$ も生じる。

　このように点電荷が生じる電位 ϕ は距離 r に反比例する[1]。もちろん、この状態では磁場は発生しない。この電荷が、図 2-14(b) に示すように、速度 $\vec{v}$ で z 方向に等速で移動したとしよう。すると、すでに見たように、点 p には、磁場

$$\vec{H} = \varepsilon\vec{v}\times\vec{E}$$

が発生する。そして、その向きは紙面の表から裏に向かう方向である。

---

[1] 拙著『なるほど電磁気学』(海鳴社) の「2 章 1 節 電圧と電位」、p. 37 を参照下さい。

ここで、磁束密度は $\vec{B} = \mu \vec{H} = \mu \varepsilon \vec{v} \times \vec{E}$ と与えられる。このとき

$$\vec{A} = \mu \varepsilon \phi \vec{v}$$

という電荷の速度ベクトルに平行なベクトルを考えてみよう。このベクトルは $\vec{B} = \mathrm{rot}\,\vec{A}$ という関係を満足する。

つまり、いま導入した $\vec{A}$ が、まさにベクトルポテンシャルとなるのである。ここで、重要な点は、ベクトルポテンシャルが電荷の移動方向（つまり<u>電流と平行</u>）となるという点である。

演習 2-9　ベクトル $\vec{A} = \mu \varepsilon \phi \vec{v}$ が $\vec{B} = \mathrm{rot}\,\vec{A}$ という関係を満たすことを確かめよ。

解）　まず、$\vec{E} = -\mathrm{grad}\,\phi$ から

$$\vec{B} = \mu \varepsilon \vec{v} \times \vec{E} = \mu \varepsilon \vec{v} \times (-\mathrm{grad}\,\phi)$$

と変形できる。つぎに

$$\vec{A} = \mu \varepsilon \phi \vec{v} \qquad \text{から} \qquad \mathrm{rot}\,\vec{A} = \mu \varepsilon \, \mathrm{rot}\,(\phi \vec{v})$$

となる。ここで、f が任意関数、$\vec{a}$ が任意ベクトルのときに成立するベクトル演算の公式

$$\mathrm{rot}\,(f \vec{a}) = \mathrm{grad}\,f \times \vec{a} + f \,\mathrm{rot}\,\vec{a}$$

を使うと

$$\mathrm{rot}\,(\phi \vec{v}) = \mathrm{grad}\,\phi \times \vec{v} + \phi \,\mathrm{rot}\,\vec{v} = \phi \,\mathrm{rot}\,\vec{v} - \vec{v} \times \mathrm{grad}\,\phi$$

となる。

ここで、$\vec{v}$ は大きさが一定のベクトルであるから $\mathrm{rot}\,\vec{v} = 0$ となるので

$$\mathrm{rot}\,\vec{A} = \mu \varepsilon \, \mathrm{rot}\,(\phi \vec{v}) = -\mu \varepsilon \vec{v} \times \mathrm{grad}\,\phi$$

$$= \mu \varepsilon \vec{v} \times (-\mathrm{grad}\,\phi) = \mu \varepsilon \vec{v} \times \vec{E} = \vec{B}$$

となる。

　つまり、点電荷 q が一定の速度で移動しているとき生じる磁場に対応したベクトルポテンシャルは $\vec{A} = \mu\varepsilon\phi\vec{v}$ と与えられるのである。また $\phi = q/4\pi\varepsilon r$ という関係にあるから、ベクトルポテンシャルは

$$\vec{A} = \frac{\mu q}{4\pi r}\vec{v}$$

と与えられる。この式をもとに、電流とベクトルポテンシャルの関係を導いていこう。$q\vec{v}$ の単位は[Cm/s]である。ここで、電流の単位は I [A] = [C/s] となるから、電流が流れる導体の長さを ℓ [m] とし、電流をベクトルとして表示すれば $q\vec{v} = \vec{I}\ell$ となる。よって

$$\vec{A} = \frac{\mu\ell}{4\pi r}\vec{I}$$

という関係がえられる。つまり、電流によってつくられる磁場のベクトルポテンシャルは、電流と同じ向きとなるのである。さらに、ベクトルポテンシャルの大きさは、電流が流れている導線からの距離 r とともに小さくなることもわかる。

　ここで、電流とベクトルポテンシャルの関係をイメージとして示すと 図 2-15 のようになる。この図こそが、ベクトルポテンシャルが電流によって自由空間に生じ、しかも電流と平行であることを示している本章の主題である。

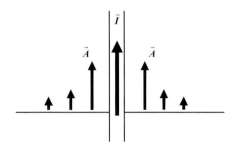

図 2-15　電流とベクトルポテンシャルのイメージ図。導線に電流が流れると、そのまわりに電流に平行となるようにベクトルポテンシャルが形成される。ベクトルポテンシャルの大きさは導線からの距離 (r) の増加とともに小さくなっていく。

電流は導線を流れる電子の運動であり、物理的には実態として把握できる。電流の測定も可能である。ところで、いったん、導線から離れると、そこは自由空間であり、目で見る限り、物理的実態は存在しない。しかし、実際にはベクトルポテンシャルというかたちで、電流と平行の成分が生成され、それが空間を変化させているとみなすこともできるのである。そして、このベクトルポテンシャルが磁場を発生させているという物理的描像を描くこともできるのである。

　もちろん、ベクトルポテンシャルではなく、物理的に測定可能な実態として、電流によって磁場が発生しているというのが一般的かつ直截的な描像ではある。

　ところで、いまの説明では $q\,\vec{v}=\vec{I}\,\ell$ と単純化したが、実際には

$$q\,\vec{v}=q\frac{d\vec{r}}{dt}=\frac{q}{dt}d\vec{r}=I\,d\vec{r}=\vec{I}\,dr$$

となる。この式を代入すると、ベクトルポテンシャルは

$$\vec{A}=\frac{\mu}{4\pi r}\,\vec{I}\,dr=\frac{\mu}{4\pi}\,\vec{I}\,d(\ln r)$$

のように実際の距離依存性は $\ln r$ となることを付記しておく。

　ここで、ベクトルポテンシャルを使って、電流を流した導線間に働く力を考えみよう。まず、ローレンツ力に対応する模擬ポテンシャルを思い出すと

$$U_L=-q\,\vec{v}\cdot\vec{A}$$

であった。ここで、$q\,\vec{v}=\vec{I}\,\ell$ から

$$U_L=-\ell\,\vec{I}\cdot\vec{A}$$

となる。負の符号がついているから、電流とベクトルポテンシャルの内積 $\vec{I}\cdot\vec{A}$ が大きくなるほど安定ということを意味している。

　よって、図 2-16 に示すように、ある導体に電流 I_1 を流したとき、ベクトルポテンシャルは平行となるので、他方の導体を流れる電流 I_2 との内積が大きいほど安定する。つまり、平行電流間には引力が働くことを意味している。一方、反平行の電流間には斥力が働くことになる。

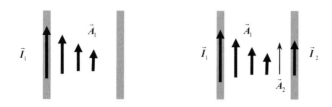

図 2-16　電流を流した導体間に働く相互作用: $\vec{A_1}$ と $\vec{A_2}$ の内積が大きいほど安定である。

2.7.　超伝導

　ベクトルポテンシャルが重要な役割を演じるのが超伝導である。超伝導とは、固体の電気抵抗がゼロとなる現象である。しかし、通常の電磁気学の知識を使って、この現象を理解するのは難しい。

　電池を電気回路につなげると電位差 E が生じ、これによって電荷 q に力

$$F = qE$$

が働き、正から負の向きに電流 I が流れる（実際の電子の流れは逆向きであるが）。これを式で示せば

$$j = \sigma E$$

となる。ただし、j [A/m^2]は電流密度であり、単位面積あたりの電流 I である。ここで、σ[Ω^{-1}m^{-1}] は**電気伝導度** (electric conductivity) と呼ばれる。これが常伝導の金属で観測される現象である。

　ところが、電気抵抗ゼロという特殊性から、超伝導体内では電位差がないことがわかったのである。例えば、非常に単純な考察であるが、オームの法則

$$V = I R$$

において、$R = 0$ の場合、I が ∞ でなければ、電圧（電位差）V は有限の値とならない。とすれば、$V = 0$ と考えざるをえないのである。

　電位差がないとしたら、超伝導体に流れる電流はどうなっているのであろうか。ここで、ヒントになるのが、本章で紹介した電流はベクトルポテンシャルと同じ向きに流れるという事実である。磁場があれば、ベクトルポテンシャルが存

在するが、外部磁場がない場合でも、導体に電流が流れれば、ベクトルポテンシャルが生成する。そこで、超伝導体内では

$$\vec{I} = c\vec{A}$$

のように、電流がベクトルポテンシャルに比例して流れると、ロンドン兄弟 (F. London & H. London) は仮定したのである。結果から示すと

$$\vec{j} = -\frac{1}{\mu \lambda_L^{\,2}} \vec{A}$$

という関係がえられる。ただし、ここでは電流ベクトルではなく、電流密度ベクトル $\vec{j}$ で示している。さらに、λ_L は**磁場侵入長** (penetration depth) と呼ばれる長さを単位とする定数である。この式を**ロンドン方程式** (London equation) と呼んでいる。この方程式を解くことによって、超伝導体内の磁場分布を計算できる。

まず、ロンドン方程式の両辺の rot をとると

$$\mathrm{rot}\,\vec{j} = -\frac{1}{\mu \lambda_L^{\,2}} \mathrm{rot}\,\vec{A}$$

となる。ここで $\vec{B} = \mathrm{rot}\,\vec{A}$ であったから

$$\mathrm{rot}\,\vec{j} = -\frac{1}{\mu \lambda_L^{\,2}} \vec{B}$$

となる。ここで、マックスウェル方程式のアンペールの法則に

$$\mathrm{rot}\,\vec{B} = \mu \vec{j}$$

という関係がある。この両辺の rot をとると

$$\mathrm{rot}\,(\mathrm{rot}\,\vec{B}) = \mu\,\mathrm{rot}\,\vec{j}$$

となる。

演習 2-10　rot (rot $\vec{B}$) を計算せよ。

解）　まず

$$\mathrm{rot}\,\vec{B} = \left(\frac{\partial B_z}{\partial y} - \frac{\partial B_y}{\partial z}\right)\vec{e}_x + \left(\frac{\partial B_x}{\partial z} - \frac{\partial B_z}{\partial x}\right)\vec{e}_y + \left(\frac{\partial B_y}{\partial x} - \frac{\partial B_x}{\partial y}\right)\vec{e}_z$$

となる。このとき、このベクトルの x, y, z 成分は

$$(\mathrm{rot}\,\vec{B})_x = \frac{\partial B_z}{\partial y} - \frac{\partial B_y}{\partial z} \qquad (\mathrm{rot}\,\vec{B})_y = \frac{\partial B_x}{\partial z} - \frac{\partial B_z}{\partial x} \qquad (\mathrm{rot}\,\vec{B})_z = \frac{\partial B_y}{\partial x} - \frac{\partial B_x}{\partial y}$$

となる。つぎに

$$\{\mathrm{rot}\,(\mathrm{rot}\,\vec{B})\}_x = \frac{\partial (\mathrm{rot}\,\vec{B})_z}{\partial y} - \frac{\partial (\mathrm{rot}\,\vec{B})_y}{\partial z}$$

であるが

$$(\mathrm{rot}\,\vec{B})_z = \frac{\partial B_y}{\partial x} - \frac{\partial B_x}{\partial y} \qquad \text{から} \qquad \frac{\partial (\mathrm{rot}\,\vec{B})_z}{\partial y} = \frac{\partial^2 B_y}{\partial x \partial y} - \frac{\partial^2 B_x}{\partial y^2}$$

$$(\mathrm{rot}\,\vec{B})_y = \frac{\partial B_x}{\partial z} - \frac{\partial B_z}{\partial x} \qquad \text{から} \qquad \frac{\partial (\mathrm{rot}\,\vec{B})_y}{\partial z} = \frac{\partial^2 B_x}{\partial z^2} - \frac{\partial^2 B_z}{\partial x \partial z}$$

よって

$$\{\mathrm{rot}\,(\mathrm{rot}\,\vec{B})\}_x = \left(\frac{\partial^2 B_y}{\partial x \partial y} + \frac{\partial^2 B_z}{\partial x \partial z}\right) - \left(\frac{\partial^2 B_x}{\partial y^2} + \frac{\partial^2 B_x}{\partial z^2}\right)$$

となる。ここで、右辺に

$$\frac{\partial^2 B_x}{\partial x^2} - \frac{\partial^2 B_x}{\partial x^2}$$

を足してみよう。すると

$$\{\mathrm{rot}\,(\mathrm{rot}\,\vec{B})\}_x = \left(\frac{\partial^2 B_x}{\partial x^2} + \frac{\partial^2 B_y}{\partial x \partial y} + \frac{\partial^2 B_z}{\partial x \partial z}\right) - \left(\frac{\partial^2 B_x}{\partial x^2} + \frac{\partial^2 B_x}{\partial y^2} + \frac{\partial^2 B_x}{\partial z^2}\right)$$

$$= \frac{\partial}{\partial x}\left(\frac{\partial B_x}{\partial x} + \frac{\partial B_y}{\partial y} + \frac{\partial B_z}{\partial z}\right) - \left(\frac{\partial^2 B_x}{\partial x^2} + \frac{\partial^2 B_x}{\partial y^2} + \frac{\partial^2 B_x}{\partial z^2}\right) = \frac{\partial}{\partial x}(\mathrm{div}\vec{B}) - \nabla^2 B_x$$

となり、同様にして

$$\{\mathrm{rot}\,(\mathrm{rot}\,\vec{B})\}_y = \frac{\partial}{\partial y}(\mathrm{div}\vec{B}) - \nabla^2 B_y \qquad \{\mathrm{rot}\,(\mathrm{rot}\,\vec{B})\}_z = \frac{\partial}{\partial z}(\mathrm{div}\vec{B}) - \nabla^2 B_z$$

から、結局

$$\mathrm{rot}\,(\mathrm{rot}\,\vec{B}) = \mathrm{grad}\,(\mathrm{div}\vec{B}) - \nabla \cdot \nabla \vec{B} = \mathrm{grad}\,(\mathrm{div}\vec{B}) - \nabla^2 \vec{B}$$

となる。

さらに、$\mathrm{div}\vec{B} = 0$ であるから

$$\mathrm{rot}\,(\mathrm{rot}\,\vec{B}) = -\nabla^2 \vec{B}$$

となる。

したがって

$$\mathrm{rot}\,(\mathrm{rot}\,\vec{B}) = \mu\,\mathrm{rot}\,\vec{j} \qquad および \qquad \mathrm{rot}\,\vec{j} = -\frac{1}{\mu\,\lambda_L^2}\vec{B}$$

から

$$\mathrm{rot}\,(\mathrm{rot}\,\vec{B}) = -\nabla^2 \vec{B} = -\frac{1}{\lambda_L^2}\vec{B}$$

となって、結局

$$\nabla^2 \vec{B} = \frac{1}{\lambda_L^2}\vec{B}$$

という関係がえられる。この解が、超伝導体内の磁場分布を与えることになる。
この式を、1 次元で考えると

$$\frac{d^2 B}{dx^2} = \frac{1}{\lambda_L^2}B$$

となる。

演習 2-11 $x < 0$ が超伝導体の外部で磁場 B_0 があるとする。そして、$x \geq 0$ が超
伝導領域として、微分方程式の解を求めよ。

解） 2 階の微分方程式であるから

$$B(x) = C_1 \exp(C_2 x)$$

の解を有する。ここで、$x = 0$ で $B = B_0$ であるから

$$B(0) = C_1 \exp(0) = C_1 = B_0$$

となる。したがって

$$B(x) = B_0 \exp(C_2 x)$$

つぎに

$$\frac{dB(x)}{dx} = B_0 C_2 \exp(C_2 x) \qquad \frac{d^2 B(x)}{dx^2} = B_0 C_2{}^2 \exp(C_2 x)$$

であり

$$\frac{d^2 B(x)}{dx^2} = \frac{1}{\lambda_L{}^2} B(x) = \frac{1}{\lambda_L{}^2} B_0 \exp(C_2 x)$$

から

$$C_2{}^2 = \frac{1}{\lambda_L{}^2} \qquad \text{より} \qquad C_2 = \pm \frac{1}{\lambda_L}$$

となる。ただし、符号が+では、磁場が発散するので $C_2 = -1/\lambda_L$ を選ぶと解は

$$B(x) = B_0 \exp\left(-\frac{x}{\lambda_L}\right)$$

と与えられる。

　この結果を図示すれば、図 2-17 のようになる。超伝導体内の磁場は、表面の B_0 から、まさに指数関数的に減少していくことがわかる。金属系超伝導体（第 I 種超伝導体）の λ_L は 0.01 μm (10^{-8} m) 程度であるので、超伝導体内に侵入した磁場は急激に減衰する。つまり、<u>超伝導体のごく表面にしか磁場は侵入できないの</u>

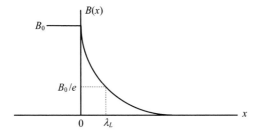

図 2-17　外部磁場 B_0 を超伝導体に印加した場合の、超伝導体内部の磁場分布の様子。磁場侵入長の λ_L は 0.01 μm 程度であるから、磁場は、超伝導体のごく表面近傍で減衰する。

である。さらに、λ_L は、侵入した磁場が $1/e$ まで低下する深さであり**磁場侵入長** (penetration depth) と呼ばれているが、図 2-17 からもわかるように、実際に磁場が侵入する深さは λ_L よりも長い。λ_L については、第 6 章で導出する。

この結果、超伝導体では、その表面で磁場が遮蔽されることになる。これを**マイスナー効果** (Meissner effect) あるいは**完全反磁性** (perfect diamagnetism) と呼んでいる。

第3章　ベクトルポテンシャルの導出

　ベクトルポテンシャルは電流によって自由空間に生成することを説明してきた。よって、電流分布がわかれば、ベクトルポテンシャルを求めることができる。本章では、グリーン関数を利用したポアソン方程式の解法について紹介し、それを利用したベクトルポテンシャルを求める式を導出する。

3.1.　ポアソン方程式とベクトルポテンシャル

　マックスウェル方程式の静磁場下の**アンペールの法則** (Ampere's law) は

$$\mathrm{rot}\,\vec{H}(\vec{r}) = \vec{J}(\vec{r})$$

と与えられる。ただし、$\vec{H}$ は磁場ベクトル、$\vec{J}$ は電流密度ベクトル、$\vec{r}$ は位置ベクトルである。ところで、ベクトルポテンシャルは、磁場ベクトル $\vec{B}(\vec{r}) = \mathrm{rot}\,\vec{A}(\vec{r})$ という関係にあり　$\vec{B} = \mu\vec{H}$ から　$\mathrm{rot}(\mathrm{rot}\,\vec{A}) = \mu\vec{J}$　となる。

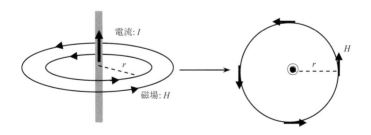

図 3-1　アンペールの右ねじの法則: 右図において、磁場が反時計回りとすると、電流の向きは紙面の背面から表に向かう方向である。

ここで、ベクトル演算の公式[1]から

$$\mathrm{rot}\,(\mathrm{rot}\,\vec{A}) = \mathrm{grad}\,(\mathrm{div}\,\vec{A}) - \Delta\vec{A}$$

となるが、ベクトルポテンシャルには任意性があり $\mathrm{div}\,\vec{A} = 0$ という条件を課すことができる。第 4 章で紹介するように、これは**クーロンゲージ** (Coulomb gauge) と呼ばれている。

演習 3-1　クーロンゲージにおいて、ベクトルポテンシャルと電流の間に $\Delta\vec{A}(\vec{r}) = -\mu\vec{J}(\vec{r})$ という関係がえられることを示せ。

解)　クーロンゲージでは $\mathrm{div}\,\vec{A} = 0$ であるから

$$\mathrm{rot}\,(\mathrm{rot}\,\vec{A}) = \mathrm{grad}\,(\mathrm{div}\,\vec{A}) - \Delta\vec{A} = -\Delta\vec{A}$$

となる。ここで $\mathrm{rot}\,(\mathrm{rot}\,\vec{A}) = \mu\vec{J}$ より

$$\Delta\vec{A}(\vec{r}) = -\mu\vec{J}(\vec{r})$$

という関係がえられる。

この関係を成分で示せば

$$\Delta\vec{A}(\vec{r}) = \Delta\begin{pmatrix} A_x(x,y,z) \\ A_y(x,y,z) \\ A_z(x,y,z) \end{pmatrix} = -\mu\vec{J}(\vec{r}) = -\mu\begin{pmatrix} J_x(x,y,z) \\ J_y(x,y,z) \\ J_z(x,y,z) \end{pmatrix}$$

となり、成分ごとの方程式は

$$\Delta A_x = -\mu J_x \qquad \Delta A_y = -\mu J_y \qquad \Delta A_z = -\mu J_z$$

---

[1] 拙著『なるほどベクトル解析』(海鳴社) の「8 章 2 節 ラプラス演算子を含むベクトル演算」、p. 183 を参照されたい。

ラプラシアン Δ を成分で示せば

$$\frac{\partial^2 A_x}{\partial x^2}+\frac{\partial^2 A_x}{\partial y^2}+\frac{\partial^2 A_x}{\partial z^2}=-\mu J_x \qquad \frac{\partial^2 A_y}{\partial x^2}+\frac{\partial^2 A_y}{\partial y^2}+\frac{\partial^2 A_y}{\partial z^2}=-\mu J_y$$

$$\frac{\partial^2 A_z}{\partial x^2}+\frac{\partial^2 A_z}{\partial y^2}+\frac{\partial^2 A_z}{\partial z^2}=-\mu J_z$$

となる。よって、これらの式をもとに、電流からベクトルポテンシャルを計算することができるのである。

　それでは、これらの式の解を求めていこう。実は、いま求めた式は電荷の分布から電位を求める式として知られている**ポアソン方程式** (Poisson's equation)

$$\Delta\phi(\vec{r})=-\frac{\rho(\vec{r})}{\varepsilon}$$

と、まったく同じかたちをしている。

　さらに、この方程式の解法は、よく知られており、その手法を適用すれば、電流によって生じるベクトルポテンシャルを求めることができるのである。

　そこで、まず、電荷分布のガウスの法則について簡単に復習してポアソン方程式を導出し、そのうえで、グリーン関数を利用した解法を紹介する。

3. 2.　ガウスの法則

　ガウスの法則を微分形で示すと

$$\mathrm{div}\ \vec{E}(\vec{r})=\frac{\rho(\vec{r})}{\varepsilon}$$

となる。div は divergence の略で**微分演算子** (differential operator) の一種である。divergence は発散という意味の英語であり、ものが拡がっていくというイメージである。電場ベクトル

$$\vec{E}=-\mathrm{grad}\ \phi(x,y,z)=-\left(\frac{\partial\phi(x,y,z)}{\partial x},\frac{\partial\phi(x,y,z)}{\partial y},\frac{\partial\phi(x,y,z)}{\partial z}\right)$$

を代入する。すると

$$\mathrm{div}\ \vec{E}=-\frac{\partial}{\partial x}\left(\frac{\partial\phi(x,y,z)}{\partial x}\right)-\frac{\partial}{\partial y}\left(\frac{\partial\phi(x,y,z)}{\partial y}\right)-\frac{\partial}{\partial z}\left(\frac{\partial\phi(x,y,z)}{\partial z}\right)$$

$$= -\left\{\frac{\partial^2 \phi(x,y,z)}{\partial x^2} + \frac{\partial^2 \phi(x,y,z)}{\partial y^2} + \frac{\partial^2 \phi(x,y,z)}{\partial z^2}\right\}$$

となるので

$$\frac{\partial^2 \phi(x,y,z)}{\partial x^2} + \frac{\partial^2 \phi(x,y,z)}{\partial y^2} + \frac{\partial^2 \phi(x,y,z)}{\partial z^2} = -\frac{\rho(x,y,z)}{\varepsilon}$$

という関係がえられる。つまり、電位 ϕ[V] の空間分布がわかれば、その空間内の任意の位置での電荷密度 ρ [C/m³] を求めることができるのである。この式をポアソン方程式と呼んでいる。ちなみに、ポアソン方程式はナブラベクトル(∇)を使って

$$\nabla \cdot \nabla \phi = -\frac{\rho}{\varepsilon}$$

とも表記される。成分表示すれば、ナブラベクトルは

$$\nabla = \left(\begin{array}{ccc} \dfrac{\partial}{\partial x} & \dfrac{\partial}{\partial y} & \dfrac{\partial}{\partial z} \end{array}\right)$$

であったので、その内積をとると

$$\nabla \cdot \nabla = \left(\begin{array}{ccc} \dfrac{\partial}{\partial x} & \dfrac{\partial}{\partial y} & \dfrac{\partial}{\partial z} \end{array}\right)\left(\begin{array}{c} \partial / \partial x \\ \partial / \partial y \\ \partial / \partial z \end{array}\right) = \frac{\partial^2}{\partial x^2} + \frac{\partial^2}{\partial y^2} + \frac{\partial^2}{\partial z^2}$$

となり

$$\nabla \cdot \nabla \phi = \left(\frac{\partial^2}{\partial x^2} + \frac{\partial^2}{\partial y^2} + \frac{\partial^2}{\partial z^2}\right)\phi = \frac{\partial^2 \phi}{\partial x^2} + \frac{\partial^2 \phi}{\partial y^2} + \frac{\partial^2 \phi}{\partial z^2}$$

となる。さらに、ナブラベクトルの内積は

$$\nabla \cdot \nabla = \nabla^2 = \Delta$$

とも表記し、**ラプラス演算子** (Laplace operator) またはラプラシアン (Laplacian)と呼んでいる。この演算子を使うと、ポアソン方程式は

$$\Delta \phi(\vec{r}) = -\frac{\rho(\vec{r})}{\varepsilon}$$

となる。

3.3.　ポアソン方程式の解法

　結果から示すと、ポアソン方程式の解は

$$\phi(\vec{a}) = \frac{1}{4\pi\varepsilon} \int_V \frac{\rho(\vec{r})}{\left|\vec{a}-\vec{r}\right|} d^3\vec{r}$$

と与えられる。ここで、$\vec{a}$ は、電位 ϕ を測定する点の位置ベクトルである。つぎに、$\vec{r}$ は、電荷 ρ の存在する点の位置ベクトルである。また、積分範囲は電荷の分布する体積 V であるが、もちろん全空間を範囲にとってもよい。
　この方程式を 3 次元で表示すれば

$$\phi(\vec{a}) = \frac{1}{4\pi\varepsilon} \int_{-\infty}^{+\infty}\int_{-\infty}^{+\infty}\int_{-\infty}^{+\infty} \frac{\rho(\vec{r})}{\left|\vec{a}-\vec{r}\right|} \, dx \, dy \, dz$$

のような、3 重積分となる。ただし

$$\vec{a} = (a_x, a_y, a_z) \qquad \vec{r} = (x, y, z)$$

$$\left|\vec{a}-\vec{r}\right| = \left|\vec{r}-\vec{a}\right| = \sqrt{(x-a_x)^2 + (y-a_y)^2 + (z-a_z)^2}$$

である。

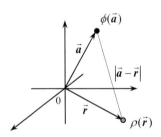

図 3-2　位置ベクトル $\vec{a}$ の点における電位 $\phi(\vec{a})$ は、位置ベクトル $\vec{r}$ の点における電荷 $\rho(\vec{r})$ によって生成される。実際には、$\rho(\vec{r})$ は複数あるので積算となる。あるいは、$\rho(\vec{r})$ の空間分布がわかれば積分によって与えられる。

　これ以降は、一般化するために、測定点の位置ベクトルを $\vec{r} = (x, y, z)$ とし、積算する電荷の位置ベクトルを $\vec{r}' = (x', y', z')$ とするので注意されたい。したがって、電位を与える式は

$$\phi(\vec{r}) = \frac{1}{4\pi\varepsilon} \int \frac{\rho(\vec{r}\,')}{|\vec{r} - \vec{r}\,'|} \, d^3\vec{r}\,'$$

となる。$\vec{r}\,' = (x', y', z')$ が原因、$\vec{r} = (x, y, z)$ が結果となる。よって、積算（積分）する対象は $\vec{r}\,'$ となる。

3.3.1. グリーン関数

ポアソン方程式を解法するためには、**グリーン関数** (Green's function) を利用するのが一般的である。この場合、グリーン関数 G として

$$\Delta G(\vec{r} - \vec{r}\,') = -\delta^3(\vec{r} - \vec{r}\,')$$

というものを仮定する。

この式の意味は、グリーン関数 $G(\vec{r} - \vec{r}\,')$ に、ポアソン方程式の微分演算（ここではラプラシアン $\Delta = \nabla^2$）を作用させると、**デルタ関数** (delta function) $\delta(\vec{r} - \vec{r}\,')$ になるというものである。より一般的には、グリーン関数は $\vec{r}$ と $\vec{r}\,'$ の関数として

$$G(\vec{r}, \vec{r}\,')$$

と置くが、多くの場合、$\vec{r}\,'$ が $\vec{r}$ に及ぼす影響は、2 点間の距離 $\vec{r} - \vec{r}\,'$ の関数となるので、$G(\vec{r} - \vec{r}\,')$ とするのが通例である。

また、右辺の負の符号は正でも構わない。微分方程式の流儀として

$$\Delta G(\vec{r} - \vec{r}\,') + \delta^3(\vec{r} - \vec{r}\,') = 0$$

のように右辺を 0 と表記するのが通例であったため、デルタ関数を右辺に移項する際に負の符号がついたといわれている。いずれ、符号は正負どちらでも構わないことを付記しておく。ここで、デルタ関数の定義は

$$\delta(x - x') = \begin{cases} \infty & (x = x') \\ 0 & (x \neq x') \end{cases} \quad \text{であり} \quad \int_{-\infty}^{+\infty} \delta(x - x') \, dx = 1$$

という性質がある。よって $x' = 0$ とすれば

$$\delta(x) = \begin{cases} \infty & (x = 0) \\ 0 & (x \neq 0) \end{cases} \qquad \int_{-\infty}^{+\infty} \delta(x) \, dx = 1$$

となることもわかる。

実は、デルタ関数は点電荷を表現するのに適している。たとえば、1 次元で考え、$x = a$ に点電荷 q が 1 個ある場合

$$\int_{-\infty}^{+\infty} \delta(x-a)\,dx = 1 \qquad を使って \qquad \int_{-\infty}^{+\infty} q\delta(x-a)\,dx = q$$

と置くことができる。3 次元のデルタ関数 $\delta^3(\vec{r}-\vec{r}')$ の定義は

$$\delta^3(\vec{r}-\vec{r}') = \delta(x-x')\delta(y-y')\delta(z-z')$$

であり

$$\delta^3(\vec{r}-\vec{r}') = \begin{cases} \infty & (\vec{r}=\vec{r}') \\ 0 & (\vec{r} \neq \vec{r}) \end{cases}$$

となる。この関数は $\vec{r}=\vec{r}'$ のとき、すなわち、$x=x'$ かつ $y=y'$ かつ $z=z'$ のときのみ値を有し、積分で示せば

$$\int_{-\infty}^{+\infty} \delta(\vec{r}-\vec{r}')\,d^3\vec{r} = 1$$

$$\int_{-\infty}^{+\infty}\int_{-\infty}^{+\infty}\int_{-\infty}^{+\infty} \delta(x-x')\delta(y-y')\delta(z-z')\,dx\,dy\,dz = 1$$

となる。

　つまり、3 次元空間の $\vec{r}'=(x',y',z')$ という点に点電荷が存在することを意味している。点電荷が複数ある場合には

$$Q = \sum_{\vec{r}'} q\delta^3(\vec{r}-\vec{r}')$$

という和をとればよい。このとき、Q [C] は全電荷である。また、点 $\vec{r}=\vec{r}'$ における電荷密度 $\rho(\vec{r})$ [C/m^3] は

$$\rho(\vec{r}) = \delta^3(\vec{r}-\vec{r}')\rho(\vec{r}')$$

とすることもできる。

演習 3-2　グリーン関数を使うと、ポアソン方程式の解は

$$\phi(\vec{r}) = \frac{1}{\varepsilon}\int G(\vec{r}-\vec{r}')\rho(\vec{r}')\,d^3\vec{r}'$$

と与えられることを確かめよ。ただし、積分は全空間にわたって行う。

　解）　ポアソン方程式

$$\Delta \phi(\vec{r}) = -\frac{\rho(\vec{r})}{\varepsilon}$$

に、表記の解を代入すると

$$\Delta \phi(\vec{r}) = \frac{1}{\varepsilon} \int \Delta G(\vec{r} - \vec{r}') \rho(\vec{r}') \, d^3 \vec{r}' = -\frac{1}{\varepsilon} \int \delta^3 (\vec{r} - \vec{r}') \rho(\vec{r}') \, d^3 \vec{r}'$$

となる。ここで、右辺の積分において、数多くある $\rho(\vec{r}')$ のうち、デルタ関数 $\delta^3 (\vec{r} - \vec{r}')$ によって、値を持つのは $\vec{r}' = \vec{r}$ のときのみである。よって

$$-\frac{1}{\varepsilon} \int \delta^3 (\vec{r} - \vec{r}') \rho(\vec{r}') \, d^3 \vec{r}' = -\frac{\rho(\vec{r})}{\varepsilon}$$

となり、確かに解となっていることがわかる。

このように、原因が点電荷のように、ある一点に局在した物理量である場合、グリーン関数を利用すると解が比較的簡単にえられる場合が多い。

実は、グリーン関数は、もともと、電荷分布に起因する電位（静電ポテンシャル）を求めるために、数学者の**グリーン** (George Green, 1793-1841) によって導入された手法である。その後、いろいろな微分方程式の解法において、その有用性が認められた結果、他の物理分野にも波及したという背景がある。

3. 3. 2. フーリエ変換

微分方程式の解法にフーリエ変換がよく利用される。グリーン関数による解法においても、フーリエ変換の手法は基礎となる。グリーン関数の右辺はデルタ関数となっているが、その**フーリエ変換** (Fourier transformation)（正式にはフーリエ逆変換）は

$$\delta^3 (\vec{r} - \vec{r}') = \frac{1}{(2\pi)^3} \int_{-\infty}^{+\infty} \exp\{i\vec{k} \cdot (\vec{r} - \vec{r}')\} \, d^3 \vec{k}$$

となる。これを利用して微分方程式の解法が行われる。

ここで、フーリエ変換と**逆フーリエ変換** (inverse Fourier transformation) について、簡単に復習しておこう。まず、$f(x)$ のフーリエ変換は

$$\tilde{f}(k) = \int_{-\infty}^{+\infty} f(x) \exp(-ikx) \, dx$$

と与えられる。この操作によって、位置 x の関数である $f(x)$ は、波数 k の関数である $\tilde{f}(k)$ に変わる。物理的には、座標空間（x 空間）から波数空間（k 空間）への変換となる。波数空間は運動量空間（p 空間）と等価であり、$p = \hbar k$ という関係にある。これらは、X 線回折における実空間と逆空間（回折像）に対応しており、1 対 1 に対応する。ここで、$\tilde{f}(k)$ を x の関数に戻すには

$$f(x) = \frac{1}{2\pi} \int_{-\infty}^{+\infty} \tilde{f}(k) \exp(ikx)\, dk$$

という操作をすればよい。これを逆フーリエ変換と呼んでいる。

　数学的テクニックとしては、x 空間では煩雑な微積分演算を、k 空間で実施し、その結果を x 空間に戻すことで解がえられるというものである。

演習 3-3　デルタ関数 $f(x) = \delta(x)$ をフーリエ変換せよ。

　解）　フーリエ変換は

$$\tilde{f}(k) = \int_{-\infty}^{+\infty} f(x) \exp(-ikx)\, dx = \int_{-\infty}^{+\infty} \delta(x) \exp(-ikx)\, dx$$

となる。ここで

$$\int_{-\infty}^{+\infty} \delta(x)\, dx = 1$$

であり、$x \neq 0$ のとき $\delta(x) = 0$ であるので

$$\tilde{f}(k) = \int_{-\infty}^{+\infty} \delta(x) \exp(-ikx)\, dx = 1$$

となる。

　いまの結果を考えると、x 空間において原点に集中した物理量をフーリエ変換すると、図 3-3 に示すように、k 空間では $k = 1$ となることを意味している。

　さらに $\tilde{f}(k) = 1$ を逆フーリエ変換すると

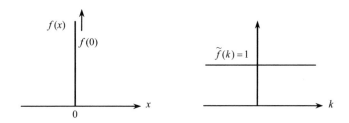

図 3-3 $x = 0$ に局在した物理量をフーリエ変換すると、$\tilde{f}(k) = 1$ の振動しない波となる。

$$f(x) = \delta(x) = \frac{1}{2\pi} \int_{-\infty}^{+\infty} \tilde{f}(k) \exp(ikx)\, dk = \frac{1}{2\pi} \int_{-\infty}^{+\infty} \exp(ikx)\, dk$$

となる。これは、デルタ関数の数学的表現として重宝されている式である。したがって、1 次元のデルタ関数は

$$\delta(x) = \frac{1}{2\pi} \int_{-\infty}^{+\infty} \exp(ikx)\, dk$$

と与えられる。よって、2 次元では

$$\delta(x)\delta(y) = \frac{1}{2\pi} \int_{-\infty}^{+\infty} \exp(ik_x x)\, dk_x \frac{1}{2\pi} \int_{-\infty}^{+\infty} \exp(ik_y y)\, dk_y$$

$$= \frac{1}{(2\pi)^2} \int_{-\infty}^{+\infty} \exp\{i(k_x x + k_y y)\}\, dk_x dk_y$$

となり、3 次元では

$$\delta(x)\delta(y)\delta(z) = \frac{1}{(2\pi)^3} \int_{-\infty}^{+\infty} \exp\{i(k_x x + k_y y + k_z z)\}\, dk_x dk_y dk_z$$

となる。ベクトル表示では

$$\delta^3(\vec{r}) = \frac{1}{(2\pi)^3} \int_{-\infty}^{+\infty} \exp(i\vec{k} \cdot \vec{r})\, d^3\vec{k}$$

となる。一方、グリーン関数も逆フーリエ変換すると

$$G(\vec{r} - \vec{r}') = \frac{1}{(2\pi)^3} \int_{-\infty}^{+\infty} \tilde{G}(\vec{k}) \exp\{i\vec{k} \cdot (\vec{r} - \vec{r}')\}\, d^3\vec{k}$$

となる。このとき、グリーン関数 $G(\vec{r} - \vec{r}')$ を求める問題は、$\tilde{G}(\vec{k})$ を求める問題

に還元される。

演習 3-4　フーリエ変換を利用して
$$\Delta G(\vec{r} - \vec{r}') = -\delta^3(\vec{r} - \vec{r}')$$
を満足するグリーン関数を求めよ。

解）　フーリエ逆変換は、それぞれ

$$\Delta G(\vec{r} - \vec{r}') = \frac{1}{(2\pi)^3} \Delta \int_{-\infty}^{+\infty} \widetilde{G}(\vec{k}) \exp\{i\vec{k} \cdot (\vec{r} - \vec{r}')\} d^3\vec{k}$$

$$-\delta^3(\vec{r} - \vec{r}') = -\frac{1}{(2\pi)^3} \int_{-\infty}^{+\infty} \exp\{i\vec{k} \cdot (\vec{r} - \vec{r}')\} d^3\vec{k}$$

となる。ここで、演算子 Δ は、$\vec{k}$ ではなく、$\vec{r}$ の関数にのみ作用するので

$$\Delta \exp\{i\vec{k} \cdot (\vec{r} - \vec{r}')\} = (-i\vec{k})^2 \exp\{i\vec{k} \cdot (\vec{r} - \vec{r}')\} = -k^2 \exp\{i\vec{k} \cdot (\vec{r} - \vec{r}')\}$$

となる。したがって

$$\frac{1}{(2\pi)^3} \int_{-\infty}^{+\infty} k^2 \widetilde{G}(\vec{k}) \exp\{i\vec{k} \cdot (\vec{r} - \vec{r}')\} d^3\vec{k} = \frac{1}{(2\pi)^3} \int_{-\infty}^{+\infty} \exp\{i\vec{k} \cdot (\vec{r} - \vec{r}')\} d^3\vec{k}$$

となる。ここで、両辺を比較すると

$$k^2 \widetilde{G}(\vec{k}) = 1 \qquad \text{から} \qquad \widetilde{G}(\vec{k}) = \frac{1}{k^2}$$

となる。よって、求めるグリーン関数は

$$G(\vec{r} - \vec{r}') = \frac{1}{(2\pi)^3} \int_{-\infty}^{+\infty} \frac{1}{k^2} \exp\{i\vec{k} \cdot (\vec{r} - \vec{r}')\} d^3\vec{k}$$

となる。

　後は、この積分を実行すればよい。ここで、右辺は k 空間の積分となるので、**直交座標** (orthogonal coordinates) では

$$\int_{-\infty}^{+\infty} d^3\vec{k} = \int_{-\infty}^{+\infty} dk_x \int_{-\infty}^{+\infty} dk_y \int_{-\infty}^{+\infty} dk_z$$

となる。ただし、この積分は**極座標** (polar coordinates) を用いるほうが簡単である。そこで、3 重積分を、図 3-4 を参照しながら直交座標から**極座標**の積分に変

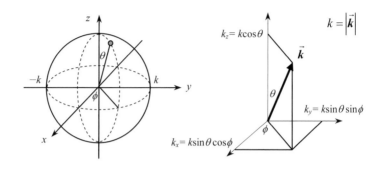

図 3-4　直交座標と極座標（球座標）の対応

える。3 次元の極座標は、**球座標**（spherical coordinates）である。

このとき、k が球の半径（原点からの距離で k の大きさ）であり、その積分範囲は 0 から $+\infty$ となる。θ は天頂角で、いわば地球の緯度に相当するが、緯度と異なり、天頂（地球の北極）からの角度で示すので、その積分範囲は 0 から π となる。ϕ は地球の経度と同じであり、その範囲は 0 から 2π となる。

すると、球座標における積分は

$$\int_{-\infty}^{+\infty} d^3\vec{k} = \int_{0}^{+\infty} k^2\, dk \int_{0}^{\pi} \sin\theta\, d\theta \int_{0}^{2\pi} d\phi$$

と変換される。このとき、図 3-5 に示すように体積要素は

$$dx\, dy\, dz = k^2 \sin\theta\, dk\, d\theta\, d\phi$$

となる。そのうえで、この座標変換をグリーン関数

$$G(\vec{r}-\vec{r}') = \frac{1}{(2\pi)^3} \int_{-\infty}^{+\infty} \frac{1}{k^2} \exp\{i\vec{k}\cdot(\vec{r}-\vec{r}')\}\, d^3\vec{k}$$

の積分に適用していく。

ここで、位置ベクトル $\vec{r}-\vec{r}'$ が z 軸に平行とする。この場合でも図 3-4 からわかるように、ベクトル $\vec{k}$ の位置はすべてカバーできるので、一般性は失われない。このとき、ベクトル $\vec{k}$ と位置ベクトル $\vec{r}-\vec{r}'$ との内積は

$$\vec{k}\cdot(\vec{r}-\vec{r}') = k\left|\vec{r}-\vec{r}'\right|\cos\theta$$

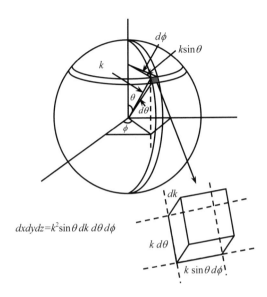

$$dxdydz = k^2 \sin\theta \, dk \, d\theta \, d\phi$$

図 3-5　球座標における体積要素

となる。ただし、θは天頂角である。

すると、積分項の座標変換は

$$\int_{-\infty}^{+\infty} \frac{1}{k^2} \exp\{i\vec{k}\cdot(\vec{r}-\vec{r}')\} d^3\vec{k} = \int_0^{+\infty}\int_0^\pi \exp(ik|\vec{r}-\vec{r}'|\cos\theta) \sin\theta \, d\theta \, dk \int_0^{2\pi} d\phi$$

となる。被積分関数はϕを含まないので

$$\int_0^{2\pi} d\phi = 2\pi$$

となる。つぎに

$$\int_0^{+\infty}\int_0^\pi \exp(ik|\vec{r}-\vec{r}'|\cos\theta)\sin\theta \, d\theta \, dk$$

を計算していこう。まず、θに関する積分は

$$\int_0^\pi \exp(ik|\vec{r}-\vec{r}'|\cos\theta)\sin\theta \, d\theta$$

となる。

81

演習 3-5　$\cos\theta = t$ と置いて、つぎの定積分を計算せよ。

$$\int_0^\pi \exp(ik|\vec{r}-\vec{r}'|\cos\theta)\sin\theta\, d\theta$$

解）　$\cos\theta = t$ と置くと　$-\sin\theta\, d\theta = dt$ であり、オイラーの公式を使うと

$$\int_0^\pi \exp(ik|\vec{r}-\vec{r}'|\cos\theta)\sin\theta\, d\theta = -\int_1^{-1}\exp(ik|\vec{r}-\vec{r}'|t)\, dt = \int_{-1}^{1}\exp(ik|\vec{r}-\vec{r}'|t)\, dt$$

$$= \frac{\exp(ik|\vec{r}-\vec{r}'|) - \exp(-ik|\vec{r}-\vec{r}'|)}{ik|\vec{r}-\vec{r}'|} = \frac{2\sin(k|\vec{r}-\vec{r}'|)}{k|\vec{r}-\vec{r}'|}$$

となる。

よって

$$\int_0^{+\infty}\int_0^\pi \exp(ik|\vec{r}-\vec{r}'|\cos\theta)\sin\theta\, d\theta\, dk = \int_0^{+\infty}\frac{2\sin(k|\vec{r}-\vec{r}'|)}{k|\vec{r}-\vec{r}'|}\, dk$$

となる。以上の結果、求めるグリーン関数は

$$G(\vec{r}-\vec{r}') = \frac{1}{(2\pi)^3}\int\frac{1}{k^2}\exp\{i\vec{k}\cdot(\vec{r}-\vec{r}')\}\, d^3\vec{k}$$

$$= \frac{2\pi}{(2\pi)^3}\frac{2}{|\vec{r}-\vec{r}'|}\int_0^{+\infty}\frac{\sin(k|\vec{r}-\vec{r}'|)}{k}\, dk = \frac{1}{2\pi^2}\frac{1}{|\vec{r}-\vec{r}'|}\int_0^{+\infty}\frac{\sin(k|\vec{r}-\vec{r}'|)}{k}\, dk$$

という k に関する積分に還元できるのである。

演習 3-6　つぎの積分を計算せよ。

$$\int_0^{+\infty}\frac{\sin(k|\vec{r}-\vec{r}'|)}{k}\, dk$$

解）　ここでは

$$\int_0^{+\infty}\frac{\sin(ak)}{k}\, dk = \frac{\pi}{2}$$

という関係を利用する。すると $|\vec{r}-\vec{r}'|$ の値に関係なく

$$\int_0^{+\infty} \frac{\sin(k|\vec{r} - \vec{r}'|)}{k}\, dk = \frac{\pi}{2}$$

となる。

したがって、求めるグリーン関数は

$$G(\vec{r} - \vec{r}') = \frac{1}{2\pi^2} \frac{1}{|\vec{r} - \vec{r}'|} \int_0^{+\infty} \frac{\sin(k|\vec{r} - \vec{r}'|)}{k}\, dk$$

$$= \frac{1}{2\pi^2} \frac{1}{|\vec{r} - \vec{r}'|} \frac{\pi}{2} = \frac{1}{4\pi} \frac{1}{|\vec{r} - \vec{r}'|}$$

と与えられる。

これは、グリーン関数が距離の逆数となることを示している。その物理的な意味は、空間に分散している電荷が、ある点の静電ポテンシャルに与える影響は 2 点間の距離に反比例するということである。これを**クーロン相互作用** (Coulomb interaction) と呼んでいる。

グリーン関数が求められれば、ポアソン方程式の解は

$$\phi(\vec{r}) = \frac{1}{\varepsilon} \int G(\vec{r} - \vec{r}')\rho(\vec{r}')\, d^3\vec{r}' = \frac{1}{4\pi\varepsilon} \int \frac{\rho(\vec{r}')}{|\vec{r} - \vec{r}'|}\, d^3\vec{r}'$$

となる。これは積分方程式であり、電荷の分布を示す $\rho(\vec{r}')$ が与えられれば静電ポテンシャル $\phi(\vec{r})$ を計算できることになる。

3.4.　ベクトルポテンシャルの計算

ポアソン方程式の解法をベクトルポテンシャルに適用してみよう。ポアソン方程式

$$\Delta\phi(\vec{r}) = -\frac{\rho(\vec{r})}{\varepsilon}$$

の解は

$$\phi(\vec{r}) = \frac{1}{4\pi\varepsilon} \int \frac{\rho(\vec{r}')}{|\vec{r} - \vec{r}'|}\, d^3\vec{r}'$$

と与えられるのであるから

$$\Delta \vec{A}(\vec{r}) = -\mu \vec{J}(\vec{r})$$

の解は

$$\vec{A}(\vec{r}) = \frac{\mu}{4\pi} \int \frac{\vec{J}(\vec{r}')}{|\vec{r} - \vec{r}'|} d^3\vec{r}'$$

となる。

　したがって、電流の分布 $\vec{J}(\vec{r}')$ がわかれば、この式を利用してベクトルポテンシャル $\vec{A}(\vec{r})$ を計算できることになる。それでは具体的な計算問題に取り組んでみよう。

演習 3-7　導線の z 軸方向に定電流 I が流れているとき、この導線から、距離 r の点 p におけるベクトルポテンシャルを求めよ。

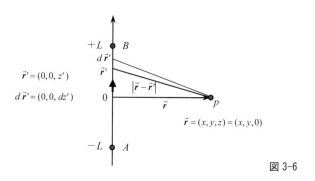

図 3-6

　解）　ベクトルポテンシャルは

$$\vec{A}(\vec{r}) = \frac{\mu}{4\pi} \int \frac{\vec{J}(\vec{r}')}{|\vec{r} - \vec{r}'|} d^3\vec{r}'$$

である。いまの場合、点 p の座標は $z = 0$ であるから

$$\vec{r} = (x, y, z) = (x, y, 0)$$

である。つぎに、電流が流れているのは、z 軸に沿っているので

$$\vec{r}' = (0, 0, z')$$

となる。また、$\vec{e}_z$ を z 方向の単位ベクトルとすると

$$d\vec{r}\,' = \vec{e}_z\, dz'$$

また

$$\left|\vec{r} - \vec{r}\,'\right| = \sqrt{x^2 + y^2 + (0 - z')^2} = \sqrt{x^2 + y^2 + (z')^2} = \sqrt{r^2 + (z')^2}$$

となる。さらに点 $\vec{r}\,' = (0, 0, z')\,(-L \leq z' \leq L)$ における電流は一定の I であるから

$$\vec{J}(\vec{r}\,') = (0, 0, I)$$

となるので

$$\vec{A}\,(\vec{r}) = \frac{\mu}{4\pi}\int \frac{\vec{J}(\vec{r}\,')}{\left|\vec{r} - \vec{r}\,'\right|}\, d^3\vec{r}\,' = \vec{e}_z\, \frac{\mu}{4\pi}\int \frac{I\, dz'}{\sqrt{r^2 + (z')^2}}$$

この解析からも、ベクトルポテンシャルの x, y 成分は $A_x = A_y = 0$ であることがわかる。ここで、点 $A\,(-L)$ から点 $B\,(+L)$ までの範囲について A_z を求めてみよう。すると

$$A_z = \frac{\mu}{4\pi}\int_{-L}^{+L} \frac{I dz'}{\sqrt{r^2 + (z')^2}} = \frac{\mu I}{4\pi}\int_{-L}^{+L} \frac{dz'}{\sqrt{r^2 + (z')^2}}$$

となる。ここで

$$\int \frac{dx}{\sqrt{a^2 + x^2}} = \ln(x + \sqrt{a^2 + x^2})$$

という積分公式を使うと

$$A_z = \frac{\mu I}{4\pi}\{\ln(L + \sqrt{r^2 + L^2}) - \ln(-L + \sqrt{r^2 + L^2})\} = \frac{\mu I}{4\pi}\ln\left(\frac{\sqrt{r^2 + L^2} + L}{\sqrt{r^2 + L^2} - L}\right)$$

と与えられる。

　ただし、われわれが求めるのは、$L \to \infty$ の極限である。そこで、この極限を求めることを意識して、式を変形していく。分母を有理化すると

$$A_z = \frac{\mu I}{4\pi}\ln\left(\frac{\sqrt{r^2 + L^2} + L}{\sqrt{r^2 + L^2} - L}\right) = \frac{\mu I}{4\pi}\ln\frac{(\sqrt{r^2 + L^2} + L)^2}{(\sqrt{r^2 + L^2} - L)(\sqrt{r^2 + L^2} + L)}$$

$$= \frac{\mu I}{4\pi}\ln\left(\frac{(\sqrt{r^2+L^2}+L)^2}{r^2}\right) = \frac{\mu I}{2\pi}\ln\left(\frac{\sqrt{r^2+L^2}+L}{r}\right)$$

となる。さらに、r/L の項をくくりだし、r の含まれていない項を分離すると

$$A_z = \frac{\mu I}{2\pi}\ln\left\{\frac{L}{r}\left(1+\sqrt{\left(\frac{r}{L}\right)^2+1}\right)\right\} = \frac{\mu I}{2\pi}\ln\left\{\frac{1}{r}\left(1+\sqrt{\left(\frac{r}{L}\right)^2+1}\right)\right\} + \frac{\mu I}{2\pi}\ln L$$

となる。

　ここで、$L\to\infty$ の極限をとったとき、第 2 項は発散してしまう。そこで、ベクトルポテンシャルの任意性を利用する。つまり、原点を $(\mu I/2\pi)\ln L$ だけずらすのである。すると A_z は

$$A_z = \frac{\mu I}{2\pi}\ln\left\{\frac{1}{r}\left(1+\sqrt{\left(\frac{r}{L}\right)^2+1}\right)\right\}$$

となり、$L\to\infty$ のとき $r/L\to0$ なので

$$A_z = \frac{\mu I}{2\pi}\ln\left(\frac{2}{r}\right) = \frac{\mu I}{2\pi}\ln 2 - \frac{\mu I}{2\pi}\ln r$$

となる。

　ベクトルポテンシャルの任意性から再び定数項は無視すると

$$A_z = -\frac{\mu I}{2\pi}\ln r$$

と与えられることになる。直交座標で示せば

$$A_z = -\frac{\mu I}{2\pi}\ln\sqrt{x^2+y^2+z^2}$$

となるが、$z=0$ であったので

$$A_z = -\frac{\mu I}{2\pi}\ln\sqrt{x^2+y^2}$$

が求めるベクトルポテンシャルとなる。

　ベクトルポテンシャルの一般式は

第3章　ベクトルポテンシャルの導出

$$\vec{A}\,(\vec{r}) = \frac{\mu}{4\pi}\int\frac{\vec{J}(\vec{r}')}{\left|\vec{r}-\vec{r}'\right|}\,d^3\vec{r}'$$

であるが、直線電流から r だけ離れた位置でのベクトルポテンシャルは

$$A_x = \frac{\mu I}{4\pi}\int\frac{dx'}{r} \qquad A_y = \frac{\mu I}{4\pi}\int\frac{dy'}{r} \qquad A_z = \frac{\mu I}{4\pi}\int\frac{dz'}{r}$$

と与えられることになる。この式からも、電流の向きとベクトルポテンシャルの向きが平行となることがわかる。

演習 3-8　z 軸方向に定電流 I が流れているとき、この電線から、距離 r だけ離れた点 p におけるベクトルポテンシャルから磁場の大きさを求めよ。

解）　演習 3-7 の結果から、点 p におけるベクトルポテンシャル $\vec{A}$ の成分は

$$A_x = 0, \qquad A_y = 0, \qquad A_z = -\frac{\mu I}{2\pi}\ln r$$

と与えられる。この $\vec{A} = (0 \quad 0 \quad A_z)$ の rot をとると

$$\mathrm{rot}\,\vec{A} = \left(\frac{\partial A_z}{\partial y} \quad -\frac{\partial A_z}{\partial x} \quad 0\right) = \vec{B}$$

となる。ここで $r = \sqrt{x^2+y^2} = (x^2+y^2)^{\frac{1}{2}}$ であるから

$$A_z = -\frac{\mu I}{2\pi}\ln r = -\frac{\mu I}{4\pi}\ln(x^2+y^2)$$

となる。よって

$$\frac{\partial A_z}{\partial y} = -\frac{\mu I}{2\pi}\frac{y}{x^2+y^2} \qquad \frac{\partial A_z}{\partial x} = -\frac{\mu I}{2\pi}\frac{x}{x^2+y^2}$$

したがって

$$\vec{B} = \left(-\frac{\mu I}{2\pi}\frac{y}{x^2+y^2} \quad \frac{\mu I}{2\pi}\frac{x}{x^2+y^2} \quad 0\right)$$

から、磁場ベクトルは

$$\vec{H} = \left(-\frac{I}{2\pi}\frac{y}{x^2+y^2} \quad \frac{I}{2\pi}\frac{x}{x^2+y^2} \quad 0 \right)$$

となる。その大きさは

$$\left| \vec{H} \right|^2 = \left(-\frac{I}{2\pi}\frac{y}{x^2+y^2} \right)^2 + \left(\frac{I}{2\pi}\frac{x}{x^2+y^2} \right)^2 = \left(\frac{I}{2\pi}\frac{1}{x^2+y^2} \right)^2 (x^2+y^2)$$

$$= \left(\frac{I}{2\pi} \right)^2 \frac{1}{x^2+y^2} = \left(\frac{I}{2\pi r} \right)^2$$

から

$$\left| \vec{H} \right| = H = \frac{I}{2\pi r}$$

となる。

演習 3-9　距離 $2d$ だけ離れた 2 本の導線に、電流 I を逆向きに流すときに生ずる
ベクトルポテンシャルを求めよ。

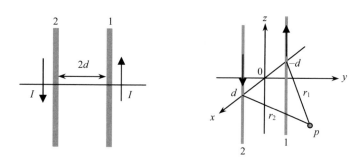

図 3-7

解)　電流が流れる方向を z 方向としよう。点 p の導線 1 からの距離が r_1、導
線 2 からの距離が r_2 とする。両方の導線について、$-L$ から $+L$ までの範囲でベ
クトルポテンシャルを計算してみよう。

ここでは、演習 3-7 でえられた結果を利用する。まず、p 点の座標が

$$\vec{r} = (x, y, z) = (x, y, 0)$$

となるように、原点を選ぶ。

まず、$A_x = A_y = 0$ である。つぎに、導線 1 からの p 点での A_z への寄与は、電流が z の正方向に流れていることから　$\dfrac{\mu I}{4\pi} \displaystyle\int_{-L}^{+L} \dfrac{dz'}{\sqrt{r_1^{\,2} + (z')^2}}$　となる。つぎに、

導線 2 からの寄与は、電流が z の負方向に流れているので、符号は－となり

$-\dfrac{\mu I}{4\pi} \displaystyle\int_{-L}^{+L} \dfrac{dz'}{\sqrt{r_2^{\,2} + (z')^2}}$　となる。ベクトルポテンシャルは、これら成分の和とな

るので

$$A_z = \frac{\mu I}{4\pi} \int_{-L}^{+L} \left(\frac{1}{\sqrt{r_1^{\,2} + (z')^2}} - \frac{1}{\sqrt{r_2^{\,2} + (z')^2}} \right) dz'$$

と与えられる。よって

$$A_z = \frac{\mu I}{4\pi} \left[\ln(z' + \sqrt{(z')^2 + r_1^{\,2}}) - \ln(z' + \sqrt{(z')^2 + r_2^{\,2}}) \right]_{-L}^{+L}$$

$$= \frac{\mu I}{4\pi} \left[\ln\left(L + \sqrt{L^2 + r_1^{\,2}} \right) - \ln\left(L + \sqrt{L^2 + r_2^{\,2}} \right) \right]$$

$$- \frac{\mu I}{4\pi} \left[\ln\left(-L + \sqrt{L^2 + r_1^{\,2}} \right) - \ln\left(-L + \sqrt{L^2 + r_2^{\,2}} \right) \right]$$

となる。さらに変形を進めると

$$A_z = \frac{\mu I}{4\pi} \left[\ln\left\{ \frac{\sqrt{L^2 + r_1^{\,2}} + L}{\sqrt{L^2 + r_1^{\,2}} - L} \right\} - \ln\left\{ \frac{\sqrt{L^2 + r_2^{\,2}} + L}{\sqrt{L^2 + r_2^{\,2}} - L} \right\} \right]$$

$$= \frac{\mu I}{2\pi} \left[\ln\left\{ \frac{\left(\sqrt{L^2 + r_1^{\,2}} + L \right)}{r_1} \right\} - \ln\left\{ \frac{\left(\sqrt{L^2 + r_2^{\,2}} + L \right)}{r_2} \right\} \right] = \frac{\mu I}{2\pi} \left[\ln\left(\frac{\sqrt{L^2 + r_1^{\,2}} + L}{\sqrt{L^2 + r_2^{\,2}} + L} \right) - \ln\frac{r_1}{r_2} \right]$$

となる。ここで $L \to \infty$ のとき

$$\frac{\sqrt{L^2 + r_1^2} + L}{\sqrt{L^2 + r_2^2} + L} = \left(\sqrt{1 + \left(\frac{r_1}{L}\right)^2} + 1\right) \bigg/ \left(\sqrt{1 + \left(\frac{r_2}{L}\right)^2} + 1\right) \to 1$$

から　　$A_z = -\dfrac{\mu I}{2\pi} \ln \dfrac{r_1}{r_2}$　　となる。

このように、点 p におけるベクトルポテンシャルは両導線からの距離に依存し、導線間の距離 $2d$ には、あらわには依存しないことになる。ただし、r_1 および r_2 は、当然、d の影響を受けることになる。

演習 3-10　図 3-8 のような xy 平面の長方形型の閉ループを考える。この回路に電流 I を反時計まわりに流したときに、この回路から離れた遠方におけるベクトルポテンシャルを求めよ。

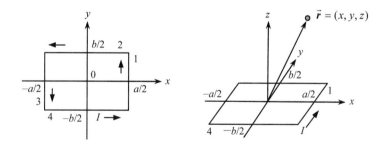

図 3-8

解)　各辺の流れる電流がつくるベクトルポテンシャルを求めていこう。基本式は

$$\vec{A}(\vec{r}) = \frac{\mu I}{4\pi} \int \frac{d\vec{r}'}{|\vec{r} - \vec{r}'|}$$

となる。積分が各辺に沿ったものなので、$d^3\vec{r}'$ ではなく、$d\vec{r}'$ としている。

まず、y 軸に平行な辺 1 に注目しよう。ここでは $\vec{r} = (x, y, z)$　であり

$$\vec{r}' = \left(\frac{a}{2}, y', 0\right)$$

となって、y' が $-b/2$ から $b/2$ まで変化する。また、y 方向の単位ベクトルを $\vec{e}_y$ とすると

$$d\vec{r}' = \vec{e}_y\, dy'$$

となる。つぎに

$$\frac{1}{|\vec{r} - \vec{r}'|} = \frac{1}{\sqrt{\left(x - \dfrac{a}{2}\right)^2 + (y - y')^2 + z^2}} = \frac{1}{\sqrt{x^2 - ax + \left(\dfrac{a}{2}\right)^2 + y^2 - 2yy' + (y')^2 + z^2}}$$

$$= \frac{1}{\sqrt{r^2 - ax + \left(\dfrac{a}{2}\right)^2 - 2yy' + (y')^2}}$$

実は、このまま積分計算を行うのは煩雑である。ここでは、遠方でのベクトルポテンシャルを考えているので、$r \gg a$ としてよい。そこで、近似を行う。

$$\frac{1}{|\vec{r} - \vec{r}'|} = \frac{1}{r}\frac{1}{\sqrt{1 - \dfrac{ax}{r^2} + \dfrac{a^2}{4r^2} - \dfrac{2yy'}{r^2} + \dfrac{(y')^2}{r^2}}}$$

ここで、まず $a^2/4r^2$ の項は無視する。つぎに $-b/2 < y' < b/2$ であるから $(y')^2/r^2$ の項も無視しよう。すると

$$\frac{1}{|\vec{r} - \vec{r}'|} = \frac{1}{r}\frac{1}{\sqrt{1 - \dfrac{ax}{r^2} - \dfrac{2yy'}{r^2}}}$$

と近似できる。そのうえで、マクローリン展開を適用する。

$$\frac{1}{\sqrt{1 - \dfrac{ax}{r^2} - \dfrac{2yy'}{r^2}}} = \left(1 - \frac{ax + 2yy'}{r^2}\right)^{-\frac{1}{2}} = (1 - t)^{-\frac{1}{2}}$$

とする。ただし、遠方を考えているので

$$t = \frac{ax + 2yy'}{r^2} \ll 1$$

である。このとき

$$(1-t)^{-\frac{1}{2}} = 1 + \frac{1}{2}t + \frac{1\cdot 3}{2\cdot 4}t^2 + \frac{1\cdot 3\cdot 5}{2\cdot 4\cdot 6}t^3 + ... \cong 1 + \frac{1}{2}t$$

と近似できる。すると

$$\frac{1}{\sqrt{1 - \dfrac{ax}{r^2} - \dfrac{2yy'}{r^2}}} \cong 1 + \left(\frac{1}{2}\right)\frac{ax + 2yy'}{r^2} = 1 + \frac{ax + 2yy'}{2r^2} = 1 + \frac{ax}{2r^2} + \frac{yy'}{r^2}$$

と簡単化できる。ここで、辺 1 からの寄与に対応する積分は $d\vec{r}' = \vec{e}_y\,dy'$ から

$$\int_1 \frac{d\vec{r}'}{|\vec{r} - \vec{r}'|} = \vec{e}_y \int_{-b/2}^{+b/2} \frac{1}{r}\left(1 + \frac{ax}{2r^2} + \frac{yy'}{r^2}\right)dy'$$

となる。積分記号の添え字の 1 は辺 1 に沿った積分という意味である。被積分関数は y' の 1 次関数であるから、簡単に積分が可能であり

$$\int_1 \frac{d\vec{r}'}{|\vec{r} - \vec{r}'|} = \vec{e}_y \left[\frac{1}{r}\left(1 + \frac{ax}{2r^2}\right)y' + \frac{y(y')^2}{2r^3}\right]_{-b/2}^{+b/2} = \vec{e}_y \frac{b}{r}\left(1 + \frac{ax}{2r^2}\right)$$

となる。

つぎに、辺 3 に沿った積分は、辺 1 の結果において $a/2 \rightarrow -a/2$ とし、さらに y' は $+b/2$ から $-b/2$ まで変化するので

$$\int_3 \frac{d\vec{r}'}{|\vec{r} - \vec{r}'|} = -\vec{e}_y \frac{b}{r}\left(1 - \frac{ax}{2r^2}\right)$$

となる。

つぎに、辺 2 ではなく、辺 4 に沿った電流成分の積分を考えてみよう。この辺では、電流が x の正方向となる。辺 4 では

$$\vec{r}' = \left(x', -\frac{b}{2}, 0\right)$$

となって、x' が $-a/2$ から $a/2$ まで変化する。また、x 方向の単位ベクトルを $\vec{e}_x$ とすると

$$d\vec{r}' = \vec{e}_x\,dx'$$

となる。つぎに

92

$$\frac{1}{|\vec{r}-\vec{r}'|} = \frac{1}{\sqrt{\left(x-x'\right)^2 + \left(y+\dfrac{b}{2}\right)^2 + z^2}} = \frac{1}{\sqrt{x^2 - 2xx' + \left(x'\right)^2 + y^2 + by + \left(\dfrac{b}{2}\right)^2 + z^2}}$$

$$= \frac{1}{\sqrt{r^2 - 2xx' + \left(x'\right)^2 + by + \left(\dfrac{b}{2}\right)^2}} = \frac{1}{r\sqrt{1 - \dfrac{2xx'}{r^2} + \dfrac{\left(x'\right)^2}{r^2} + \dfrac{by}{r^2} + \left(\dfrac{b}{2r}\right)^2}}$$

先ほどと同様の近似を行うと

$$\frac{1}{|\vec{r}-\vec{r}'|} = = \frac{1}{r}\frac{1}{\sqrt{1 - \dfrac{2xx'}{r^2} + \dfrac{by}{r^2}}} = \frac{1}{r}\left(1 - \frac{2xx'}{r^2} + \frac{by}{r^2}\right)^{-\frac{1}{2}}$$

$$= \frac{1}{r}\left(1 - \frac{2xx'-by}{r^2}\right)^{-\frac{1}{2}} \cong \frac{1}{r}\left\{1 + \left(\frac{1}{2}\right)\frac{2xx'-by}{r^2}\right\} = \frac{1}{r}\left(1 + \frac{xx'}{r^2} - \frac{by}{2r^2}\right)$$

$d\vec{r}' = \vec{e}_x\,dx'$ であったから、x' に関して積分すればよいので

$$\int_4 \frac{d\vec{r}'}{|\vec{r}-\vec{r}'|} = \vec{e}_x\left[\frac{1}{r}\left(1 - \frac{by}{2r^2}\right)x' + \frac{x(x')^2}{2r^3}\right]_{-a/2}^{+a/2} = \vec{e}_x\frac{a}{r}\left(1 - \frac{by}{2r^2}\right)$$

となる。最後に、辺 2 による寄与は

$$\int_2 \frac{d\vec{r}'}{|\vec{r}-\vec{r}'|} = -\vec{e}_x\frac{a}{r}\left(1 + \frac{by}{2r^2}\right)$$

となる。これら 4 辺の寄与をすべて足せばよいので

$$\int \frac{d\vec{r}'}{|\vec{r}-\vec{r}'|} = \vec{e}_y\frac{b}{r}\left(1 + \frac{ax}{2r^2}\right) - \vec{e}_y\frac{b}{r}\left(1 - \frac{ax}{2r^2}\right) + \vec{e}_x\frac{a}{r}\left(1 - \frac{by}{2r^2}\right) - \vec{e}_x\frac{a}{r}\left(1 + \frac{by}{2r^2}\right)$$

$$= -\vec{e}_x\frac{a}{r}\left(\frac{by}{r^2}\right) + \vec{e}_y\frac{b}{r}\left(\frac{ax}{r^2}\right) = \frac{ab}{r^3}(-\vec{e}_x\,y + \vec{e}_y\,x)$$

となる。したがって、求めるベクトルポテンシャルは

$$\vec{A}(\vec{r}) = \frac{\mu I}{4\pi}\int\frac{d\vec{r}'}{|\vec{r}-\vec{r}'|} = \frac{\mu I}{4\pi}\frac{ab}{r^3}(-\vec{e}_x\,y + \vec{e}_y\,x) = \frac{\mu I}{4\pi}\frac{ab}{r^3}\begin{pmatrix}-y\\x\\0\end{pmatrix}$$

と与えられる。

図 3-9　閉電流がつくる磁気モーメント

　この結果の Iab は、IS と書くことができ、S という面積を有する閉回路に沿って電流を流したときに生ずる磁気モーメント $m = IS$ である（図 3-9 参照）。

　ここで、磁気モーメントはベクトルであるが、いまの場合は

$$\vec{m} = \begin{pmatrix} 0 \\ 0 \\ Iab \end{pmatrix} = Iab \begin{pmatrix} 0 \\ 0 \\ 1 \end{pmatrix}$$

と置くことができ

$$\vec{m} \times \vec{r} = Iab \begin{pmatrix} 0 \\ 0 \\ 1 \end{pmatrix} \times \begin{pmatrix} x \\ y \\ z \end{pmatrix} = Iab \begin{vmatrix} \vec{e}_x & \vec{e}_y & \vec{e}_z \\ 0 & 0 & 1 \\ x & y & z \end{vmatrix} = \vec{e}_x Iab \begin{vmatrix} 0 & 1 \\ y & z \end{vmatrix} - \vec{e}_y Iab \begin{vmatrix} 0 & 1 \\ x & z \end{vmatrix}$$

$$= -\vec{e}_x Iaby + \vec{e}_y Iabx = Iab \begin{pmatrix} -y \\ x \\ 0 \end{pmatrix}$$

となる。よって、原点に置かれた磁気モーメント $\vec{m}$ によってつくられるベクトルポテンシャルは

$$\vec{A}\,(\vec{r}) = \frac{\mu}{4\pi} \frac{\vec{m} \times \vec{r}}{r^3}$$

と与えられる。この式は大変有用である。

演習 3-11　原点に磁気モーメント $\vec{m}$ を置いたとき、位置ベクトル $\vec{r}$ の点に生じる磁束密度ベクトル $\vec{B}$ を求めよ。

解）　位置ベクトル $\vec{r}$ の点のベクトルポテンシャルは

$$\vec{A}\,(\vec{r}) = \frac{\mu}{4\pi}\,\frac{\vec{m}\times\vec{r}}{r^3}$$

となる。$\vec{B} = \mathrm{rot}\,\vec{A} = \nabla\times\vec{A}$　であるから

$$\vec{B} = \nabla\times\vec{A} = \frac{\mu}{4\pi}\,\nabla\times\left(\frac{\vec{m}\times\vec{r}}{r^3}\right)$$

となる。ここで

$$\nabla\times\left(\frac{\vec{m}\times\vec{r}}{r^3}\right) = \nabla\times\left\{\left(\frac{1}{r^3}\right)(\vec{m}\times\vec{r})\right\}$$

と変形し $f = 1/r^3$, $\vec{a} = \vec{m}\times\vec{r}$　として、右辺にベクトル演算の公式

$$\nabla\times(f\,\vec{a}) = \nabla f\times\vec{a} + f\,(\nabla\times\vec{a})$$

を適用すると

$$\nabla\times\left(\frac{\vec{m}\times\vec{r}}{r^3}\right) = \nabla\left(\frac{1}{r^3}\right)\times(\vec{m}\times\vec{r}) + \frac{1}{r^3}\nabla\times(\vec{m}\times\vec{r})$$

と変形できる。ここで

$$\nabla\left(\frac{1}{r^3}\right) = \nabla\left(\frac{1}{\left(\sqrt{x^2+y^2+z^2}\right)^3}\right) = \nabla\left(\frac{1}{\left(x^2+y^2+z^2\right)^{\frac{3}{2}}}\right)$$

を計算してみよう。ナブラベクトル ∇ は

$$\nabla = \left(\frac{\partial}{\partial x}\quad\frac{\partial}{\partial y}\quad\frac{\partial}{\partial z}\right)$$

であるので、x 成分の偏微分を行ってみる。すると

$$\frac{\partial}{\partial x}\left(\frac{1}{\left(x^2+y^2+z^2\right)^{\frac{3}{2}}}\right) = -\frac{\dfrac{3}{2}\left(x^2+y^2+z^2\right)^{\frac{1}{2}}\cdot 2x}{\left(x^2+y^2+z^2\right)^3} = \frac{-3x}{\left(x^2+y^2+z^2\right)^{\frac{5}{2}}} = -\frac{3x}{r^5}$$

と与えられる。y, z 成分も同様であり、結局

$$\nabla\left(\frac{1}{r^3}\right) = -\frac{3}{r^5}\left(x\quad y\quad z\right) = -\frac{3}{r^5}\vec{r}$$

というベクトルとなる。つぎに $\nabla \times (\vec{m} \times \vec{r})$ を計算してみよう。

$$\vec{m} \times \vec{r} = \begin{vmatrix} \vec{e}_x & \vec{e}_y & \vec{e}_z \\ m_x & m_y & m_z \\ x & y & z \end{vmatrix} = \vec{e}_x \begin{vmatrix} m_y & m_z \\ y & z \end{vmatrix} - \vec{e}_y \begin{vmatrix} m_x & m_z \\ x & z \end{vmatrix} + \vec{e}_z \begin{vmatrix} m_x & m_y \\ x & y \end{vmatrix}$$

$$= \vec{e}_x (m_y z - m_z y) - \vec{e}_y (m_x z - m_z x) + \vec{e}_z (m_x y - m_y x)$$

よって

$$\nabla \times (\vec{m} \times \vec{r}) = \begin{vmatrix} \vec{e}_x & \vec{e}_y & \vec{e}_z \\ \partial/\partial x & \partial/\partial y & \partial/\partial z \\ m_y z - m_z y & m_z x - m_x z & m_x y - m_y x \end{vmatrix}$$

$$\{\nabla \times (\vec{m} \times \vec{r})\}_x = \begin{vmatrix} \partial/\partial y & \partial/\partial z \\ m_z x - m_x z & m_x y - m_y x \end{vmatrix} = \frac{\partial(m_x y - m_y x)}{\partial y} - \frac{\partial(m_z x - m_x z)}{\partial z}$$

$$= m_x + m_x = 2m_x$$

となる。同様にして

$$\{\nabla \times (\vec{m} \times \vec{r})\}_y = 2m_y \qquad \{\nabla \times (\vec{m} \times \vec{r})\}_z = 2m_z$$

となり

$$\nabla \times (\vec{m} \times \vec{r}) = \begin{pmatrix} 2m_x & 2m_y & 2m_z \end{pmatrix} = 2\vec{m}$$

となる。よって

$$\vec{B}(\vec{r}) = \frac{\mu}{4\pi} \left(-\frac{3\vec{r} \times \vec{m} \times \vec{r}}{r^5} + \frac{2\vec{m}}{r^3} \right)$$

と与えられる。

　ここで、ベクトル演算の公式[2]

$$\vec{a} \times (\vec{b} \times \vec{c}) = (\vec{a} \cdot \vec{c})\vec{b} - (\vec{a} \cdot \vec{b})\vec{c}$$

から

$$\vec{r} \times (\vec{m} \times \vec{r}) = (\vec{r} \cdot \vec{r})\vec{m} - (\vec{m} \cdot \vec{r})\vec{r}$$

となるので

$$\vec{r} \times (\vec{m} \times \vec{r}) = \vec{m} r^2 - \vec{r}(\vec{m} \cdot \vec{r})$$

となる。よって

---

[2] 拙著『なるほどベクトル解析』（海鳴社）の「4章2節　ベクトル3重積」、p. 86 を参照されたい。

$$\vec{B}\,(\vec{r}) = \frac{\mu}{4\pi}\left(-\frac{3\vec{r}\times\vec{m}\times\vec{r}}{r^5} + \frac{2\vec{m}}{r^3}\right) = \frac{\mu}{4\pi}\left(\frac{-3\vec{r}\times\vec{m}\times\vec{r} + 2r^2\vec{m}}{r^5}\right)$$

$$= \frac{\mu}{4\pi}\left(\frac{-3\vec{m}r^2 + 3\vec{r}(\vec{m}\cdot\vec{r}) + 2r^2\vec{m}}{r^5}\right) = \frac{\mu}{4\pi}\left(\frac{3(\vec{m}\cdot\vec{r})\vec{r} - r^2\vec{m}}{r^5}\right)$$

となる。

演習 3-12　xy 平面の原点を中心とする半径 a の円ループに沿って、定電流 I を反時計まわりに流したとき、この円電流によって、充分、遠方に生じるベクトルポテンシャルを求めよ。

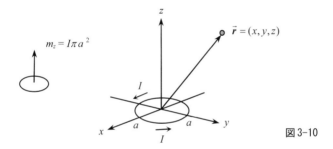

図 3-10

解）　半径 a の反時計まわりの円電流がつくる磁化は、z 方向であり、磁化ベクトル、すなわち磁気モーメントは

$$\vec{m} = (0 \quad 0 \quad \pi a^2 I)$$

となる。原点に置かれた磁気モーメント $\vec{m}$ によってつくられるベクトルポテンシャルは

$$\vec{A}\,(\vec{r}) = \frac{\mu}{4\pi}\frac{\vec{m}\times\vec{r}}{r^3}$$

と与えられる。

$$\vec{m}\times\vec{r} = \begin{vmatrix} \vec{e}_x & \vec{e}_y & \vec{e}_z \\ 0 & 0 & \pi a^2 I \\ x & y & z \end{vmatrix} = \vec{e}_x \begin{vmatrix} 0 & \pi a^2 I \\ y & z \end{vmatrix} - \vec{e}_y \begin{vmatrix} 0 & \pi a^2 I \\ x & z \end{vmatrix}$$

$$= -\vec{e}_x \pi a^2 I y + \vec{e}_y \pi a^2 I x = (-\pi a^2 I y \quad \pi a^2 I x \quad 0) = \pi a^2 I(-y \quad x \quad 0)$$

となり

$$\vec{A}\,(\vec{r}) = \frac{\mu}{4\pi}\frac{\vec{m}\times\vec{r}}{r^3} = \frac{\mu a^2 I}{4}\left(-\frac{y}{r^3} \quad \frac{x}{r^3} \quad 0\right)$$

となる。

　磁気モーメントの発生源が複数ある場合を考えてみよう。この場合は

$$\vec{A}\,(\vec{r}) = \frac{\mu}{4\pi}\frac{\vec{m}\times\vec{r}}{r^3}$$

を基本として、ベクトルポテンシャルの基本式

$$\vec{A}\,(\vec{r}) = \frac{\mu}{4\pi}\int\frac{\vec{J}(\vec{r}')}{\left|\vec{r}-\vec{r}'\right|}d^3\vec{r}'$$

と比較すれば

$$\vec{A}\,(\vec{r}) = \frac{\mu}{4\pi}\int\frac{\vec{m}(\vec{r}')\times\vec{r}}{\left|\vec{r}-\vec{r}'\right|}d^3\vec{r}'$$

とすればよい。

3.5.　ビオ・サバールの法則

　ベクトルポテンシャルの基本式

$$\vec{A}\,(\vec{r}) = \frac{\mu}{4\pi}\int\frac{\vec{J}(\vec{r}')}{\left|\vec{r}-\vec{r}'\right|}d^3\vec{r}'$$

から

$$d\vec{A}\,(\vec{r}) = \frac{\mu}{4\pi}\frac{\vec{J}(\vec{r}')}{\left|\vec{r}-\vec{r}'\right|}d^3\vec{r}'$$

と与えられることがわかる。さらに、一定電流 I が流れている電流素片から生じるベクトルポテンシャルは

$$d\vec{A}\,(\vec{r}) = \frac{\mu}{4\pi}\frac{I}{\left|\vec{r}-\vec{r}'\right|}d\vec{r}'$$

と与えられる。これを図示すると図 3-11 のようになる。

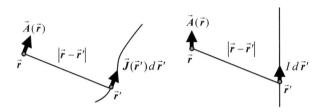

図 3-11　電流素片がつくるベクトルポテンシャル

この関係をもとに、ビオ・サバールの法則を導出してみよう。まず

$$B(\vec{r}) = \operatorname{rot} \vec{A}(\vec{r})$$

であるから

$$dB(\vec{r}) = \operatorname{rot}\{d\vec{A}(\vec{r})\}$$

となる。よって

$$\operatorname{rot}\{d\vec{A}(\vec{r})\} = \frac{\mu I}{4\pi}\operatorname{rot}\left(\frac{d\vec{r}'}{|\vec{r}-\vec{r}'|}\right)$$

ここで、$\operatorname{rot}\{d\vec{A}(\vec{r})\}$ は、点 $\vec{r}=(x,y,z)$ の位置に作用するものであり、$\vec{r}'=(x',y',z')$ や $d\vec{r}'=(dx',dy',dz')$ には作用しないことに注意する。

演習 3-13　次式の z 成分の x に関する偏微分を求めよ。

$$\frac{d\vec{r}'}{|\vec{r}-\vec{r}'|}$$

解）

$$\frac{\partial}{\partial x}\left(\frac{dz'}{|\vec{r}-\vec{r}'|}\right) = \frac{\partial}{\partial x}\left(\frac{dz'}{\sqrt{(x-x')^2+(y-y')^2+(z-z')^2}}\right)$$

$$= dz' \frac{\partial}{\partial x}\left((x-x')^2 + (y-y')^2 + (z-z')^2 \right)^{-\frac{1}{2}}$$

$$= dz'\left(-\frac{1}{2}\right)\left((x-x')^2 + (y-y')^2 + (z-z')^2 \right)^{-\frac{3}{2}} 2(x-x') = -\frac{(x-x')dz'}{\left| \vec{r} - \vec{r}' \right|^3}$$

となる。

同様にして、z 成分の y に関する偏微分ならびに y 成分の z に関する偏微分は

$$\frac{\partial}{\partial y}\left(\frac{dz'}{\left| \vec{r} - \vec{r}' \right|} \right) = -\frac{(y-y')dz'}{\left| \vec{r} - \vec{r}' \right|^3} \qquad \frac{\partial}{\partial z}\left(\frac{dy'}{\left| \vec{r} - \vec{r}' \right|} \right) = -\frac{(z-z')dy'}{\left| \vec{r} - \vec{r}' \right|^3}$$

となる。

演習 3-14　つぎの回転の x 成分を求めよ。

$$\mathrm{rot}\left(\frac{d\vec{r}'}{\left| \vec{r} - \vec{r}' \right|} \right)$$

解）

$$\left\{ \mathrm{rot}\left(\frac{d\vec{r}'}{\left| \vec{r} - \vec{r}' \right|} \right) \right\}_x = \frac{\partial}{\partial y}\left(\frac{dz'}{\left| \vec{r} - \vec{r}' \right|} \right) - \frac{\partial}{\partial z}\left(\frac{dy'}{\left| \vec{r} - \vec{r}' \right|} \right) = \frac{(z-z')dy'-(y-y')dz'}{\left| \vec{r} - \vec{r}' \right|^3}$$

となる。いま求めた x 成分の分子をみると

$$d\vec{r}' \times (\vec{r} - \vec{r}')$$

というベクトル積の x 成分であることがわかる。したがって

$$\left\{ \mathrm{rot}\left(\frac{d\vec{r}'}{\left| \vec{r} - \vec{r}' \right|} \right) \right\}_x = \left\{ \frac{d\vec{r}' \times (\vec{r} - \vec{r}')}{\left| \vec{r} - \vec{r}' \right|^3} \right\}_x$$

となることがわかる。y 成分、z 成分も同様である。よって

$$d\vec{B}\,(\vec{r}) = \frac{\mu\,I}{4\pi}\,\mathrm{rot}\!\left(\frac{d\vec{r}\,'}{\left|\vec{r}-\vec{r}\,'\right|}\right) = \frac{\mu\,I}{4\pi}\,\frac{d\vec{r}\,'\!\times\!(\vec{r}-\vec{r}\,')}{\left|\vec{r}-\vec{r}\,'\right|^{3}}$$

となる。あるいは

$$d\vec{H}(\vec{r}) = \frac{1}{4\pi}\,\frac{I\,d\vec{r}\,'\!\times\!(\vec{r}-\vec{r}\,')}{\left|\vec{r}-\vec{r}\,'\right|^{3}}$$

となる。

　これは、まさに**ビオ・サバールの法則** (Biot-Savart's law) に他ならない。ここで、$\vec{r}\,'$ を原点にとり、電流の方向の要素を $d\vec{s}$ とおくと

$$d\vec{H}(\vec{r}) = \frac{I\,d\vec{s}\times\vec{r}}{4\pi\,r^{3}}$$

となる。さらに、電流と磁場を測定する点のなす角を θ とすれば

$$dH = \frac{I\,ds\,\sin\theta}{4\pi\,r^{2}}$$

となる。

第4章　電磁ポテンシャルとゲージ

4.1. マックスウェル方程式

ファラデーの電磁誘導の法則は、マックスウェル方程式では

$$\text{rot}\,\vec{E}(\vec{r},\,t) = -\frac{\partial \vec{B}(\vec{r},t)}{\partial t}$$

となる。右辺は磁場の時間変化であり、導体のまわりで磁場 B が変化すれば、電場 E の回転 (rot) が誘導されるという意味となる。成分で示せば

$$\text{rot}\,\vec{E}(x,y,z,t) = -\frac{\partial \vec{B}(x,y,z,t)}{\partial t}$$

となる。ここで、ベクトルポテンシャルを導入すると

$$\vec{B}(\vec{r},\,t) = \text{rot}\,\vec{A}(\vec{r},\,t)$$

という関係がえられ

$$\text{rot}\,\vec{E}(\vec{r},t) = -\frac{\partial \vec{B}(\vec{r},t)}{\partial t} = -\frac{\partial}{\partial t}(\text{rot}\,\vec{A}(\vec{r},t)) = -\text{rot}\left(\frac{\partial \vec{A}(\vec{r},t)}{\partial t}\right)$$

となる。よって

$$\vec{E}(\vec{r},t) = -\frac{\partial \vec{A}(\vec{r},t)}{\partial t}$$

となり、磁場の時間変化にともなう電場成分は、ベクトルポテンシャルの時間変化に対応することがわかる。ベクトルポテンシャルを導入すれば、わずらわしい rot が消えるのである。

　ここに、電位($\phi(\vec{r},t)$)を加えれば、電場は

$$\vec{E}(\vec{r},t) = -\mathrm{grad}\,\phi(\vec{r},t) - \frac{\partial \vec{A}(\vec{r},t)}{\partial t}$$

と与えられることになる。ただし、電位 (ϕ) はベクトルではなく、スカラーである。

4.2.　電磁ポテンシャル

前節の結果から、磁場ベクトルと電場ベクトルは

$$\vec{B}(\vec{r},t) = \mathrm{rot}\,\vec{A}(\vec{r},t)$$

$$\vec{E}(\vec{r},t) = -\mathrm{grad}\,\phi(\vec{r},t) - \frac{\partial \vec{A}(\vec{r},t)}{\partial t}$$

のように、スカラーポテンシャル $\phi(\vec{r},t)$ とベクトルポテンシャル $\vec{A}(\vec{r},t)$ で表現できることになる。これらポテンシャルの組 (ϕ, $\vec{A}$) を**電磁ポテンシャル** (electromagnetic potential) と呼んでいる。電磁場が電磁ポテンシャルで与えられるということは、マックスウェル方程式を含む電磁気学も、電磁ポテンシャルを用いて書き直すことができる。

演習 4-1　電荷 $\rho(\vec{r},t)$ に関するガウスの法則に対応したマックスウェル方程式

$$\mathrm{div}\,\vec{D}(\vec{r},t) = \rho(\vec{r},t)$$

を電磁ポテンシャルで書き換えよ。

解）　空間の誘電率を ε とすると、電束密度と電場には

$$\vec{D}(\vec{r},t) = \varepsilon\,\vec{E}(\vec{r},t)$$

という関係があるから

$$\mathrm{div}\,\vec{E}(\vec{r},t) = \frac{\rho(\vec{r},t)}{\varepsilon}$$

となる。ここで

$$\vec{E}(\vec{r},t) = -\mathrm{grad}\,\phi(\vec{r},t) - \frac{\partial \vec{A}(\vec{r},t)}{\partial t}$$

であるので

$$\mathrm{div}\,\vec{E}(\vec{r},t) = -\mathrm{div}\,\mathrm{grad}\,\phi(\vec{r},t) - \mathrm{div}\left(\frac{\partial \vec{A}(\vec{r},t)}{\partial t}\right)$$

$$= -\mathrm{div}\,\mathrm{grad}\,\phi(\vec{r},t) - \frac{\partial (\mathrm{div}\,\vec{A}(\vec{r},t))}{\partial t}$$

ベクトル演算によると

$$\mathrm{div}\,\mathrm{grad}\,\phi = \mathrm{div}\begin{pmatrix} \partial\phi/\partial x \\ \partial\phi/\partial y \\ \partial\phi/\partial z \end{pmatrix} = \frac{\partial^2\phi}{\partial x^2} + \frac{\partial^2\phi}{\partial y^2} + \frac{\partial^2\phi}{\partial z^2} = \nabla^2\phi = \Delta\phi$$

から

$$\Delta\phi(\vec{r},t) + \frac{\partial (\mathrm{div}\,\vec{A}(\vec{r},t))}{\partial t} = -\frac{\rho(\vec{r},t)}{\varepsilon}$$

となる。

　すでに紹介したように、ファラデーの電磁誘導の法則

$$\mathrm{rot}\,\vec{E}(\vec{r},t) = -\frac{\partial \vec{B}(\vec{r},t)}{\partial t}$$

に関しては

$$\vec{E}(\vec{r},t) = -\mathrm{grad}\,\phi(\vec{r},t) - \frac{\partial \vec{A}(\vec{r},t)}{\partial t}$$

に取り込まれる。つぎに、磁場に関するガウスの法則

$$\mathrm{div}\,\vec{B}(\vec{r},t) = 0$$

に関しては

$$\vec{B}(\vec{r},t) = \mathrm{rot}\,\vec{A}(\vec{r},t)$$

が対応する。これは

$$\mathrm{div}\ \vec{B}(\vec{r}, t) = \mathrm{div\ rot}\ \vec{A}(\vec{r}, t) = 0$$

からも明らかであろう。

演習 4-2　つぎのベクトル演算

$$\mathrm{rot}\ \vec{B} = \mathrm{rot\ (rot}\ \vec{A})$$

を電磁ポテンシャルによって書き換えよ。

解）

$$\mathrm{rot}\ \vec{A} = \left(\frac{\partial A_z}{\partial y} - \frac{\partial A_y}{\partial z}\right)\vec{e}_x + \left(\frac{\partial A_x}{\partial z} - \frac{\partial A_z}{\partial x}\right)\vec{e}_y + \left(\frac{\partial A_y}{\partial x} - \frac{\partial A_x}{\partial y}\right)\vec{e}_z$$

$$= (\mathrm{rot}\ \vec{A})_x\ \vec{e}_x + (\mathrm{rot}\ \vec{A})_y\ \vec{e}_y + (\mathrm{rot}\ \vec{A})_z\ \vec{e}_z$$

であるから

$$\mathrm{rot\ rot}\ \vec{A} = \mathrm{rot\ (rot}\ \vec{A}) = \mathrm{rot}\begin{pmatrix}(\mathrm{rot}\ \vec{A})_x \\ (\mathrm{rot}\ \vec{A})_y \\ (\mathrm{rot}\ \vec{A})_z\end{pmatrix}$$

の x 成分は

$$(\mathrm{rot\ rot}\ \vec{A})_x = \frac{\partial}{\partial y}(\mathrm{rot}\ \vec{A})_z - \frac{\partial}{\partial z}(\mathrm{rot}\ \vec{A})_y$$

$$= \frac{\partial}{\partial y}\left(\frac{\partial A_y}{\partial x} - \frac{\partial A_x}{\partial y}\right) - \frac{\partial}{\partial z}\left(\frac{\partial A_x}{\partial z} - \frac{\partial A_z}{\partial x}\right)$$

$$= \frac{\partial^2 A_y}{\partial y \partial x} - \frac{\partial^2 A_x}{\partial y^2} - \frac{\partial^2 A_x}{\partial z^2} + \frac{\partial^2 A_z}{\partial z \partial x} = \left(\frac{\partial^2 A_y}{\partial y \partial x} + \frac{\partial^2 A_z}{\partial z \partial x}\right) - \left(\frac{\partial^2 A_x}{\partial y^2} + \frac{\partial^2 A_x}{\partial z^2}\right)$$

ここで

$$\frac{\partial^2 A_x}{\partial x^2} - \frac{\partial^2 A_x}{\partial x^2}$$

を足してみよう。すると

$$(\text{rot rot } \vec{A})_x = \left(\frac{\partial^2 A_x}{\partial x^2} + \frac{\partial^2 A_y}{\partial y \partial x} + \frac{\partial^2 A_z}{\partial z \partial x} \right) - \left(\frac{\partial^2 A_x}{\partial x^2} + \frac{\partial^2 A_x}{\partial y^2} + \frac{\partial^2 A_x}{\partial z^2} \right)$$

となる。これを変形すると

$$(\text{rot rot } \vec{A})_x = \frac{\partial}{\partial x} \left(\frac{\partial A_x}{\partial x} + \frac{\partial A_y}{\partial y} + \frac{\partial A_z}{\partial z} \right) - \left(\frac{\partial^2}{\partial x^2} + \frac{\partial^2}{\partial y^2} + \frac{\partial^2}{\partial z^2} \right) A_x$$

$$= \frac{\partial}{\partial x}(\text{div } \vec{A}) - (\nabla^2 \vec{A})_x = [\text{grad }(\text{div } \vec{A})]_x - (\Delta \vec{A})_x$$

となる。同様にして

$$(\text{rot rot } \vec{A})_y = [\text{grad }(\text{div } \vec{A})]_y - (\Delta \vec{A})_y \qquad (\text{rot rot } \vec{A})_z = [\text{grad }(\text{div } \vec{A})]_z - (\Delta \vec{A})_z$$

となり

$$\text{rot } \vec{B} = \text{rot rot } \vec{A} = \text{grad }(\text{div } \vec{A}) - (\Delta \vec{A})$$

となる。

演習 4-3 アンペールの法則に対応したマックスウェル方程式

$$\text{rot } \vec{H}(\vec{r}, t) = \frac{\partial \vec{D}(\vec{r}, t)}{\partial t} + \vec{j}(\vec{r}, t)$$

を電磁ポテンシャルで書き換えよ。

解) 空間の透磁率をμとすると $\vec{B}(\vec{r}, t) = \mu \vec{H}(\vec{r}, t)$ という関係にある。さらに $\vec{B}(\vec{r}, t) = \text{rot } \vec{A}(\vec{r}, t)$ であるから

$$\text{rot } \vec{H}(\vec{r}, t) = \frac{1}{\mu} \text{rot } \vec{B}(\vec{r}, t) = \frac{1}{\mu} \text{rot rot } \vec{A}(\vec{r}, t)$$

となる。ここで

$$\text{rot rot } \vec{A} = \text{grad }(\text{div } \vec{A}) - (\Delta \vec{A})$$

であるので

$$\mathrm{rot}\,\vec{H}(\vec{r},t) = \frac{1}{\mu}\,\mathrm{grad}\,(\mathrm{div}\,\vec{A}(\vec{r},t)) - \frac{1}{\mu}(\Delta\vec{A}(\vec{r},t))$$

となる。つぎに　$\vec{D}(\vec{r},t) = \varepsilon\,\vec{E}(\vec{r},t)$　から

$$\frac{\partial}{\partial t}\vec{D}(\vec{r},t) = \varepsilon\frac{\partial}{\partial t}\vec{E}(\vec{r},t)$$

ここで

$$\vec{E}(\vec{r},t) = -\mathrm{grad}\,\phi(\vec{r},t) - \frac{\partial\vec{A}(\vec{r},t)}{\partial t}$$

であるから

$$\frac{\partial}{\partial t}\vec{D}(\vec{r},t) = -\frac{\partial}{\partial t}(\varepsilon\,\mathrm{grad}\,\phi(\vec{r},t)) - \varepsilon\frac{\partial^2\vec{A}(\vec{r},t)}{\partial t^2}$$

$$= -\mathrm{grad}\left(\varepsilon\frac{\partial\phi(\vec{r},t)}{\partial t}\right) - \varepsilon\frac{\partial^2\vec{A}(\vec{r},t)}{\partial t^2}$$

したがって　$\mathrm{rot}\,\vec{H}(\vec{r},t) = \dfrac{\partial\vec{D}(\vec{r},t)}{\partial t} + \vec{j}(\vec{r},t)$　は

$$\frac{1}{\mu}\,\mathrm{grad}\,(\mathrm{div}\,\vec{A}(\vec{r},t)) - \frac{1}{\mu}(\Delta\vec{A}(\vec{r},t)) = -\mathrm{grad}\left(\varepsilon\frac{\partial\phi(\vec{r},t)}{\partial t}\right) - \varepsilon\frac{\partial^2\vec{A}(\vec{r},t)}{\partial t^2} + \vec{j}(\vec{r},t)$$

となる。これを整理すると

$$\mathrm{grad}\left\{\mathrm{div}\,\vec{A}(\vec{r},t) + \varepsilon\mu\frac{\partial\phi(\vec{r},t)}{\partial t}\right\} - \Delta\vec{A}(\vec{r},t) = -\varepsilon\mu\frac{\partial^2\vec{A}(\vec{r},t)}{\partial t^2} + \mu\,\vec{j}(\vec{r},t)$$

したがって

$$\Delta\vec{A}(\vec{r},t) - \varepsilon\mu\frac{\partial^2\vec{A}(\vec{r},t)}{\partial t^2} - \mathrm{grad}\left\{\mathrm{div}\,\vec{A}(\vec{r},t) + \varepsilon\mu\frac{\partial\phi(\vec{r},t)}{\partial t}\right\} = -\mu\,\vec{j}(\vec{r},t)$$

となる。

　　ただし、実質的には、電磁ポテンシャルを用いたマックスウェル方程式は

$$\Delta\phi(\vec{r},t) + \frac{\partial(\mathrm{div}\,\vec{A}(\vec{r},t))}{\partial t} = -\frac{\rho(\vec{r},t)}{\varepsilon}$$

$$\Delta \vec{A}(\vec{r},t) - \varepsilon\mu \frac{\partial^2 \vec{A}(\vec{r},t)}{\partial t^2} - \mathrm{grad}\left\{ \mathrm{div}\ \vec{A}(\vec{r},t) + \varepsilon\mu \frac{\partial \phi(\vec{r},t)}{\partial t} \right\} = -\mu\,\vec{j}(\vec{r},t)$$

の2式となる。

演習 4-4 電磁力を与える式 $\vec{F} = q\vec{E} + q\vec{v} \times \vec{B}$ を電磁ポテンシャルを用いて書き換えよ。

解）

$$\vec{E} = -\mathrm{grad}\,\phi - \frac{\partial \vec{A}}{\partial t} = -\nabla\phi - \frac{\partial \vec{A}}{\partial t} \qquad\qquad \vec{B} = \mathrm{rot}\ \vec{A} = \nabla \times \vec{A}$$

として与式に代入すると

$$\vec{F} = q\left(-\nabla\phi - \frac{\partial \vec{A}}{\partial t} \right) + q\vec{v} \times (\nabla \times \vec{A})$$

ここで、ベクトル演算の公式

$$\vec{a} \times (\vec{b} \times \vec{c}) = (\vec{a} \cdot \vec{c})\vec{b} - (\vec{a} \cdot \vec{b})\vec{c}$$

より

$$\vec{v} \times (\nabla \times \vec{A}) = \nabla(\vec{v} \cdot \vec{A}) - (\vec{v} \cdot \nabla)\vec{A}$$

となる。したがって

$$\vec{F} = q\left(-\nabla\phi - \frac{\partial \vec{A}}{\partial t} \right) + q\nabla(\vec{v} \cdot \vec{A}) - q(\vec{v} \cdot \nabla)\vec{A}$$

ベクトルポテンシャルは

$$\vec{A} = \vec{A}(\vec{r},t) = \vec{A}(x,y,z,t)$$

のように位置と時間の関数であるから

$$\frac{d\vec{A}}{dt} = \frac{d}{dt}\begin{pmatrix} A_x(x,y,z,t) \\ A_y(x,y,z,t) \\ A_z(x,y,z,t) \end{pmatrix} = \frac{\partial}{\partial t}\begin{pmatrix} A_x \\ A_y \\ A_z \end{pmatrix} + \frac{\partial}{\partial x}\begin{pmatrix} A_x \\ A_y \\ A_z \end{pmatrix}\frac{dx}{dt} + \frac{\partial}{\partial y}\begin{pmatrix} A_x \\ A_y \\ A_z \end{pmatrix}\frac{dy}{dt} + \frac{\partial}{\partial z}\begin{pmatrix} A_x \\ A_y \\ A_z \end{pmatrix}\frac{dz}{dt}$$

$$= \frac{\partial \vec{A}}{\partial t} + v_x \frac{\partial \vec{A}}{\partial x} + v_y \frac{\partial \vec{A}}{\partial y} + v_z \frac{\partial \vec{A}}{\partial z} = \frac{\partial \vec{A}}{\partial t} + (\vec{v} \cdot \nabla)\vec{A}$$

よって

$$\vec{F} = -q\left\{ \nabla(\phi - \vec{v} \cdot \vec{A}) + \frac{d\vec{A}}{dt} \right\}$$

となる。

したがって、定常磁場のときは $d\vec{A}/dt = 0$ から

$$\vec{F} = -q\nabla\phi + q\nabla(\vec{v} \cdot \vec{A}) = q\vec{E} + q\nabla(\vec{v} \cdot \vec{A})$$

となる。

ところで、第 1 章で紹介したように、ローレンツ力に対応した模擬ポテンシャルエネルギーは

$$U_L = -q\vec{v} \cdot \vec{A}$$

と与えられる。とすれば、対応する力は

$$F_L = -\mathrm{grad}\,U_L = -\nabla U_L = q\nabla(\vec{v} \cdot \vec{A})$$

となる。いま求めた電磁気力の第 2 項がこれに相当することがわかる。

4.3.　ゲージ変換

マックスウェル方程式は、前節で示したように、電磁ポテンシャル $(\phi, \vec{A})$ によって書き換えることができる。このとき、$\vec{A}(\vec{r}, t)$ と $\phi(\vec{r}, t)$ は

$$\vec{E}(\vec{r}, t) = -\mathrm{grad}\,\phi(\vec{r}, t) - \frac{\partial \vec{A}(\vec{r}, t)}{\partial t}$$

$$\vec{B}(\vec{r}, t) = \mathrm{rot}\,\vec{A}(\vec{r}, t)$$

を満足する必要がある。

ただし、電磁ポテンシャルにも問題がある。それは、電位とベクトルポテンシャルには不定性があり、$\vec{B}(\vec{r}, t)$, $\vec{E}(\vec{r}, t)$ を与えただけでは値が定まらないという

事実である。本節で紹介するように、電磁場に対応する電磁ポテンシャル($\phi, \vec{A}$)の組合せは無数にあるのである。

　さらに、磁場と電場は測定可能な物理量であるが、電磁ポテンシャルは測定することができない（電位 ϕ も、ある基準点に対する電位差のことであり、基準点の採り方は任意であるので、電位は絶対値ではない）。このため、ゲージ条件と呼ばれる適当な条件を課すことで、電磁場と電磁ポテンシャルが 1 対 1 に対応するようにしている。

演習 4-5　　$\vec{A}(\vec{r}, t)$ と $\phi(\vec{r}, t)$ が、$\vec{B}(\vec{r}, t),\ \vec{E}(\vec{r}, t)$ に対応した電磁ポテンシャルであるとき $\eta(\vec{r}, t)$ を任意関数とすると

$$\vec{A}'(\vec{r}, t) = \vec{A}(\vec{r}, t) + \text{grad}\, \eta(\vec{r}, t) \qquad \text{および} \qquad \phi'(\vec{r}, t) = \phi(\vec{r}, t) - \frac{\partial \eta(\vec{r}, t)}{\partial t}$$

も電磁ポテンシャルとなることを確かめよ。

　解）

$$\vec{B}' = \text{rot}\, \vec{A}' = \text{rot}\, \vec{A} + \text{rot}\, \text{grad}\, \eta$$

となるが、恒等的に　$\text{rot}\, \text{grad}\, \eta = 0$　であるから

$$\vec{B}' = \text{rot}\, \vec{A}' = \text{rot}\, \vec{A} = \vec{B}$$

となる。つぎに

$$\vec{E}' = -\text{grad}\phi' - \frac{\partial \vec{A}'}{\partial t} = -\text{grad}\left(\phi - \frac{\partial \eta}{\partial t} \right) - \frac{\partial}{\partial t}(\vec{A} + \text{grad}\, \eta)$$

$$= -\text{grad}\phi + \text{grad}\left(\frac{\partial \eta}{\partial t} \right) - \frac{\partial \vec{A}}{\partial t} - \frac{\partial}{\partial t}(\text{grad}\, \eta) = -\text{grad}\phi - \frac{\partial \vec{A}}{\partial t} = \vec{E}$$

となるので

$$\vec{A}' = \vec{A} + \text{grad}\, \eta \qquad \text{ならびに} \qquad \phi' = \phi - \frac{\partial \eta}{\partial t}$$

も $\vec{B}$, $\vec{E}$ に対応した電磁ポテンシャルとなることが確かめられる。

　η は任意の関数であるから、電磁ポテンシャルの組合せは無数にあることになる。これでは不便である。そこで、ある条件を課したうえで電磁ポテンシャルを決める。この条件を**ゲージ** (gauge) と呼んでいる。ゲージの英語は gauge であり、標準規格や目盛りのことである。つまり、適当な目盛りのもとで電磁ポテンシャルを決めるという意味となる。

　よく用いられるゲージには、**クーロンゲージ** (Coulomb gauge) と**ローレンツゲージ** (Lorentz gauge) がある。

4. 3. 1.　クーロンゲージ

　クーロンゲージとは　$\mathrm{div}\,\vec{A}(\vec{r}, t) = 0$　（あるいは $\nabla \cdot \vec{A}(\vec{r}, t) = 0$）すなわち

$$\frac{\partial A_x(\vec{r}, t)}{\partial x} + \frac{\partial A_y(\vec{r}, t)}{\partial y} + \frac{\partial A_z(\vec{r}, t)}{\partial z} = 0$$

となるように、任意関数 $\eta(\vec{r}, t)$ を選ぶことである。すでに第 3 章において、このゲージを使った適用例を示している。

　実は、磁束密度ベクトルには $\mathrm{div}\,\vec{B}(\vec{r}, t) = 0$ という性質がある。簡単にいえば、磁束密度は閉ループを描き、始点や終点がなく、電荷のような発生源がないということを意味している。ベクトルポテンシャルに、条件 $\mathrm{div}\,\vec{A}(\vec{r}, t) = 0$ を課すということは、ベクトルポテンシャルも閉ループを描くということである。

　すでに紹介したように、ベクトルポテンシャルは電流と平行な向きに自由空間に形成される。ここで、図 4-1 に示すように、閉回路の導体に電流を流すと磁場が発生する。ところで、閉回路の電流は保存される。このとき $\mathrm{div}\,\vec{i} = 0$ となる。クーロンゲージを採用することは、自由空間においてもベクトルポテンシャルが電流と同じように閉ループを形成し $\mathrm{div}\,\vec{A} = 0$ を満足すると考えることに等しい。

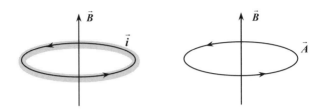

図 4-1 電流ループによる磁場発生と、自由空間における磁場 $\vec{B}$ とベクトルポテンシャル $\vec{A}$ の関係。閉回路の電流には、電流保存の法則 $\mathrm{div}\,\vec{i} = 0$ が成立する。

よって、クーロンゲージは、ベクトルポテンシャルの特性を反映した基本的なゲージと考えることができるのである。導体に流れている電流が自由空間につくるのがベクトルポテンシャルという解釈のもと図を描けば、図 4-2 のようなモデルができる。

ここで、クーロンゲージを採用したときゲージ関数 $\eta(\vec{r}, t)$ に求められる条件を少し考えてみよう。その勾配ベクトルは $\mathrm{grad}\,\eta(\vec{r}, t)$ となり

$$\vec{A}'(\vec{r}, t) = \vec{A}(\vec{r}, t) + \mathrm{grad}\,\eta(\vec{r}, t)$$

と変換される。

div は時間項には作用しないので、時間変化がない状態を考えると

$$\vec{A}'(\vec{r}) = \vec{A}(\vec{r}) + \mathrm{grad}\,\eta(\vec{r})$$

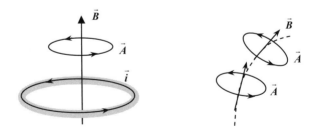

図 4-2 クーロンゲージの模式図: 閉ループの導体に流れている環電流は、自由空間に同じ向きに回るベクトルポテンシャルの閉回路を形成し、距離とともに減衰する。また磁束線が曲がる場合には、それを取り囲むような閉ループを描く。

と置ける。この div をとると

$$\mathrm{div}\,\vec{A}'(\vec{r}) = \mathrm{div}\,\vec{A}(\vec{r}) + \mathrm{div}\,\mathrm{grad}\,\eta(\vec{r})$$

となり、クーロンゲージでは、これが 0 となるのであるから

$$\mathrm{div}\,\mathrm{grad}\,\eta(\vec{r}) = \nabla \cdot \nabla\,\eta\,(\vec{r}) = \Delta\,\eta\,(\vec{r}) = 0$$

となる。成分で示せば

$$\Delta\eta(\vec{r}) = \frac{\partial^2\eta(x,y,z)}{\partial x^2} + \frac{\partial^2\eta(x,y,z)}{\partial y^2} + \frac{\partial^2\eta(x,y,z)}{\partial z^2} = 0$$

となり、ラプラス方程式である。この方程式の解である $\eta(\vec{r}) = \eta(x,y,z)$ は**調和関数** (harmonic function) となるので、ゲージ関数は調和関数となる。

演習4-6 クーロンゲージにおける電磁ポテンシャルを用いたマックスウェル方程式を求めよ。

解） 電磁ポテンシャルによるマックスウェル方程式は

$$\Delta\phi(\vec{r},t) + \frac{\partial(\mathrm{div}\,\vec{A}(\vec{r},t))}{\partial t} = -\frac{\rho(\vec{r},t)}{\varepsilon}$$

$$\Delta\vec{A}(\vec{r},t) - \varepsilon\mu\frac{\partial^2\vec{A}(\vec{r},t)}{\partial t^2} - \mathrm{grad}\left\{\mathrm{div}\,\vec{A}(\vec{r},t) + \varepsilon\mu\frac{\partial\phi(\vec{r},t)}{\partial t}\right\} = -\mu\vec{j}(\vec{r},t)$$

の2式である。これらの式に $\mathrm{div}\,\vec{A}(\vec{r},t) = 0$ を代入すると

$$\Delta\phi(\vec{r},t) = -\frac{\rho(\vec{r},t)}{\varepsilon}$$

$$\Delta\vec{A}(\vec{r},t) - \varepsilon\mu\frac{\partial^2\vec{A}(\vec{r},t)}{\partial t^2} - \mathrm{grad}\left(\varepsilon\mu\frac{\partial\phi(\vec{r},t)}{\partial t}\right) = -\mu\vec{j}(\vec{r},t)$$

となる。

最初の式は、前章でも紹介したポアソン方程式であり、静電気学の基礎方程式である。この解法については、すでに、前章においてグリーン関数を利用する方

法を詳述している。クーロンゲージを使うと、ポアソン方程式をもとに解析できるという利点がある。定常磁場では

$$\Delta \vec{A}(\vec{r}, t) - \mathrm{grad}\left(\varepsilon\mu \frac{\partial \phi(\vec{r}, t)}{\partial t} \right) = -\mu \vec{j}(\vec{r}, t)$$

となる。

演習 4-7 ベクトルポテンシャル $\vec{A} = (\ 0 \quad Bx \quad 0)$ がクーロンゲージを満足することを確かめよ。

解） $\mathrm{div}\ \vec{A} = \dfrac{\partial(Bx)}{\partial y} = 0$ となってクーロンゲージを満足する。

これは、z 軸に平行な磁場 B が存在するときのベクトルポテンシャルである。同様にして、$\vec{A}' = (\ -By \quad 0 \quad 0)$ ならびに $\vec{A}'' = (\ -(1/2)By \quad (1/2)Bx \quad 0)$ もクーロンゲージを満足することは明らかである。ちなみに

$$\vec{A}' = \vec{A} + (-By \quad -Bx \quad 0)$$

であるから

$$\mathrm{grad}\ \eta(x, y, z) = (-By \quad -Bx \quad 0)$$

から

$$\eta(x, y, z) = -Bxy$$

となることがわかる。

演習 4-8 $\eta(x, y, z) = -Bxy$ が調和関数、すなわち $\Delta \eta(x, y, z) = 0$ を満足することを確かめよ。

解）

$$\frac{\partial \eta(x,y,z)}{\partial x} = -By \qquad \frac{\partial \eta(x,y,z)}{\partial y} = -Bx \qquad \frac{\partial \eta(x,y,z)}{\partial z} = 0$$

から

$$\frac{\partial^2 \eta(x,y,z)}{\partial x^2} = 0 \qquad \frac{\partial^2 \eta(x,y,z)}{\partial y^2} = 0 \qquad \frac{\partial^2 \eta(x,y,z)}{\partial z^2} = 0$$

となるので

$$\Delta \eta(x,y,z) = \frac{\partial^2 \eta(x,y,z)}{\partial x^2} + \frac{\partial^2 \eta(x,y,z)}{\partial y^2} + \frac{\partial^2 \eta(x,y,z)}{\partial z^2} = 0$$

となり、調和関数であることがわかる。

演習 4-9　ベクトルポテンシャル $\vec{A} = (x \quad Bx \quad z)$ が、z 軸に平行な磁場 B を与えることを確かめよ。そのうえでクーロンゲージを満足するかどうか確かめよ。

解）

$$\vec{B} = \mathrm{rot}\ \vec{A} = \left(\frac{\partial A_z}{\partial y} - \frac{\partial A_y}{\partial z}\right)\vec{e}_x + \left(\frac{\partial A_x}{\partial z} - \frac{\partial A_z}{\partial x}\right)\vec{e}_y + \left(\frac{\partial A_y}{\partial x} - \frac{\partial A_x}{\partial y}\right)\vec{e}_z$$
$$= 0\vec{e}_x + 0\vec{e}_y + B\vec{e}_z$$

から $\vec{B} = B\vec{e}_z$ となり、z 軸に平行な磁場 B を与えることがわかる。また

$$\mathrm{div}\ \vec{A} = \frac{\partial x}{\partial x} + \frac{\partial (Bx)}{\partial y} + \frac{\partial z}{\partial z} = 2$$

となるので、クーロンゲージを満足しない。

ちなみに　$\vec{A} = (-x \quad Bx \quad z)$ は

$$\mathrm{div}\ \vec{A} = \frac{\partial(-x)}{\partial x} + \frac{\partial (Bx)}{\partial y} + \frac{\partial z}{\partial z} = -1 + 1 = 0$$

となって、クーロンゲージを満足するが、z 軸に平行な磁場 B を与えるベクトル

ポテンシャルとして、わざわざ、このようなものを導入する必要はなく $\vec{A} = (0 \quad Bx \quad 0)$ で充分なのである。

4. 3. 2.　ローレンツゲージ

ローレンツゲージとは、マックスウェル方程式のひとつである

$$\Delta \vec{A}(\vec{r}, t) - \varepsilon\mu \frac{\partial^2 \vec{A}}{\partial t^2} - \mathrm{grad}\left\{ \mathrm{div}\ \vec{A}(\vec{r}, t) + \varepsilon\mu \frac{\partial \phi(\vec{r}, t)}{\partial t} \right\} = -\mu \vec{j}(\vec{r}, t)$$

において、 grad の成分が 0 となるようにベクトルポテンシャルを選ぶことである。よって

$$\mathrm{div}\ \vec{A}(\vec{r}, t) + \varepsilon\mu \frac{\partial \phi(\vec{r}, t)}{\partial t} = 0$$

が条件となる。ベクトルポテンシャルが電流に平行であり、電位は電荷密度と対応するということを踏まえれば、ローレンツゲージは**電荷保存則** (law of conservation of charge) である

$$\mathrm{div}\ \vec{j}(\vec{r}, t) + \frac{\partial \rho(\vec{r}, t)}{\partial t} = 0$$

と相似である。ここで、$\vec{j}(\vec{r}, t)$ [A/m^2] は電流密度、$\rho(\vec{r}, t)$ [C/m^3] は電荷密度である。これは、電流密度の空間的変化が、電荷密度の時間的変化に対応することを示している。電荷が時間的に変化しない定常状態では、この式は $\mathrm{div}\ \vec{j}(\vec{r}, t) = 0$ となり、電流密度が変化しない**電流保存則** (law of conservation of electric current) となる。

　同様にして、電荷が時間的に変化しない定常状態のもとでは、ローレンツゲージは、基本的なクーロンゲージ $\mathrm{div}\ \vec{A}(\vec{r}, t) = 0$ に還元される。つまり、ローレンツゲージは時間変化が生じる系において意味があることになる。

　このゲージを採用すると、マックスウェル方程式は

$$\Delta \vec{A}(\vec{r}, t) - \varepsilon\mu \frac{\partial^2 \vec{A}(\vec{r}, t)}{\partial t^2} = -\mu \vec{j}(\vec{r}, t)$$

となる。ここで、誘電率が ε、透磁率が μ の空間における光速を c と置くと

$$c^2 = \frac{1}{\varepsilon\mu}$$

という関係にある[1]。よって

$$\text{div }\vec{A}(\vec{r},t) = -\varepsilon\mu\frac{\partial\phi(\vec{r},t)}{\partial t} = -\frac{1}{c^2}\frac{\partial\phi(\vec{r},t)}{\partial t}$$

となる。

演習 4-10　ローレンツゲージの条件

$$\text{div }\vec{A}(\vec{r},t) + \frac{1}{c^2}\frac{\partial\phi(\vec{r},t)}{\partial t} = 0$$

を使って、電荷に関するマックスウェル方程式を変形せよ。

　解）　マックスウェル方程式の　$\Delta\phi(\vec{r},t) + \dfrac{\partial(\text{div }\vec{A}(\vec{r},t))}{\partial t} = -\dfrac{\rho(\vec{r},t)}{\varepsilon}$　は

$$\Delta\phi(\vec{r},t) - \frac{1}{c^2}\frac{\partial^2\phi(\vec{r},t)}{\partial t^2} = -\frac{\rho(\vec{r},t)}{\varepsilon}$$

となる。

　つぎに 、電流に関する式は $\Delta\vec{A}(\vec{r},t) - \varepsilon\mu\dfrac{\partial^2\vec{A}(\vec{r},t)}{\partial t^2} = -\mu\vec{j}(\vec{r},t)$ は

$$\Delta\vec{A}(\vec{r},t) - \frac{1}{c^2}\frac{\partial^2\vec{A}(\vec{r},t)}{\partial t^2} = -\mu\vec{j}(\vec{r},t)$$

となる。この式と、演習で求めた電荷に関する式を見るとスカラーポテンシャルとベクトルポテンシャルが、相似の式となることがわかる。

　さらに、これらの式は、電位 ϕ が電荷 ρ に起因していること、また、磁場 $\vec{B}$ すなわちベクトルポテンシャル $\vec{A}$ が電流 $\vec{j}$ に起因していることも示している。このゲージ場は、電場や磁場が時間的に振動している現象を解析するのに有用であ

---

[1] 拙著『なるほど電磁気学』(海鳴社) の「13 章 2 節 波動方程式」、p.325 を参照されたい。

り、第 7 章で電磁波の解析を行う際に採用する。

演習 4-11　ローレンツゲージの条件

$$\mathrm{div}\ \vec{A}(\vec{r},t)+\frac{1}{c^2}\frac{\partial\phi(\vec{r},t)}{\partial t}=0$$

から、電荷保存則が導出できることを確かめよ。

解）

$$\Delta\vec{A}(\vec{r},t)-\frac{1}{c^2}\frac{\partial^2\vec{A}(\vec{r},t)}{\partial t^2}=-\mu\vec{j}(\vec{r},t)$$

$$\Delta\phi(\vec{r},t)-\frac{1}{c^2}\frac{\partial^2\phi(\vec{r},t)}{\partial t^2}=-\frac{\rho(\vec{r},t)}{\varepsilon}$$

を利用しよう。これを成分で書くと

$$\frac{\partial^2 A_x}{\partial x^2}+\frac{\partial^2 A_x}{\partial y^2}+\frac{\partial^2 A_x}{\partial z^2}-\frac{1}{c^2}\frac{\partial^2 A_x}{\partial t^2}=-\mu\,j_x$$

$$\frac{\partial^2 A_y}{\partial x^2}+\frac{\partial^2 A_y}{\partial y^2}+\frac{\partial^2 A_y}{\partial z^2}-\frac{1}{c^2}\frac{\partial^2 A_y}{\partial t^2}=-\mu\,j_y$$

$$\frac{\partial^2 A_z}{\partial x^2}+\frac{\partial^2 A_z}{\partial y^2}+\frac{\partial^2 A_z}{\partial z^2}-\frac{1}{c^2}\frac{\partial^2 A_z}{\partial t^2}=-\mu\,j_z$$

$$\frac{\partial^2\phi}{\partial x^2}+\frac{\partial^2\phi}{\partial y^2}+\frac{\partial^2\phi}{\partial z^2}-\frac{1}{c^2}\frac{\partial^2\phi}{\partial t^2}=-\frac{\rho}{\varepsilon}$$

となる。最初の式を x で偏微分し、つぎの式を y で偏微分、そのつぎの式を z で偏微分し、電位に関する式を t で偏微分し、c^2 で除する。

$$\frac{\partial^2}{\partial x^2}\left(\frac{\partial A_x}{\partial x}\right)+\frac{\partial^2}{\partial y^2}\left(\frac{\partial A_x}{\partial x}\right)+\frac{\partial^2}{\partial z^2}\left(\frac{\partial A_x}{\partial x}\right)-\frac{1}{c^2}\frac{\partial^2}{\partial t^2}\left(\frac{\partial A_x}{\partial x}\right)=-\mu\frac{\partial j_x}{\partial x}$$

$$\frac{\partial^2}{\partial x^2}\left(\frac{\partial A_y}{\partial y}\right)+\frac{\partial^2}{\partial y^2}\left(\frac{\partial A_y}{\partial y}\right)+\frac{\partial^2}{\partial z^2}\left(\frac{\partial A_y}{\partial y}\right)-\frac{1}{c^2}\frac{\partial^2}{\partial t^2}\left(\frac{\partial A_y}{\partial y}\right)=-\mu\frac{\partial j_y}{\partial y}$$

$$\frac{\partial^2}{\partial x^2}\left(\frac{\partial A_z}{\partial z}\right)+\frac{\partial^2}{\partial y^2}\left(\frac{\partial A_z}{\partial z}\right)+\frac{\partial^2}{\partial z^2}\left(\frac{\partial A_z}{\partial z}\right)-\frac{1}{c^2}\frac{\partial^2}{\partial t^2}\left(\frac{\partial A_z}{\partial z}\right)=-\mu\frac{\partial j_z}{\partial z}$$

$$\frac{\partial^2}{\partial x^2}\left(\frac{1}{c^2}\frac{\partial\phi}{\partial t}\right)+\frac{\partial^2}{\partial y^2}\left(\frac{1}{c^2}\frac{\partial\phi}{\partial t}\right)+\frac{\partial^2}{\partial z^2}\left(\frac{1}{c^2}\frac{\partial\phi}{\partial t}\right)-\frac{1}{c^2}\frac{\partial^2}{\partial t^2}\left(\frac{1}{c^2}\frac{\partial\phi}{\partial t}\right)=-\frac{1}{\varepsilon c^2}\frac{\partial\rho}{\partial t}$$

ここで、左辺の項をすべて足し合わせると

$$\frac{\partial^2}{\partial x^2}\left(\frac{\partial A_x}{\partial x}+\frac{\partial A_y}{\partial y}+\frac{\partial A_z}{\partial z}+\frac{1}{c^2}\frac{\partial\phi}{\partial t}\right)+\frac{\partial^2}{\partial y^2}\left(\frac{\partial A_x}{\partial x}+\frac{\partial A_y}{\partial y}+\frac{\partial A_z}{\partial z}+\frac{1}{c^2}\frac{\partial\phi}{\partial t}\right)$$

$$+\frac{\partial^2}{\partial z^2}\left(\frac{\partial A_x}{\partial x}+\frac{\partial A_y}{\partial y}+\frac{\partial A_z}{\partial z}+\frac{1}{c^2}\frac{\partial\phi}{\partial t}\right)$$

となるが、ローレンツゲージでは

$$\frac{\partial A_x}{\partial x}+\frac{\partial A_y}{\partial y}+\frac{\partial A_z}{\partial z}+\frac{1}{c^2}\frac{\partial\phi}{\partial t}=0$$

であるから、左辺の和は 0 である。よって右辺の和も

$$-\mu\frac{\partial j_x}{\partial x}-\mu\frac{\partial j_y}{\partial y}-\mu\frac{\partial j_z}{\partial z}-\frac{1}{\varepsilon c^2}\frac{\partial\rho}{\partial t}=0$$

のように 0 となる。$1/\varepsilon c^2$ は μ であるから、両辺を $-\mu$ で除せば

$$\frac{\partial j_x}{\partial x}+\frac{\partial j_y}{\partial y}+\frac{\partial j_z}{\partial z}+\frac{\partial\rho}{\partial t}=0$$

という関係がえられる。これは

$$\mathrm{div}\,\vec{j}+\frac{\partial\rho}{\partial t}=0$$

と表記でき、まさに電荷保存則である。

　ここで、**ダランベルシアン** (d'Alembertian) と呼ばれる演算子 □ をつぎのように定義しよう[2]。

$$\square=\Delta-\frac{1}{c^2}\frac{\partial^2}{\partial t^2}$$

すると、マックスウェル方程式は

$$\square\,\phi(\vec{r},t)=-\frac{\rho(\vec{r},t)}{\varepsilon}\qquad\square\,\vec{A}(\vec{r},t)=-\mu\,\vec{j}(\vec{r},t)$$

---

[2] □ではなく、□^{2} と置く場合や、□$=(1/c^2)\partial^2/\partial t^2-\Delta$ と定義する場合もある。

と表記することができる。ここで

$$\Box\,\phi = -\frac{\rho}{\varepsilon} = -\mu\frac{\rho}{\varepsilon\mu} = -\mu\rho c^2$$

となるが、左辺をベクトルポテンシャルと対応させるため

$$\Box\,\frac{\phi}{c} = -\mu\rho c$$

とする。このとき、ρc は電荷×速度なので電流と等価となる。

そのうえで

$$A_x = -\mu\, j_x \qquad A_y = -\mu\, j_y \qquad A_z = -\mu\, j_z$$

とすれば、4次元ベクトルとして

$$\vec{J} = (\rho c \quad j_x \quad j_y \quad j_z)$$

というものを仮につくる。

さらに、電磁ポテンシャルを

$$\vec{A} = (\phi/c \quad A_x \quad A_y \quad A_z)$$

という4次元ベクトルにまとめれば、電磁場の方程式は

$$\Box\,\vec{A} = -\mu\vec{J}$$

というひとつの式にまとめられることになる。

ここで、Δ が 3 次元のラプラシアンに対し、三角形を四角形にしたダランベルシアン□を 4 次元ラプラシアンと称する場合もある。また、$\vec{J}$ を 4 元電流密度と呼ぶ。

第5章 解析力学

　電磁場中での電荷 (electric charge) の運動に**解析力学** (analytical mechanics) の
手法を適用する際には、ベクトルポテンシャルが重要な役割をはたす。

　そこで、本章では、解析力学の手法を簡単に復習したうえで、電磁場中の荷電
粒子の運動を、ベクトルポテンシャルを利用した解析力学によって取り扱う手法
を紹介する。

　解析力学は、非常に抽象化された体系を有し、座標と運動量という物理的実態
から離れて、一般化座標 (generalized coordinates) や一般化運動量 (generalized
momentum) という概念が導入される。generalized は広義と訳される場合もある。
これら、座標と運動量の対は、互いに共役な関係 (conjugate) と呼ばれている（拙
著『なるほど解析力学』（海鳴社）を参照いただきたい）。

　とはいえ、通常は、物理体系に準じた座標を用いるのが便利であることに変わ
りはない。たとえば、一般化座標として、通常の直交座標 $\vec{r} = (x \quad y \quad z)$ を用い
ても良い。

　そして、あとは、この位置座標に対応した共役運動量を求めればよい。実は、
解析力学の手法にしたがって、一般化運動量（あるいは正準運動量: canonical
momentum）を求めると、$m\vec{v}$ ではなく、ローレンツ力にともなうベクトルポテ
ンシャルの項である $q\vec{A}$ の付加された

$$\vec{p} = m\vec{v} + q\vec{A}$$

となるのである。

　本章では、そのことを紹介する。なお、解析力学による手法は、次章で紹介す
る量子力学への橋渡し役となる。

5. 1. ラグランジアン

　解析力学では、**ラグランジアン** (Lagrangian) と呼ばれる物理量を導入することが基本となる。**運動エネルギー** (kinetic energy) を T、**位置エネルギー** (potential energy) を U とすれば、ラグランジアンは

$$L = T - U$$

という式によって与えられる。

　この際、座標系としては、直交座標や球座標など、どのようなものを選んでも、ラグランジアンの積分が最小となる条件は、同じかたちをとるというのが解析力学の利点である。

　ここでは、質量 m の自由粒子の運動を解析してみよう。一般化座標として、直交座標系 $\vec{r} = (x \quad y \quad z)$ を採用する。自由運動なので、ポテンシャルエネルギーは $U = 0$ である。また、速度ベクトルを

$$\vec{r}' = \frac{d\vec{r}}{dt} = (\dot{x} \quad \dot{y} \quad \dot{z}) = \left(\frac{dx}{dt} \quad \frac{dy}{dt} \quad \frac{dz}{dt} \right) = (v_x \quad v_y \quad v_z) = \vec{v}$$

とすると、運動エネルギー T は

$$T = \frac{1}{2} m \left| \vec{r}' \right|^2 = \frac{1}{2} m (\dot{x})^2 + \frac{1}{2} m (\dot{y})^2 + \frac{1}{2} m (\dot{z})^2$$

$$= \frac{1}{2} m \left| \vec{v} \right|^2 = \frac{1}{2} m \vec{v} \cdot \vec{v} = \frac{1}{2} m v_x^{\ 2} + \frac{1}{2} m v_y^{\ 2} + \frac{1}{2} m v_z^{\ 2}$$

となる。

　ポテンシャルエネルギー U は 0 であるから、ラグランジアンは

$$L = T - U = \frac{1}{2} m v_x^{\ 2} + \frac{1}{2} m v_y^{\ 2} + \frac{1}{2} m v_z^{\ 2}$$

となる。解析力学では、ラグランジアンがえられれば、つぎの操作によって運動方程式をえることができる。それは

$$\frac{d}{dt} \left(\frac{\partial L}{\partial \vec{r}'} \right) - \frac{\partial L}{\partial \vec{r}} = 0$$

である。ただし $\vec{r}' = \dfrac{d\vec{r}}{dt} = \vec{v}$ という関係にある。

それぞれ、x, y, z 方向で運動方程式を示すと

$$\frac{d}{dt}\left(\frac{\partial L}{\partial v_x}\right) - \frac{\partial L}{\partial x} = 0 \qquad \frac{d}{dt}\left(\frac{\partial L}{\partial v_y}\right) - \frac{\partial L}{\partial y} = 0 \qquad \frac{d}{dt}\left(\frac{\partial L}{\partial v_z}\right) - \frac{\partial L}{\partial z} = 0$$

の 3 個となる。

　これを**ラグランジュの運動方程式** (Lagrange's equation of motion) と呼んでいる。これらの方程式を解法すれば、物体の運動を解析することが可能となる。

演習 5-1　　ポテンシャルエネルギーが $U = 0$ の自由空間における質量 m の粒子のラグランジュの運動方程式を求めよ。

　解）　x, y, z の 3 方向とも、まったく同様であるから、x 方向について運動方程式をたててみる。すると

$$\frac{d}{dt}\left(\frac{\partial L}{\partial v_x}\right) - \frac{\partial L}{\partial x} = 0$$

となる。この系のラグランジアンは

$$L = \frac{1}{2}mv_x{}^2 + \frac{1}{2}mv_y{}^2 + \frac{1}{2}mv_z{}^2$$

となるので

$$\frac{\partial L}{\partial v_x} = mv_x \qquad および \qquad \frac{\partial L}{\partial x} = 0$$

から

$$\frac{d}{dt}\left(\frac{\partial L}{\partial v_x}\right) - \frac{\partial L}{\partial x} = m\frac{dv_x}{dt} = m\frac{d^2x}{dt^2} = 0$$

となり、運動方程式は

$$m\frac{d^2x}{dt^2} = 0$$

となる。

これは、まさに、質量 m の粒子が自由空間を運動する場合の方程式であり、その解は

$$x = v_0 t + x_0$$

となる。ただし、x_0 は初期位置、v_0 は初速である。

5.2. ハミルトニアン

解析力学では、ラグランジアンが基本量となるが、ハミルトニアン (Hamiltonian) を使った手法も一般的である。ハミルトニアン H は、いわば系の全エネルギーに相当し

$$H = T + U$$

によって計算することができる。

そのうえで、**正準方程式** (canonical equation) と呼ばれる

$$\frac{dx}{dt} = \frac{\partial H}{\partial p_x} \qquad \frac{dp_x}{dt} = -\frac{\partial H}{\partial x}$$

という関係を使って、解析していく。y, z 方向も同様であり

$$\frac{dy}{dt} = \frac{\partial H}{\partial p_y} \qquad \frac{dp_y}{dt} = -\frac{\partial H}{\partial y}$$

$$\frac{dz}{dt} = \frac{\partial H}{\partial p_z} \qquad \frac{dp_z}{dt} = -\frac{\partial H}{\partial z}$$

となる。この際、系のラグランジアンがわかっている場合、運動量は

$$p_x = \frac{\partial L}{\partial \dot{x}} = \frac{\partial L}{\partial v_x} \qquad p_y = \frac{\partial L}{\partial \dot{y}} = \frac{\partial L}{\partial v_y} \qquad p_z = \frac{\partial L}{\partial \dot{z}} = \frac{\partial L}{\partial v_z}$$

と計算することができる。これを**一般化運動量** (generalized momentum) と呼んでいる。第 1 章で紹介した電磁場下における運動量は、この運動量に対応する。さらに、運動量がえられれば、ハミルトニアン H は

$$H = \vec{p} \cdot \vec{r}' - L = \vec{p} \cdot \vec{v} - L$$

によって求めることもできる。これは、ラグランジアン L のルジャンドル変換

である[1]。ただし

$$\vec{p} = (\ p_x \quad p_y \quad p_z\ )$$

$$\vec{r}' = (\dot{x} \quad \dot{y} \quad \dot{z}) = \left(\frac{dx}{dt} \quad \frac{dy}{dt} \quad \frac{dz}{dt}\right) = \vec{v} = (v_x \quad v_y \quad v_z)$$

である。ここで、自由空間における粒子の運動のラグランジアンは

$$L = \frac{1}{2}mv_x^2 + \frac{1}{2}mv_y^2 + \frac{1}{2}mv_z^2$$

となる。よって、一般化運動量は

$$p_x = \frac{\partial L}{\partial v_x} = mv_x \qquad p_y = \frac{\partial L}{\partial v_y} = mv_y \qquad p_x = \frac{\partial L}{\partial v_z} = mv_z$$

となる。よって

$$\vec{p}\cdot\vec{r}' = \vec{p}\cdot\vec{v} = (\ p_x \quad p_y \quad p_z\ )\begin{pmatrix} v_x \\ v_y \\ v_z \end{pmatrix} = (\ mv_x \quad mv_y \quad mv_z\ )\begin{pmatrix} v_x \\ v_y \\ v_z \end{pmatrix}$$

$$= mv_x^2 + mv_y^2 + mv_z^2$$

となるから

$$H = \vec{p}\cdot\vec{v} - L = \frac{1}{2}mv_x^2 + \frac{1}{2}mv_y^2 + \frac{1}{2}mv_z^2$$

と与えられる。また、運動エネルギーは

$$T = \frac{p_x^2}{2m} + \frac{p_y^2}{2m} + \frac{p_z^2}{2m}$$

と与えられる。$U = 0$ であるので自由粒子の解析力学におけるハミルトニアンは

$$H = T + U = \frac{p_x^2}{2m} + \frac{p_y^2}{2m} + \frac{p_z^2}{2m}$$

と与えられる。この式に

$$p_x = mv_x \qquad p_y = mv_y \qquad p_x = mv_z$$

を代入すれば、先ほど求めた H と同じ結果となる。あるいは、単純に

---

[1] ルジャンドル変換については拙著『なるほど解析力学』（海鳴社）の「補遺 2 ルジャンドル変換」、pp. 146-151 を参照されたい。

$$H = \vec{p} \cdot \vec{v} - L$$

において、最初の項は

$$\vec{p} \cdot \vec{v} = m\vec{v} \cdot \vec{v} = m|\vec{v}|^2 = 2T$$

であり $L = T - U$ であるから H に代入すれば

$$H = \vec{p} \cdot \vec{v} - L = 2T - (T - U) = T + U$$

となることから、表記の式が成立することは明らかであろう。

演習 5-2　自由空間を運動する質量 m の粒子のハミルトニアンをもとに、正準方程式を使って、その運動を解析せよ。

解)　この系のハミルトニアンは

$$H = \frac{p_x^{\,2}}{2m} + \frac{p_y^{\,2}}{2m} + \frac{p_z^{\,2}}{2m}$$

となる。x 座標の正準方程式は

$$\frac{dx}{dt} = \frac{\partial H}{\partial p_x} \qquad\qquad \frac{dp_x}{dt} = -\frac{\partial H}{\partial x}$$

であり、いまの場合

$$\frac{dx}{dt} = \frac{\partial H}{\partial p_x} = \frac{p_x}{m}$$

となる。また、運動量は時間変化しないので

$$\frac{dp_x}{dt} = -\frac{\partial H}{\partial x} = 0$$

となる。したがって

$$\frac{dx}{dt} = \frac{p_x}{m} = v_x$$

から、粒子は一定の速度 v_x で等速運動をすることになる。

　この結果は、y 方向、z 方向でも同様であり、粒子は 3 次元空間を、ある方向にまっすぐ進むことになる。これは、慣性運動に相当する。

演習 5-3　一様な大きさの電場 E [V/m] が x 方向のみに存在する場合、q [C]の電荷を有する質量 m の粒子の運動について、ラグランジアンを用いて解析し、運動方程式を求めよ。

　解）　この系のポテンシャルエネルギーUを考える。この粒子に働く力は、位置に関係なく、常に一定で

$$F = qE \quad [\text{N}]$$

となる。したがって、ポテンシャルエネルギーは

$$U = -\int F dx = -qEx$$

となり、ラグランジアンは

$$L = T - U = \frac{1}{2}mv_x^2 + qEx$$

と与えられる。ラグランジュの運動方程式は

$$\frac{d}{dt}\left(\frac{\partial L}{\partial v_x}\right) - \frac{\partial L}{\partial x} = 0$$

であるので

$$\frac{\partial L}{\partial v_x} = mv_x \qquad および \qquad \frac{\partial L}{\partial x} = qE$$

から

$$\frac{d}{dt}\left(\frac{\partial L}{\partial v_x}\right) = m\frac{dv_x}{dt} = m\frac{d^2x}{dt^2} = qE$$

という運動方程式がえられる。

　この結果は、等加速度運動となり、一様な電場の中で荷電粒子は電場方向に加速される。

　同様の問題をハミルトニアンにより解いてみよう。まず、一般化運動量は

$$p_x = \frac{\partial L}{\partial v_x} = mv_x$$

となるので、ハミルトニアンは

$$H = T + U = \frac{p_x^2}{2m} - qEx$$

と与えられる。ここで、正準方程式

$$\frac{dx}{dt} = \frac{\partial H}{\partial p_x} \qquad \frac{dp_x}{dt} = -\frac{\partial H}{\partial x}$$

は

$$\frac{dx}{dt} = \frac{\partial H}{\partial p_x} = \frac{p_x}{m} \qquad \frac{dp_x}{dt} = -\frac{\partial H}{\partial x} = qE$$

となる。したがって

$$m\frac{d^2 x}{dt^2} = m\frac{d}{dt}\left(\frac{dx}{dt}\right) = m\frac{d}{dt}\left(\frac{p_x}{m}\right) = \frac{dp_x}{dt} = qE$$

となり、同じ結果がえられる。

5. 3.　電磁場のラグランジアン

　それでは、磁場中を運動する電荷に対して、解析力学の手法を適用してみよう。磁束密度ベクトル $\vec{B}$ からなる磁場中を、電荷+q を有する粒子が、速度 $\vec{v}$ で運動するとき、つぎの力が働く。

$$\vec{F} = q\vec{v} \times \vec{B} \quad [\text{N}]$$

　このローレンツ力の効果を、どのようにラグランジアン (L) に取り入れるかが課題となる。

　ラグランジアン L をつくるためには、運動エネルギー (T) とポテンシャルエネルギー (U) がわからなければならない。すでに示したように、ローレンツ力に対応した模擬的なポテンシャルエネルギーは

$$U_L = -q\vec{v} \cdot \vec{A} \quad [\text{J}]$$

と与えられるのであった。

　したがって、電位を $\phi = \phi(x, y, z)$ とすれば、電場のポテンシャルエネルギーは $q\phi$ であったので、電磁場の模擬的なポテンシャルエネルギーは

$$U = q\phi - q\vec{v} \cdot \vec{A}$$

と与えられる。これを使ってラグランジアン

$$L = T - U$$

を求めればよい(と予想される)。

演習 5-4　時間変化しない電場ならびに磁場中を運動する電荷 $+q$ [C]の荷電粒子の運動に対応したラグランジアンを求めよ。

解)　直交座標 (x, y, z) を使うと、粒子の運動エネルギーは

$$T = \frac{1}{2}mv_x^2 + \frac{1}{2}mv_y^2 + \frac{1}{2}mv_z^2$$

となる。また、ポテンシャルエネルギーは

$$U = q\phi - q\vec{v} \cdot \vec{A} = q\,\phi(x,y,z) - q(v_x A_x + v_y A_y + v_z A_z)$$

となる。

したがって、電磁場下の荷電粒子のラグランジアンは

$$L = T - U = \frac{1}{2}mv_x^2 + \frac{1}{2}mv_y^2 + \frac{1}{2}mv_z^2 - q\,\phi(x,y,z) + q(v_x A_x + v_y A_y + v_z A_z)$$

となる。

電磁場下のラグランジアンは、ベクトル表示では

$$L = \frac{1}{2}m|\vec{v}|^2 - q\phi + q\vec{v} \cdot \vec{A}$$

となる。ただし、$|\vec{v}|^2 = \vec{v} \cdot \vec{v}$ である。

演習 5-5　電磁場中における質量 m、電荷 q を有する荷電粒子の運動に関するラグランジュの運動方程式を求めよ。

解） 直交座標系のラグランジュの運動方程式は、x 方向では

$$\frac{d}{dt}\left(\frac{\partial L}{\partial v_x}\right) - \frac{\partial L}{\partial x} = 0$$

となる。いま考えている系では

$$L = \frac{1}{2}mv_x^2 + \frac{1}{2}mv_y^2 + \frac{1}{2}mv_z^2 - q\phi(x,y,z,t) + q\vec{v}\cdot\vec{A}(x,y,z,t)$$

$$= \frac{1}{2}mv_x^2 + \frac{1}{2}mv_y^2 + \frac{1}{2}mv_z^2 - q\phi + q(v_x A_x + v_y A_y + v_z A_z)$$

であるから

$$\frac{\partial L}{\partial v_x} = mv_x + q\,A_x$$

となる。したがって

$$\frac{d}{dt}\left(\frac{\partial L}{\partial v_x}\right) = m\frac{d^2 x}{dt^2} + q\frac{dA_x}{dt}$$

ここで $\vec{A}_x = \vec{A}_x(x,y,z,t)$ のように、ベクトルポテンシャルは位置と時間からなる 4 変数の関数であるから

$$\frac{dA_x}{dt} = \frac{\partial A_x}{\partial t} + \frac{dx}{dt}\frac{\partial A_x}{\partial x} + \frac{dy}{dt}\frac{\partial A_x}{\partial y} + \frac{dz}{dt}\frac{\partial A_x}{\partial z} = \frac{\partial A_x}{\partial t} + v_x\frac{\partial A_x}{\partial x} + v_y\frac{\partial A_x}{\partial y} + v_z\frac{\partial A_x}{\partial z}$$

となる。したがって

$$\frac{d}{dt}\left(\frac{\partial L}{\partial v_x}\right) = m\frac{d^2 x}{dt^2} + q\frac{\partial A_x}{\partial t} + q\left(v_x\frac{\partial A_x}{\partial x} + v_y\frac{\partial A_x}{\partial y} + v_z\frac{\partial A_x}{\partial z}\right)$$

となる。つぎに

$$\frac{\partial L}{\partial x} = -q\frac{\partial \phi}{\partial x} + q\left(v_x\frac{\partial A_x}{\partial x} + v_y\frac{\partial A_y}{\partial x} + v_z\frac{\partial A_z}{\partial x}\right)$$

であるから、ラグランジュの運動方程式は

$$\frac{d}{dt}\left(\frac{\partial L}{\partial v_x}\right) - \frac{\partial L}{\partial x} = m\frac{d^2 x}{dt^2} + q\frac{\partial A_x}{\partial t} + q\left(v_x\frac{\partial A_x}{\partial x} + v_y\frac{\partial A_x}{\partial y} + v_z\frac{\partial A_x}{\partial z}\right)$$

$$+ q\frac{\partial \phi}{\partial x} - q\left(v_x\frac{\partial A_x}{\partial x} + v_y\frac{\partial A_y}{\partial x} + v_z\frac{\partial A_z}{\partial x}\right)$$

となる。これを整理すると

$$\frac{d}{dt}\left(\frac{\partial L}{\partial v_x}\right) - \frac{\partial L}{\partial x} = m\frac{d^2x}{dt^2} + q\left(\frac{\partial \phi}{\partial x} + \frac{\partial A_x}{\partial t}\right) + q\left\{v_y\left(\frac{\partial A_x}{\partial y} - \frac{\partial A_y}{\partial x}\right) + v_z\left(\frac{\partial A_x}{\partial z} - \frac{\partial A_z}{\partial x}\right)\right\}$$

となる。ここで、前章で示したように

$$\vec{E}(\vec{r},t) = -\mathrm{grad}\,\phi(\vec{r},t) - \frac{\partial \vec{A}(\vec{r},t)}{\partial t}$$

であったので

$$E_x = -\frac{\partial \phi}{\partial x} - \frac{\partial A_x}{\partial t}$$

であり

$$v_y\left(\frac{\partial A_x}{\partial y} - \frac{\partial A_y}{\partial x}\right) + v_z\left(\frac{\partial A_x}{\partial z} - \frac{\partial A_z}{\partial x}\right) = v_y\left(-\mathrm{rot}\,\vec{A}\right)_z + v_z\left(\mathrm{rot}\,\vec{A}\right)_y = -(\vec{v}\times\vec{B})_x$$

となるので

$$\frac{d}{dt}\left(\frac{\partial L}{\partial v_x}\right) - \frac{\partial L}{\partial x} = m\frac{d^2x}{dt^2} - qE_x - q(\vec{v}\times\vec{B})_x$$

となる。これが 0 となるのであるから

$$m\frac{d^2x}{dt^2} = qE_x + q(\vec{v}\times\vec{B})_x$$

となる。

　もちろん、同様にして

$$m\frac{d^2y}{dt^2} = qE_y + q(\vec{v}\times\vec{B})_y \qquad m\frac{d^2z}{dt^2} = qE_z + q(\vec{v}\times\vec{B})_z$$

となる。これらは、まさに

$$\vec{F} = q\vec{E} + q\vec{v}\times\vec{B}$$

となり、電磁場において、運動している電荷 q が、電場 $\vec{E}$ ならびに磁場 $\vec{B}$ から受ける力ベクトルとなっている。よって、上記のラグランジュの運動方程式が電磁場の粒子の運動を反映したものであることがわかる。

いまの導出では、ポテンシャル U として

$$U = q\phi - q\vec{v}\cdot\vec{A}$$

のように、本来、ポテンシャルではない速度を含んだ $q\vec{v}\cdot\vec{A}$ という項が付加されているものの、結果的には、正当なラグランジアンがえられたのである。

さらに、運動量についても考えてみよう。解析力学における正準運動量は、ラグランジアンを使って

$$p_x = \frac{\partial L}{\partial v_x} \qquad p_y = \frac{\partial L}{\partial v_y} \qquad p_z = \frac{\partial L}{\partial v_z}$$

と与えられるのであった。

演習 5-6　電磁場下において運動する質量 m、電荷 q の荷電粒子に対して、通常の直交座標を一般化座標 $\vec{r} = (x \quad y \quad z)$ としたとき、対応する一般化運動量を求めよ。

解）　電磁場下のラグランジアンは

$$\vec{r}' = \frac{d\vec{r}}{dt} = (x' \quad y' \quad z') = \left(\frac{dx}{dt} \quad \frac{dy}{dt} \quad \frac{dz}{dt} \right) = (v_x \quad v_y \quad v_z)$$

として

$$L = \frac{1}{2}m|\vec{r}'|^2 - q\phi + q\vec{v}\cdot\vec{A}$$

$$= \frac{1}{2}mv_x{}^2 + \frac{1}{2}mv_y{}^2 + \frac{1}{2}mv_z{}^2 - q\phi + q(v_x A_x + v_y A_y + v_z A_z)$$

と与えられるので

$$p_x = \frac{\partial L}{\partial v_x} = mv_x + qA_x$$

となる。同様にして

$$p_y = mv_y + qA_y \qquad p_z = mv_z + qA_z$$

となるので、電磁場下における荷電粒子の一般化運動量は

$$\vec{p} = m\vec{v} + q\vec{A}$$

と与えられることになる。

これは、第 1 章で求めた運動量と同じものであるが、ここで示したように、解析力学を基本とした導出が正式となる。

ここで、電磁場下におけるラグランジアンならびに一般化運動量（正準運動量）が与えられたので、ハミルトニアンを求めてみよう。それは

$$H = \vec{p} \cdot \vec{v} - L$$

と与えられる。

$$\vec{p} = m\vec{v} + q\vec{A} \qquad L = \frac{1}{2}m|\vec{v}|^2 - q\phi + q\vec{v} \cdot \vec{A}$$

であるから

$$H = (m\vec{v} + q\vec{A}) \cdot \vec{v} - \frac{1}{2}m|\vec{v}|^2 + q\phi - q\vec{v} \cdot \vec{A}$$

となる。ここで

$$(m\vec{v} + q\vec{A}) \cdot \vec{v} = m|\vec{v}|^2 + q\vec{v} \cdot \vec{A}$$

から $H = \dfrac{1}{2}m|\vec{v}|^2 + q\phi$ となるが

$$\vec{p} = m\vec{v} + q\vec{A} \qquad \text{から} \qquad \vec{v} = \frac{\vec{p} - q\vec{A}}{m}$$

を代入すると

$$H = \frac{(\vec{p} - q\vec{A})^2}{2m} + q\phi$$

となる。これが電磁場下におけるハミルトニアンである。このハミルトニアンは、そのまま量子力学に引き継がれている。

演習 5-7 電場がなく、z 方向に均一な磁場 B [Wb/m²] が印加されているときの電子の運動について、ラグランジアンを利用して解析せよ。

解） この場合のベクトルポテンシャルとして

$$\vec{A} = \left(-\frac{1}{2}By \quad \frac{1}{2}Bx \quad 0 \right)$$

を選んでみよう。すでに求めたように、ラグランジアンは

$$L = \frac{1}{2}mv_x^2 + \frac{1}{2}mv_y^2 + \frac{1}{2}mv_z^2 - q\phi + q\vec{v}\cdot\vec{A}$$

となる。電場はないので$\phi =$ 一定であるが、定数項は変分に影響を与えないので、ここでは無視する。すると、電子の電荷 $q = -e$ より、ラグランジアンは

$$L = \frac{1}{2}mv_x^2 + \frac{1}{2}mv_y^2 + \frac{1}{2}mv_z^2 - e\vec{v}\cdot\vec{A}$$

となる。いまの場合

$$\vec{A} = \left(-\frac{1}{2}By \quad \frac{1}{2}Bx \quad 0\right)$$

であるので

$$L = \frac{1}{2}mv_x^2 + \frac{1}{2}mv_y^2 + \frac{1}{2}mv_z^2 + \frac{1}{2}eByv_x - \frac{1}{2}eBxv_y$$

となる。ここで、ラグランジュの運動方程式

$$\frac{d}{dt}\left(\frac{\partial L}{\partial v_x}\right) - \frac{\partial L}{\partial x} = 0 \qquad \frac{d}{dt}\left(\frac{\partial L}{\partial v_y}\right) - \frac{\partial L}{\partial y} = 0 \qquad \frac{d}{dt}\left(\frac{\partial L}{\partial v_z}\right) - \frac{\partial L}{\partial z} = 0$$

を考えてみよう。まず、x 方向では

$$\frac{\partial L}{\partial v_x} = mv_x + \frac{1}{2}eBy \qquad \text{および} \qquad \frac{\partial L}{\partial x} = -\frac{1}{2}eBv_y$$

から、運動方程式は

$$\frac{d}{dt}\left(\frac{\partial L}{\partial v_x}\right) = m\frac{d^2x}{dt^2} + \frac{1}{2}eB\frac{dy}{dt} = \frac{\partial L}{\partial x} = -\frac{1}{2}eB\frac{dy}{dt}$$

となり、整理すると

$$m\frac{d^2x}{dt^2} + eB\frac{dy}{dt} = 0$$

となる。y 方向では

$$\frac{\partial L}{\partial v_y} = mv_y - \frac{1}{2}eBx \qquad \text{および} \qquad \frac{\partial L}{\partial y} = \frac{1}{2}eBv_x$$

から、運動方程式は

$$\frac{d}{dt}\left(\frac{\partial L}{\partial v_y}\right) = m\frac{d^2 y}{dt^2} - \frac{1}{2}eB\frac{dx}{dt} = \frac{\partial L}{\partial y} = \frac{1}{2}eB\frac{dx}{dt}$$

整理すると

$$m\frac{d^2 y}{dt^2} - eB\frac{dx}{dt} = 0$$

となる。z 方向では　$m\dfrac{d^2 z}{dt^2} = 0$　となる。したがって、z 方向には等速運動をする
ことになるので、x, y 方向に注目する。すると

$$m\frac{d^2 x}{dt^2} + eB\frac{dy}{dt} = 0 \qquad m\frac{d^2 y}{dt^2} - eB\frac{dx}{dt} = 0$$

という 2 個の微分方程式がえられ、求める解は、これらを連立して解けばよいこ
とがわかる。最初の式から

$$\frac{dy}{dt} = -\frac{m}{eB}\frac{d^2 x}{dt^2}$$

となるので、次式に代入すると

$$-\frac{m^2}{eB}\frac{d^3 x}{dt^3} - eB\frac{dx}{dt} = 0 \qquad \frac{d^3 x}{dt^3} = -\left(\frac{eB}{m}\right)^2 \frac{dx}{dt}$$

となる。これは、dx/dt について 2 階の微分方程式となり $\omega = eB/m$ と置くと、一
般解として

$$\frac{dx}{dt} = C\cos(\omega t + \theta)$$

がえられる。ただし、C と θ は定数である。したがって

$$x = \int C\cos(\omega t + \theta)\,dt = \frac{C}{\omega}\sin(\omega t + \theta) + C_1$$

となる。ここで、C_1 は定数である。また

$$\frac{dy}{dt} = -\frac{m}{eB}\frac{d^2 x}{dt^2} = -\frac{1}{\omega}\frac{d}{dt}\{C\cos(\omega t + \theta)\} = C\sin(\omega t + \theta)$$

から

$$y = \int C\sin(\omega t + \theta)\, dt = -\frac{C}{\omega}\cos(\omega t + \theta) + C_2$$

となる。ただし、C_2 も定数である。よって、電子の運動は

$$x = \frac{C}{\omega}\sin(\omega t + \theta) + C_1 \qquad y = -\frac{C}{\omega}\cos(\omega t + \theta) + C_2 \qquad z = vt + C_3$$

によって与えられる。ただし、v は z 方向の電子の初速であり、C_3 は定数である。

これは、すでに紹介したサイクロトロン運動である。電荷は、磁場によって
は、運動方向には加速されない。

演習 5-8 電場がなく、z 方向に均一な磁場 B [Wb/m²]が印加されているときの
電子の運動に対するハミルトニアンを導出せよ。

解） この場合のベクトルポテンシャルとして

$$\vec{A} = \left(-\frac{1}{2}By \quad \frac{1}{2}Bx \quad 0 \right)$$

を選ぶ。このとき、ハミルトニアンは $\phi = 0$ ならびに $q = -e$ として

$$H = \frac{(\vec{p} - q\vec{A})^2}{2m} + q\phi = \frac{(\vec{p} + e\vec{A})^2}{2m}$$

から

$$H = \frac{1}{2m}\left(p_x - \frac{1}{2}eBy\right)^2 + \frac{1}{2m}\left(p_y + \frac{1}{2}eBx\right)^2 + \frac{1}{2m}p_z^{\ 2}$$

となる。整理すると

$$H = \frac{1}{2m}(p_x^{\ 2} + p_y^{\ 2} + p_z^{\ 2}) + \frac{eB}{2m}(p_y x - p_x y) + \frac{e^2 B^2}{8m}(x^2 + y^2)$$

となる。

ここで、ハミルトニアンがえられたので、正準方程式による解法を行ってみよ
う。まず、x 方向の正準方程式

$$\frac{dx}{dt} = \frac{\partial H}{\partial p_x} \qquad \frac{dp_x}{dt} = -\frac{\partial H}{\partial x}$$

を求めてみる。すると

$$\frac{dx}{dt} = \frac{\partial H}{\partial p_x} = \frac{p_x}{m} - \frac{eB}{2m}y \qquad \frac{dp_x}{dt} = -\frac{\partial H}{\partial x} = -\frac{eB}{2m}p_y - \frac{e^2 B^2}{4m}x$$

となり、最初の式を t で微分して、2 式を代入すると

$$\frac{d^2 x}{dt^2} = \frac{1}{m}\frac{dp_x}{dt} - \frac{eB}{2m}\frac{dy}{dt} = -\frac{eB}{2m^2}p_y - \frac{e^2 B^2}{4m^2}x - \frac{eB}{2m}\frac{dy}{dt}$$

ここで、$q = -e$ のとき正準運動量は

$$p_y = mv_y + qA_y = mv_y - eA_y = m\frac{dy}{dt} - eA_y$$

であり　$A_y = (1/2)Bx$　であるから

$$p_y = m\frac{dy}{dt} - \frac{1}{2}eBx$$

となり、結局

$$\frac{d^2 x}{dt^2} = -\frac{eB}{2m}\frac{dy}{dt} + \frac{e^2 B^2}{4m^2}x - \frac{e^2 B^2}{4m^2}x - \frac{eB}{2m}\frac{dy}{dt}$$

から

$$\frac{d^2 x}{dt^2} = -\frac{eB}{m}\frac{dy}{dt}$$

という関係がえられる。一方、y 方向の正準方程式

$$\frac{dy}{dt} = \frac{\partial H}{\partial p_y} \qquad \frac{dp_y}{dt} = -\frac{\partial H}{\partial y}$$

についても、同様にして

$$\frac{dy}{dt} = \frac{\partial H}{\partial p_y} = \frac{p_y}{m} + \frac{eB}{2m}x \qquad \frac{dp_y}{dt} = -\frac{\partial H}{\partial y} = \frac{eB}{2m}p_x - \frac{e^2 B^2}{4m}y$$

最初の式を t で微分して、2 式を代入すると

$$\frac{d^2 y}{dt^2} = \frac{1}{m}\frac{dp_y}{dt} + \frac{eB}{2m}\frac{dx}{dt} = \frac{eB}{2m^2}p_x - \frac{e^2 B^2}{4m^2}y + \frac{eB}{2m}\frac{dx}{dt}$$

ここで、$q = -e$ のとき正準運動量は

$$p_x = mv_x + qA_x = mv_x - eA_x = m\frac{dx}{dt} - eA_x$$

であり $A_x = -(1/2)By$ であるから

$$p_x = m\frac{dx}{dt} + \frac{1}{2}eBy$$

となり、結局

$$\frac{d^2y}{dt^2} = \frac{eB}{2m}\frac{dx}{dt} + \frac{e^2B^2}{4m^2}y - \frac{e^2B^2}{4m^2}y + \frac{eB}{2m}\frac{dx}{dt}$$

から

$$\frac{d^2y}{dt^2} = \frac{eB}{m}\frac{dx}{dt}$$

という関係がえられる。あとは、先ほどの微分方程式

$$\frac{d^2x}{dt^2} = -\frac{eB}{m}\frac{dy}{dt}$$

と連立して解けばよい。

両辺を t に関して微分し、最初の式を代入すると

$$\frac{d^3x}{dt^3} = -\frac{eB}{m}\frac{d^2y}{dt^2} = -\frac{eB}{m}\left(\frac{eB}{m}\frac{dx}{dt}\right) = -\left(\frac{eB}{m}\right)^2\frac{dx}{dt}$$

となり、ラグランジアンによって解析したときと、まったく同じ微分方程式がえられることがわかる。

第6章　量子力学への応用

　本章では、電磁場下における荷電粒子の量子力学的取り扱いについて紹介する。実は、シュレーディンガー方程式に磁場の影響を取り入れる際には、ベクトルポテンシャルを導入するのが一般的である。ただし、すでに紹介したように、ベクトルポテンシャルには不定性があるので、適当な基準であるゲージを選んで対処することになる。

　一方、波動関数 $\varphi(x)$ にも不定性がある。それは、ミクロ粒子の波動性に起因しており、波の位相 θ の違いによる不定性である。波動関数 $\varphi(x)$ の絶対値の 2 乗 $|\varphi(x)|^2$ は、粒子の位置 x における存在確率に比例するが、波動関数に $\exp(i\theta)$ を乗じても、その存在確率には影響を与えない。常に $|\exp(i\theta)|^2 = 1$ となるからである。よって、$\varphi(x)$ と $\exp(i\theta)\varphi(x)$ は等価な波動関数となるのである。

　一方、シュレーディンガー方程式にベクトルポテンシャルを導入すると事情が異なる。波動関数の位相 θ が、ベクトルポテンシャルのゲージに影響を与えるのである。本章では、この点についても紹介する。

6.1.　電磁場のハミルトニアン

　量子力学 (Quantum mechanics) の基本は、系のエネルギー演算子である**ハミルトニアン** (Hamiltonian) を求めることにある。このとき

$$\hat{H}\varphi(\vec{r}) = E\varphi(\vec{r})$$

という演算によって、系の**エネルギー固有値** (energy eigenvalue) である E を求めることができる。ただし、φ は**波動関数** (wave function) である。

　量子力学では、前章で紹介した解析力学で導入されたハミルトニアンをもと

に演算子がつくられる。

　ここで、解析力学におけるハミルトニアンを示すと

$$H = \frac{1}{2m}(\vec{p} - q\vec{A})^2 + q\phi$$

であった。本章では、主として荷電粒子の磁場中の運動を取り扱うので、ハミルトニアンとして

$$H = \frac{1}{2m}(\vec{p} - q\vec{A})^2$$

に着目しよう。これを量子力学の演算子とするには

$$\hat{H} = \frac{1}{2m}(\hat{p} - q\hat{A})^2$$

とする。ここで、^ は、演算子であることを示す記号でハット (hat) と読む。量子力学における演算子を考えるときの基本は、**運動量演算子** (momentum operator) と**位置演算子** (position operator) のふたつである。これらは

$$\hat{p} = \frac{\hbar}{i}\frac{\partial}{\partial x} \qquad \hat{x} = x\times$$

となる。ただし、h をプランク定数とすると、$\hbar = h/2\pi$であり、$\hat{x}$ は x を乗ずるという意味である。

　これらの演算子を、波動関数φに作用させると

$$\hat{p}\varphi = p\varphi \qquad \hat{x}\varphi = x\varphi$$

のように固有値として、運動量 p と位置座標 x がえられる。

　これらの物理量はベクトルであるから

$$\hat{p} = \frac{\hbar}{i}\frac{\partial}{\partial \vec{r}} \qquad \hat{r} = \vec{r} \times$$

となる。成分で示せば

$$\hat{p} = \frac{\hbar}{i}\frac{\partial}{\partial \vec{r}} = \begin{pmatrix} (\hbar/i)\partial/\partial x \\ (\hbar/i)\partial/\partial y \\ (\hbar/i)\partial/\partial z \end{pmatrix} \qquad \hat{r} = \begin{pmatrix} x \\ y \\ z \end{pmatrix} \times$$

となる。これらの演算子を波動関数に作用させると

$$\hat{\boldsymbol{p}}\varphi = \begin{pmatrix} \hat{p}_x \\ \hat{p}_y \\ \hat{p}_z \end{pmatrix} \varphi = \begin{pmatrix} p_x \\ p_y \\ p_z \end{pmatrix} \varphi = \vec{p}\,\varphi \qquad\qquad \hat{\boldsymbol{r}}\varphi = \begin{pmatrix} x \\ y \\ z \end{pmatrix} \varphi = \vec{r}\,\varphi$$

のように、ベクトルとしての固有値を与える。

　多くの物理量は、運動量と位置座標によって表現できるから、物理量に対応した演算子も、これら 2 個の演算子をもとにつくることができる。ところで、ハミルトニアンはエネルギー演算子であるから、その固有値はベクトルではなく、スカラーとなる。実際、ハミルトニアンは

$$\hat{H} = \frac{1}{2m}(\hat{\boldsymbol{p}} - q\hat{\boldsymbol{A}})^2 = \frac{1}{2m}(\hat{\boldsymbol{p}} - q\hat{\boldsymbol{A}})\cdot(\hat{\boldsymbol{p}} - q\hat{\boldsymbol{A}})$$

のように、ベクトルの内積となるから、固有値もスカラーとなるのである。

　それでは、ベクトルポテンシャルに対応した演算子 $\hat{\boldsymbol{A}}$ はどのようなものなのであろうか。

　実は、$\vec{\boldsymbol{A}}$ が定常状態 $\vec{\boldsymbol{A}}(\vec{r})$ のときと、時間的に振動している $\vec{\boldsymbol{A}}(\vec{r},t)$ のときでは取り扱いが異なるのである。ベクトルポテンシャルが時間的に変化するのは光（電磁波）の場合であり、調和振動子と同様の取り扱いが必要となるが、これに関しては後ほど紹介する。

　ここでは磁場が時間的に変化しない場合、すなわち、$\vec{\boldsymbol{A}}$ が位置のみの関数である

$$\vec{\boldsymbol{A}} = \vec{\boldsymbol{A}}(\vec{r}) = (A_x \quad A_y \quad A_z) = (A_x(x,y,z) \quad A_y(x,y,z) \quad A_z(x,y,z))$$

の場合を考える。例えば、磁場が一定の大きさ B_z で、z 軸方向を向いている場合を想定しよう。このとき、ベクトルポテンシャルのひとつは

$$\vec{\boldsymbol{A}} = (-B_z y \quad 0 \quad 0)$$

と置けるのであった。つまり

$$A_x = -B_z y \qquad A_y = 0 \qquad A_z = 0$$

であるから、演算子のルールにしたがえば

$$\hat{A}_x = -B_z \hat{y}$$

となる。そして、$\hat{y}$ は位置演算子であるから

$$\hat{A}_x = -B_z \hat{y} = -B_z y \times$$

となる。一般的には

$$\hat{A} = \vec{A}(\hat{r}) = \vec{A}(\hat{x}, \hat{y}, \hat{z}) = \vec{A}(x, y, z) \times$$

とする。このとき、ベクトルポテンシャルは位置座標の関数となるので、そのままのかたち

$$\hat{A} = (\hat{A}_x \quad \hat{A}_y \quad \hat{A}_z) = (A_x \quad A_y \quad A_z) \times$$

でシュレーディンガー方程式に入れればよいのである。したがって、量子力学のハミルトニアン $\hat{H}$ は

$$\hat{H} = \frac{1}{2m}\left(\frac{\hbar}{i}\frac{\partial}{\partial \vec{r}} - q\vec{A}\right)^2 = \frac{1}{2m}\left(\frac{\hbar}{i}\nabla - q\vec{A}\right)^2$$

を採用すればよいことになる。このとき、$\hat{A}$ は $\vec{A}$ として良いことになる。

∇ は**ナブラ** (nabla) とよばれるベクトル演算子であり

$$\nabla = \begin{pmatrix} \partial/\partial x \\ \partial/\partial y \\ \partial/\partial z \end{pmatrix} = \vec{e}_x\frac{\partial}{\partial x} + \vec{e}_y\frac{\partial}{\partial y} + \vec{e}_z\frac{\partial}{\partial z} = \begin{pmatrix}1\\0\\0\end{pmatrix}\frac{\partial}{\partial x} + \begin{pmatrix}0\\1\\0\end{pmatrix}\frac{\partial}{\partial y} + \begin{pmatrix}0\\0\\1\end{pmatrix}\frac{\partial}{\partial z}$$

である。よって

$$\nabla \vec{A} = \begin{pmatrix} \dfrac{\partial A_x}{\partial x} & \dfrac{\partial A_y}{\partial y} & \dfrac{\partial A_z}{\partial z} \end{pmatrix} = \text{grad}\ \vec{A}$$

$$\nabla^2 = \nabla \cdot \nabla = \begin{pmatrix} \dfrac{\partial}{\partial x} & \dfrac{\partial}{\partial y} & \dfrac{\partial}{\partial z} \end{pmatrix}\begin{pmatrix} \partial/\partial x \\ \partial/\partial y \\ \partial/\partial z \end{pmatrix} = \frac{\partial^2}{\partial x^2} + \frac{\partial^2}{\partial y^2} + \frac{\partial^2}{\partial z^2} = \Delta$$

となる。さらに

$$\nabla \cdot \vec{A} = \begin{pmatrix} \dfrac{\partial}{\partial x} & \dfrac{\partial}{\partial y} & \dfrac{\partial}{\partial z} \end{pmatrix} \begin{pmatrix} A_x \\ A_y \\ A_z \end{pmatrix} = \frac{\partial A_x}{\partial x} + \frac{\partial A_y}{\partial y} + \frac{\partial A_z}{\partial z} = \mathrm{div}\,\vec{A}$$

という関係にある。また、ハミルトニアン

$$\hat{H} = \frac{1}{2m}\left(\frac{\hbar}{i}\frac{\partial}{\partial \vec{r}} - q\vec{A} \right)^2$$

の位置ベクトルならびにベクトルポテンシャルの x, y, z 成分に対応した項は、それぞれ

$$\frac{1}{2m}\left(\frac{\hbar}{i}\frac{\partial}{\partial x} - qA_x \right)^2 \qquad \frac{1}{2m}\left(\frac{\hbar}{i}\frac{\partial}{\partial y} - qA_y \right)^2 \qquad \frac{1}{2m}\left(\frac{\hbar}{i}\frac{\partial}{\partial z} - qA_z \right)^2$$

と与えられる。

　ただし、ハミルトニアンの固有値エネルギーはスカラーであり、演算子は、これらの和となる。

演習 6-1　ハミルトニアンの x 成分に対応した項　$\dfrac{1}{2m}\left(\dfrac{\hbar}{i}\dfrac{\partial}{\partial x} - qA_x \right)^2$ を計算せよ。

解）　演算子の計算であるので、演算の順序に注意する。

$$\left(\frac{\hbar}{i}\frac{\partial}{\partial x} - qA_x \right)^2 = \left(\frac{\hbar}{i}\frac{\partial}{\partial x} - qA_x \right)\left(\frac{\hbar}{i}\frac{\partial}{\partial x} - qA_x \right)$$

$$= \left(\frac{\hbar}{i}\frac{\partial}{\partial x} \right)\left(\frac{\hbar}{i}\frac{\partial}{\partial x} \right) - \left(\frac{q\hbar}{i}\frac{\partial A_x}{\partial x} \right) - qA_x\left(\frac{\hbar}{i}\frac{\partial}{\partial x} \right) + q^2 A_x^2$$

$$= -\hbar^2 \frac{\partial^2}{\partial x^2} - \frac{q\hbar}{i}\frac{\partial A_x}{\partial x} - \frac{q\hbar}{i}A_x\frac{\partial}{\partial x} + q^2 A_x^2$$

から

$$\hat{H}_x = -\frac{\hbar^2}{2m}\frac{\partial^2}{\partial x^2} - \frac{q\hbar}{2mi}\frac{\partial A_x}{\partial x} - \frac{q\hbar}{2mi}A_x\frac{\partial}{\partial x} + \frac{q^2 A_x^2}{2m}$$

$$= -\frac{\hbar^2}{2m}\frac{\partial^2}{\partial x^2} + \frac{iq\hbar}{2m}\left(\frac{\partial A_x}{\partial x} + A_x\frac{\partial}{\partial x} \right) + \frac{q^2 A_x^2}{2m}$$

となる。

演習 6-2 ベクトル表示のハミルトニアン

$$\hat{H} = \frac{1}{2m}\left(\frac{\hbar}{i}\frac{\partial}{\partial \vec{r}} - q\vec{A}\right)^2 = \frac{1}{2m}\left(\frac{\hbar}{i}\nabla - q\vec{A}\right)^2$$

を計算せよ。

解）　ハミルトニアンの x, y, z 成分に対応した項は

$$\hat{H}_x = -\frac{\hbar^2}{2m}\frac{\partial^2}{\partial x^2} + \frac{iq\hbar}{2m}\left(\frac{\partial A_x}{\partial x} + A_x\frac{\partial}{\partial x}\right) + \frac{q^2 A_x^{\,2}}{2m}$$

$$\hat{H}_y = -\frac{\hbar^2}{2m}\frac{\partial^2}{\partial y^2} + \frac{iq\hbar}{2m}\left(\frac{\partial A_y}{\partial y} + A_y\frac{\partial}{\partial y}\right) + \frac{q^2 A_y^{\,2}}{2m}$$

$$\hat{H}_z = -\frac{\hbar^2}{2m}\frac{\partial^2}{\partial z^2} + \frac{iq\hbar}{2m}\left(\frac{\partial A_z}{\partial z} + A_z\frac{\partial}{\partial z}\right) + \frac{q^2 A_z^{\,2}}{2m}$$

これらを足すと

$$\hat{H} = \hat{H}_x + \hat{H}_y + \hat{H}_z$$

$$= -\frac{\hbar^2}{2m}\left(\frac{\partial^2}{\partial x^2} + \frac{\partial^2}{\partial y^2} + \frac{\partial^2}{\partial z^2}\right) + i\frac{q\hbar}{2m}\left(\frac{\partial A_x}{\partial x} + \frac{\partial A_y}{\partial y} + \frac{\partial A_z}{\partial z}\right)$$

$$+ i\frac{q\hbar}{2m}\left(A_x\frac{\partial}{\partial x} + A_y\frac{\partial}{\partial y} + A_z\frac{\partial}{\partial z}\right) + \frac{q^2(A_x^{\,2} + A_y^{\,2} + A_z^{\,2})}{2m}$$

となる。したがって、ベクトル表示にすれば

$$\hat{H} = -\frac{\hbar^2}{2m}\nabla^2 + \frac{iq\hbar}{2m}\nabla\cdot\vec{A} + \frac{iq\hbar}{2m}\vec{A}\cdot\nabla + \frac{q^2\vec{A}\cdot\vec{A}}{2m}$$

$$= -\frac{\hbar^2}{2m}\nabla^2 + \frac{iq\hbar}{2m}(\nabla\cdot\vec{A} + \vec{A}\cdot\nabla) + \frac{q^2\left|\vec{A}\right|^2}{2m}$$

となる。

したがって、磁束密度ベクトル

$$\vec{B} = \mathrm{rot}\,\vec{A} = \nabla \times \vec{A}$$

からなる磁場下における$+q$ の荷電粒子のハミルトニアンは

$$\hat{H} = -\frac{\hbar^2}{2m}\nabla^2 + i\frac{q\hbar}{2m}(\nabla \cdot \vec{A} + \vec{A} \cdot \nabla) + \frac{q^2\left|\vec{A}\right|^2}{2m}$$

となる。さらに、電場の効果 $q\phi$ も加えれば

$$\hat{H} = -\frac{\hbar^2}{2m}\nabla^2 + i\frac{q\hbar}{2m}(\nabla \cdot \vec{A} + \vec{A} \cdot \nabla) + \frac{q^2\left|\vec{A}\right|^2}{2m} + q\phi$$

と与えられる。

演習 6-3　z 方向に一様な静磁場 $\vec{B} = (0\ \ 0\ \ B)$ を与えるベクトルポテンシャルを $\vec{A} = (1/2)\vec{B} \times \vec{r}$ とするとき、磁場によるハミルトニアン

$$\hat{H} = -\frac{\hbar^2}{2m}\nabla^2 + i\frac{q\hbar}{2m}(\nabla \cdot \vec{A} + \vec{A} \cdot \nabla) + \frac{q^2\left|\vec{A}\right|^2}{2m}$$

を、磁束密度 B を使って書き換えよ。

解）　$\vec{B} = (0\ \ \ 0\ \ \ B)$ のとき

$$\vec{A} = (A_x \ \ \ A_y \ \ \ A_z) = (1/2)\vec{B} \times \vec{r} = \left(-\frac{B}{2}y \ \ \ \frac{B}{2}x \ \ \ 0\right)$$

であり $\nabla \cdot \vec{A} = 0$ であるから

$$\hat{H} = -\frac{\hbar^2}{2m}\nabla^2 + i\frac{q\hbar}{2m}(\vec{A} \cdot \nabla) + \frac{q^2\left|\vec{A}\right|^2}{2m}$$

である。まず、第3項は

$$\frac{q^2\left|\vec{A}\right|^2}{2m} = \frac{q^2\left|\vec{B} \times \vec{r}\right|^2}{8m} = \frac{q^2 B_z^{\ 2} r^2}{8m} = \frac{q^2 B^2 (x^2 + y^2)}{8m}$$

つぎに

$$\vec{A} \cdot \nabla = A_x \frac{\partial}{\partial x} + A_y \frac{\partial}{\partial x} + A_z \frac{\partial}{\partial x} = -\frac{B}{2} y \frac{\partial}{\partial x} + \frac{B}{2} x \frac{\partial}{\partial y}$$

となるので

$$\hat{H} = -\frac{\hbar^2}{2m} \nabla^2 + i\frac{q\hbar B}{4m}\left(-y\frac{\partial}{\partial x} + x\frac{\partial}{\partial y}\right) + \frac{q^2 B^2}{8m}(x^2 + y^2)$$

となる。

演習 6-4　z 軸方向に一様な磁束密度 B の空間を運動している質量 m、電荷 q の荷電粒子の波動関数を $\varphi(\vec{r}) = \exp(i\vec{k} \cdot \vec{r})$ としたとき、この粒子の有するエネルギーを求めよ。ただし、$\vec{k}$ は波数ベクトルである。

解）　$\varphi = \exp(i\vec{k} \cdot \vec{r}) = \exp\{i(k_x x + k_y y + k_z z)\}$ として

$$\hat{H}\varphi = -\frac{\hbar^2}{2m}\nabla^2\varphi + i\frac{q\hbar B}{4m}\left(-y\frac{\partial}{\partial x} + x\frac{\partial}{\partial y}\right)\varphi + \frac{q^2 B^2}{8m}(x^2 + y^2)\varphi$$

を計算しよう。まず第 1 項は

$$\nabla^2\varphi = -(k_x^{\ 2} + k_y^{\ 2} + k_z^{\ 2})\exp\{i(k_x x + k_y y + k_z z)\}$$

$$= -(k_x^{\ 2} + k_y^{\ 2} + k_z^{\ 2})\varphi$$

となる。つぎに第 2 項は

$$\left(-y\frac{\partial}{\partial x} + x\frac{\partial}{\partial y}\right)\varphi = (-ik_x y + ik_y x)\exp\{i(k_x x + k_y y + k_z z)\}$$

$$= (-ik_x y + ik_y x)\varphi$$

となるので

$$\hat{H}\varphi = \left\{\frac{\hbar^2}{2m}(k_x^{\ 2} + k_y^{\ 2} + k_z^{\ 2}) + \frac{q\hbar B}{4m}(k_x y - k_y x) + \frac{q^2 B^2}{8m}(x^2 + y^2)\right\}\varphi$$

となる。よって、エネルギーは

$$E = \frac{\hbar^2}{2m}(k_x{}^2 + k_y{}^2 + k_z{}^2) + \frac{q\hbar B}{4m}(k_x y - k_y x) + \frac{q^2 B^2}{8m}(x^2 + y^2)$$

と与えられる。

エネルギーの第 1 項は、自由粒子の運動エネルギー

$$E = \frac{|\vec{p}|^2}{2m} = \frac{\hbar^2 |\vec{k}|^2}{2m} = \frac{\hbar^2}{2m}(k_x{}^2 + k_y{}^2 + k_z{}^2)$$

である。一方、第 3 項はローレンツ力によるサイクロトロン運動に伴うエネルギーである。それでは、第 2 項は何に対応するのであろうか。

ここで、**角運動量** (angular momentum) を思い出してみよう[1]。それは

$$\vec{L} = \vec{r} \times \vec{p} = \vec{r} \times (\hbar \vec{k}) = \hbar \vec{r} \times \vec{k}$$

というベクトル積によって与えられる。

この z 成分は

$$L_z = \hbar(x k_y - y k_x)$$

となり、まさに第 2 項に対応している。そして成分表示では

$$\frac{q\hbar B}{4m}(k_x y - k_y x) = -\frac{qB L_z}{4m}$$

となるが、ベクトル表示では

$$-\frac{q\vec{B} \cdot \vec{L}}{4m}$$

となる。この項は、荷電粒子の軌道角運動量 $\vec{L}$ と外部磁場 $\vec{B}$ の相互作用エネルギーに相当する。

6.2. ゲージ変換

すでに、紹介したように、ベクトルポテンシャルには任意性がある。したがって、ハミルトニアンの中に登場する $\vec{A}$ にも、任意性がある。それは、同じ磁

---

[1] 拙著『なるほど力学』（海鳴社）の「5 章 1 節　角運動量」、p127 を参照されたい。

束密度ベクトル $\vec{B}$ を与えるベクトルポテンシャルが

$$\vec{A}'(\vec{r}) = \vec{A}(\vec{r}) + \nabla \eta(\vec{r})$$

あるいは

$$\vec{A}'(\vec{r}) = \vec{A}(\vec{r}) + \mathrm{grad}\, \eta(\vec{r})$$

と置けるからである。

　ただし、$\eta(\vec{r})$ はゲージ関数と呼ばれ、任意の関数である。また、$\mathrm{grad}\, \eta(\vec{r})$ $(\nabla \eta(\vec{r}))$ は、ゲージ関数の勾配 (gradient) を与える 3 次元ベクトルである。

演習 6-5　つぎの関係が成立することを確かめよ。

$$\mathrm{rot}\, \vec{A}'(\vec{r}) = \mathrm{rot}\, \vec{A}(\vec{r})$$

　解）　$\vec{A}'(\vec{r}) = \vec{A}(\vec{r}) + \mathrm{grad}\, \eta(\vec{r})$ の両辺の rot をとると

$$\mathrm{rot}\, \vec{A}'(\vec{r}) = \mathrm{rot}\, \vec{A}(\vec{r}) + \mathrm{rot}\{\mathrm{grad}\, \eta(\vec{r})\}$$

第 1 章で示したように、恒等的に

$$\mathrm{rot}\,\{\mathrm{grad}\, \eta(\vec{r})\} = \nabla \times (\nabla \eta) = (0 \quad 0 \quad 0)$$

が成立する。

　したがって、常に

$$\mathrm{rot}\, \vec{A}'(\vec{r}) = \mathrm{rot}\, \vec{A}(\vec{r}) + \mathrm{rot}\{\mathrm{grad}\, \eta(\vec{r})\} = \mathrm{rot}\, \vec{A}(\vec{r}) = \vec{B}$$

となる。

　よって　$\vec{B} = \mathrm{rot}\, \vec{A}(\vec{r})$　ならば　$\vec{B} = \mathrm{rot}\, \vec{A}'(\vec{r})$　となる。とすれば、シュレーディンガー方程式において、ベクトルポテンシャルにゲージ変換を施しても、固有エネルギーが変化しないはずである。それを確かめてみよう。

ここでは、時間依存のないシュレーディンガー方程式

$$\hat{H}\varphi(\vec{r}) = E\varphi(\vec{r})$$

で確認してみる。電磁場のハミルトニアンは、電場がない場合

$$\hat{H} = \frac{1}{2m}(\hat{\boldsymbol{p}} - q\vec{A})^2$$

と与えられる。よって、ゲージ変換前のシュレーディンガー方程式は

$$\hat{H}\varphi = \frac{1}{2m}(\hat{\boldsymbol{p}} - q\vec{A})^2\varphi = E\varphi$$

となる。ここで

$$\vec{A}'(\vec{r}) = \vec{A}(\vec{r}) + \nabla\,\eta(\vec{r})$$

というゲージ変換を施すと

$$\vec{A}(\vec{r}) = \vec{A}'(\vec{r}) - \nabla\,\eta(\vec{r})$$

となるから、上記のシュレーディンガー方程式に代入すると

$$\hat{H}\varphi = \frac{1}{2m}(\hat{\boldsymbol{p}} - q\vec{A}' + q\nabla\,\eta(\vec{r}))^2\varphi = E\varphi$$

となる。このとき

$$\hat{H}' = \frac{1}{2m}(\hat{\boldsymbol{p}} - q\vec{A}')^2$$

として、同じ固有エネルギーEを有する波動関数 φ' は

$$\hat{H}'\varphi' = \frac{1}{2m}(\hat{\boldsymbol{p}} - q\vec{A}')^2\varphi' = E\varphi'$$

を満足する。ここで

$$\frac{1}{2m}(\hat{\boldsymbol{p}} - q\vec{A}')^2 = \frac{1}{2m}(\hat{\boldsymbol{p}} - q\vec{A} - q\nabla\eta)^2$$

から

$$\hat{H}'\varphi' = \frac{1}{2m}(\hat{\boldsymbol{p}} - q\vec{A} - q\nabla\eta)^2\varphi' = E\varphi'$$

という関係がえられ、これがゲージ変換後のシュレーディンガー方程式である。ところで、ゲージ変換前は

$$\hat{H}\,\varphi = \frac{1}{2m}(\hat{\boldsymbol{p}} - q\vec{A})^2\varphi = E\varphi$$

であったから、$\varphi \neq \varphi'$ となり、ゲージ変換後の固有関数は異なるのである。実は、ゲージ変換を施すと固有関数の**位相 (phase)** θ が変化する。対応する位相項は

$$\exp(i\theta) = \cos\theta + i\sin\theta$$

となる。これは、図 6-1 に示すように、複素平面では**単位円 (unit circle)** となる。つまり、波動関数の確率振幅は変えずに、位相のみ変化させる働きをする。

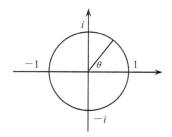

図 6-1　$\exp(i\theta)$ は複素平面上の単位円となる。その絶対値の 2 乗は 1 であるから、波動関数の確率振幅には影響を与えない。

ゲージ関数 $\eta(\vec{r})$ による変換の場合には、位相変化は

$$\theta = \frac{q}{\hbar}\eta(\vec{r}) = \frac{q}{\hbar}\eta(x,y,z)$$

となることが知られている[2]。よって、ゲージ変換後の波動関数は

$$\varphi'(\vec{r}) = e^{i\theta}\varphi(\vec{r}) = \exp\!\left(i\frac{q}{\hbar}\eta(\vec{r})\right)\varphi(\vec{r})$$

となる。直交座標で書けば

$$\varphi'(x,y,z) = e^{i\frac{q}{\hbar}\eta(x,y,z)}\varphi(x,y,z) = \exp\!\left(i\frac{q}{\hbar}\eta(x,y,z)\right)\varphi(x,y,z)$$

---

[2] 補遺 6-1 を参照いただきたい。

がゲージ変換後の固有関数となる。略記すれば

$$\varphi' = \left\{ \exp\left(i\frac{q}{\hbar}\eta \right) \right\} \varphi$$

となる。これ以降は、適宜、略記法を使うことにする。ここで

$$U(\vec{r}) = \exp\left\{ i\frac{q}{\hbar}\eta(\vec{r}) \right\} \qquad (略記では\ \ U = \exp\left\{ i\frac{q}{\hbar}\eta \right\})$$

と置くと

$$\varphi'(\vec{r}) = \exp\left\{ i\frac{q}{\hbar}\eta(\vec{r}) \right\} \varphi(\vec{r}) = U(\vec{r})\varphi(\vec{r})$$

あるいは、直交座標では

$$\varphi'(x,y,z) = \exp\left\{ i\frac{q}{\hbar}\eta(x,y,z) \right\} \varphi(x,y,z) = U(x,y,z)\varphi(x,y,z)$$

となる。U の絶対値は

$$\left| U(\vec{r}) \right|^2 = 1 \qquad\qquad \left| U(x,y,z) \right|^2 = 1$$

のように 1 であり、また

$$\varphi' = U\varphi \qquad\qquad \varphi = U^{-1}\varphi'$$

という関係にある。さらに

$$U = \exp\left\{ i\frac{q}{\hbar}\eta \right\} \qquad から \qquad U^{-1} = \exp\left\{ -i\frac{q}{\hbar}\eta \right\} = U^+$$

となり

$$U\,U^+ = U^+U = 1$$

という関係にある。ただし、U^+ は U の**エルミート共役** (Hermite conjugate) のことである。つまり U は**ユニタリー演算子** (unitary operator) となるのである[3]。例えば $|\varphi\rangle$ のように波動関数をディラック表記し、U を作用させると

---

[3] ユニタリー演算子によるユニタリー変換とは、簡単にいえば、内積が変化しない変換である。unitary の unit は単位であり、unitary には「単一の」という意味があり、大きさを変えないという意味もある。拙著『なるほど線形代数』『なるほど量子力学 I』（海鳴社）も参照されたい。

$$|U\varphi\rangle = U|\varphi\rangle$$

となるが、この複素共役転置ベクトルは

$$\left(U|\varphi\rangle\right)^* = \langle\varphi|U^+ = \langle\varphi|U^{-1}$$

となるから、その内積は

$$\langle U\varphi|U\varphi\rangle = \langle\varphi|U^+U|\varphi\rangle = \langle\varphi|U^{-1}U|\varphi\rangle = \langle\varphi|\varphi\rangle$$

となる。よって、ユニタリー変換によって内積は変化しないことが確かめられる。

　これ以降は、このユニタリー変換をうまく利用しながら、シュレーディンガー方程式にゲージ変換を施しても、エネルギー固有値が変化しないことを示す。

演習 6-6　$U = \exp\left(i\dfrac{q}{\hbar}\eta\right)$ に運動量演算子である $\hat{p}$ を作用させよ。

　解)　$\hat{p} = \dfrac{\hbar}{i}\nabla = \dfrac{\hbar}{i}\left(\dfrac{\partial}{\partial x}\quad\dfrac{\partial}{\partial y}\quad\dfrac{\partial}{\partial z}\right)$ であるので

$$\hat{p}\,U(x,y,z) = \hat{p}\left\{\exp\left(i\dfrac{q}{\hbar}\eta(x,y,z)\right)\right\} = \dfrac{\hbar}{i}\nabla\left\{\exp\left(i\dfrac{q}{\hbar}\eta(x,y,z)\right)\right\}$$

となるが、この x 成分は

$$\dfrac{\hbar}{i}\nabla_x\left\{\exp\left(i\dfrac{q}{\hbar}\eta(x,y,z)\right)\right\} = \dfrac{\hbar}{i}\dfrac{\partial}{\partial x}\left\{\exp\left(i\dfrac{q}{\hbar}\eta(x,y,z)\right)\right\}$$

$$= q\dfrac{\partial\eta(x,y,z)}{\partial x}\left\{\exp\left(i\dfrac{q}{\hbar}\eta(x,y,z)\right)\right\} = q\dfrac{\partial\eta}{\partial x}\left\{\exp\left(i\dfrac{q}{\hbar}\eta\right)\right\}$$

となる。y, z 成分も同様であり、結局

$$\hat{p}\left\{\exp\left(i\dfrac{q}{\hbar}\eta(x,y,z)\right)\right\} = q\nabla\eta\left\{\exp\left(i\dfrac{q}{\hbar}\eta(x,y,z)\right)\right\}$$

となる。

この結果を U を使って表示すれば

$$\hat{\boldsymbol{p}}\, U(x,y,z) = q U(x,y,z) \nabla \eta(x,y,z)$$

あるいは、略記して

$$\hat{\boldsymbol{p}}\, U = q U \nabla \eta$$

となる。

さらに、演算結果をベクトル表示すれば

$$\hat{\boldsymbol{p}}\left\{\exp\left(i\frac{q}{\hbar}\eta(x,y,z)\right)\right\} = q\left\{\exp\left(i\frac{q}{\hbar}\eta(x,y,z)\right)\right\}\begin{pmatrix}\partial\eta/\partial x\\ \partial\eta/\partial y\\ \partial\eta/\partial z\end{pmatrix}$$

となることに注意されたい。よって、ゲージ関数として

$$\eta(x,y,z) = x + y + z$$

を選べば、その勾配 (grad) は

$$\nabla \eta(x,y,z) = (1 \quad 1 \quad 1)$$

となるので

$$\hat{\boldsymbol{p}}\left\{\exp\left(i\frac{q}{\hbar}\eta(x,y,z)\right)\right\} = q\left\{\exp\left(i\frac{q}{\hbar}\eta(x,y,z)\right)\right\}\begin{pmatrix}1\\ 1\\ 1\end{pmatrix}$$

と与えられることになる。

演習 6-7　ゲージ変換後の波動関数 $\varphi'(x,y,z) = \exp\left\{i\frac{q}{\hbar}\eta(x,y,z)\right\}\varphi(x,y,z)$ に、運動量演算子である $\hat{\boldsymbol{p}}$ を作用させよ。

　解）　$\varphi'(x,y,z) = U(x,y,z)\varphi(x,y,z)$ とおくと、新たな固有関数は $\varphi' = U\varphi$ のように、関数 U と φ の積となる。このとき

$$\hat{\boldsymbol{p}}\varphi' = \hat{\boldsymbol{p}}(U\varphi) = \varphi(\hat{\boldsymbol{p}}U) + U(\hat{\boldsymbol{p}}\varphi)$$

となる。ここで

$$\hat{\boldsymbol{p}}\, U = q U \nabla \eta$$

であったから

$$\hat{p}\varphi' = \varphi(\hat{p}U) + U(\hat{p}\varphi) = qU \nabla\eta \, \varphi + U\hat{p}\varphi = U(q\nabla\eta + \hat{p})\varphi$$

となる。

ここで $\varphi' = \left\{\exp\left(i\dfrac{q}{\hbar}\eta\right)\right\}\varphi$ であるから

$$\hat{p}\varphi' = q\nabla\eta \, \varphi' + \left\{\exp\left(i\dfrac{q}{\hbar}\eta\right)\right\}\hat{p}\varphi$$

となり、移項して

$$(\hat{p} - q\nabla\eta)\,\varphi' = \left\{\exp\left(i\dfrac{q}{\hbar}\eta\right)\right\}\hat{p}\varphi = U\,\hat{p}\varphi$$

という関係がえられることになる。

ゲージ変換後のシュレーディンガー方程式を

$$\hat{H}'\varphi' = \frac{1}{2m}(\hat{p} - q\vec{A} - q\nabla\eta)^2\varphi' = E'\varphi'$$

としよう。この式では、エネルギー固有値は E ではなく E' としている。これが E と一致することを示すことが、われわれの目的である。ここで、重要な性質は、ゲージ変換後の演算子 $\hat{p} - q\vec{A} - q\nabla\eta$ が $\hat{p} - q\vec{A}$ のユニタリー演算子を使った変換によってえられることである。

演習 6-8 つぎの関係が成立することを示せ。

$$\hat{p} - q\vec{A} - q\nabla\eta = U(\hat{p} - q\vec{A})U^{-1}$$

解） これらの演算子を $\varphi' = U\varphi$ に作用させると

$$(\hat{p} - q\nabla\eta)\,\varphi' = U\,\hat{p}\varphi$$

より

$$(\hat{p} - q\vec{A} - q\nabla\eta)\varphi' = (\hat{p} - q\nabla\eta)\,\varphi' - q\vec{A}\varphi' = U\,\hat{p}\varphi - q\vec{A}\varphi'$$

$$= U\,\hat{p}\varphi - q\vec{A}U\varphi = U(\hat{p} - q\vec{A})\varphi$$

となる。ここで

$$\varphi = U^{-1}\varphi'$$

ということを思い出すと

$$(\hat{\boldsymbol{p}} - q\vec{A} - q\nabla\eta)\varphi' = U(\hat{\boldsymbol{p}} - q\vec{A})U^{-1}\varphi'$$

となるから

$$\hat{\boldsymbol{p}} - q\vec{A} - q\nabla\eta = U(\hat{\boldsymbol{p}} - q\vec{A})U^{-1}$$

という関係にあることがわかる。

演習 6-9　つぎの関係が成立することを証明せよ。

$$(\hat{\boldsymbol{p}} - q\vec{A} - q\nabla\eta)^2 = U(\hat{\boldsymbol{p}} - q\vec{A})^2 U^{-1}$$

　解）　前問で求めた関係

$$\hat{\boldsymbol{p}} - q\vec{A} - q\nabla\eta = U(\hat{\boldsymbol{p}} - q\vec{A})U^{-1}$$

を使うと

$$(\hat{\boldsymbol{p}} - q\vec{A} - q\nabla\eta)^2 = U(\hat{\boldsymbol{p}} - q\vec{A})U^{-1} \cdot U(\hat{\boldsymbol{p}} - q\vec{A})U^{-1} = U(\hat{\boldsymbol{p}} - q\vec{A})^2 U^{-1}$$

となる。

　ここで、ハミルトニアンは、ゲージ変換前と変換後は

$$\hat{H} = \frac{1}{2m}(\hat{\boldsymbol{p}} - q\vec{A})^2 \qquad \hat{H}' = \frac{1}{2m}(\hat{\boldsymbol{p}} - q\vec{A} - q\nabla\eta)^2$$

であったから

$$\hat{H}' = U\hat{H}U^{-1}$$

という関係にあることを示している。

演習 6-10　ゲージ変換後においても

$$\hat{H}'\varphi' = E\varphi'$$

のように、同じエネルギー固有値がえられることを示せ。

解）　$\varphi = U^{-1}\varphi'$　より

$$\hat{H}'\varphi' = \frac{1}{2m}(\hat{\boldsymbol{p}} - q\vec{A} - q\nabla\eta)^2\varphi' = \frac{1}{2m}U(\hat{\boldsymbol{p}} - q\vec{A})^2 U^{-1}\varphi' = \frac{1}{2m}U(\hat{\boldsymbol{p}} - q\vec{A})^2\varphi$$

と変形できる。

ところで、ゲージ変換前のシュレーディンガー方程式は

$$\hat{H}\varphi = \frac{1}{2m}(\hat{\boldsymbol{p}} - q\vec{A})^2\varphi = E\varphi$$

であったので

$$\frac{1}{2m}U(\hat{\boldsymbol{p}} - q\vec{A})^2\varphi = UE\varphi = EU\varphi$$

$U\varphi = \varphi'$ であるから

$$\hat{H}'\varphi' = E\varphi'$$

となる。

以上のように、ゲージ変換後のシュレーディンガー方程式の固有関数が φ' であり、変換後もエネルギー固有値は E のままで不変となる。これをゲージ不変性と呼んでいる。

ここで、第 1 章を思い出して欲しい。同じ外部磁場を与えるベクトルポテンシャルには不定性があることを紹介した。その際、z 方向の同じ磁場 B_z を与えるベクトルポテンシャルとして、図 6-2 に示すような 2 組を紹介した。これらのベクトルは、xy 平面において、同じ回転 (rotation) を与える。

このとき、図 6-2(a)は、図 6-2(b)を $\pi/2$ だけ回転すればえられる。このように、ベクトルポテンシャルの不定性は、回転角すなわち位相の変化と等価であることがわかる。

ここで、あらためてベクトルポテンシャルの任意性について考えてみよう。磁場とベクトルポテンシャルの関係を示すと図 6-3 のようになるのであった。

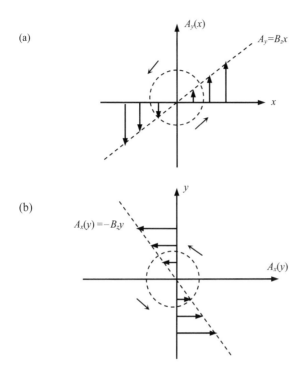

図 6-2　z 軸方向に大きさ B_z の磁場を発生するベクトルポテンシャル。これらは $\pm\pi/2$ という回転によって互いに行き来できる。

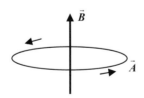

図 6-3　磁束密度ベクトル $\vec{B}$ とベクトルポテンシャル $\vec{A}$ の関係。この関係は、円電流がつくる磁場と等価である。

　図に示すように、磁場はベクトルポテンシャルの回転 (rotation)によってえられるが、回転を閉回路とみなせば始点も終点もない。さらに、図 6-4 に示すように、同じ回転を与えるベクトルポテンシャルには任意性がある。

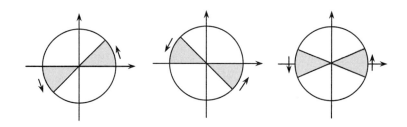

図 6-4 同じ回転 rot、すなわち磁場 $\vec{B}$ を与えるベクトルポテンシャル。複素平面で表現すれば、その任意性は exp $(i\theta)$ と与えられる。

　その任意性は、複素平面で表現すれば exp$(i\theta)$ と与えられる。本章で示したように、ベクトルポテンシャルのゲージ変換は、波動関数の位相の変化に対応している。

　このように見ていくと、数学的なベクトルポテンシャルの不定性においては、ゲージ変換

$$\vec{A}'(\vec{r}) = \vec{A}(\vec{r}) + \mathrm{grad}\,\eta(\vec{r})$$

におけるゲージ関数 $\eta(\vec{r})$ は任意であるが、物理的実態においては、一定の規則が課されることになる。実は、この電子波の位相が表舞台に登場するのが**超伝導** (superconductivity) の世界である。

　超伝導電流に対して成立するロンドン方程式については、第 2 章でも紹介したが、ここでは、量子力学をある程度意識した導出を行ってみる。

　超伝導では、**クーパー対** (Cooper pair) と呼ばれる電子対が重要な役割を演じる。超伝導状態にある電子対の波動関数は

$$\varphi(\vec{r}) = |\varphi(\vec{r})|\exp(i\theta(\vec{r})) = \phi\,\exp(i\theta(\vec{r}))$$

と置けることが知られている。ϕ は電子対の確率振幅であり、超伝導では場所や時間によらず定数となる。

　ここで、θ は電子波の**位相** (phase) である。実は、図 6-5 に示すように超伝導の**電子対** (electron pair) では、すべての位相が揃っている。これを**コヒーレント状態** (coherent state) と呼んでいる。

常伝導　　　　　　　　　　　超伝導

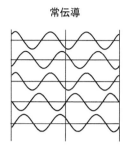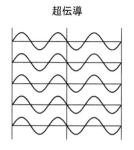

図 6-5　常伝導状態と超伝導状態の電子波の位相。超伝導では、電子波（正しくは、電子対の波）の位相はすべて揃っている。

　この理由を簡単に示そう。超伝導では、最低エネルギー状態に**ボーズ凝縮**(Bose condensation) しているので、その波動関数は

$$\varphi(\vec{r}) = \left|\varphi(\vec{r})\right|\exp(i\vec{k}_0 \cdot \vec{r})$$

のように最低エネルギー状態（その波数を k_0 と置いている）に凝縮している[4]。このときの、すべての電子対の位相は

$$\theta(\vec{r}) = \vec{k}_0 \cdot \vec{r}$$

と揃うことになる。超伝導電流が生じるときは、すべての電子対が電流方向に同じ運動量 $\vec{p}$ で移動する。運動量と波数には $\vec{p} = \hbar\vec{k}$ の関係があるので、波数は $\vec{p}/\hbar$ だけ変化するので、位相は

$$\theta'(\vec{r}) = (\vec{k}_0 + \vec{p}/\hbar)\cdot \vec{r}$$

のように揃うことになる。つぎに

$$\left|\varphi(\vec{r})\right|^2 = \phi^2$$

は、波動関数の存在確率であるが、超伝導の場合には、超伝導電子の濃度 ρ に対応すると考えられている。よって $\phi = \sqrt{\rho}$ と置く場合もある。

　ここで、超伝導電流について考察するために、量子力学的な電流の表式をま

---

[4] 例えば、拙著『なるほど生成消滅演算子』（海鳴社）を参照されたい。

ず求めてみよう。

6.3. 量子力学における電流

電流は、電荷 q の運動であるので、その波動関数が時間的に変化することを考慮する必要がある。よって、**時間依存シュレーディンガー方程式** (time dependent Schrödinger equation) から出発する。この方程式は

$$i\hbar \frac{\partial \varphi(\vec{r},t)}{\partial t} = \frac{1}{2m}\left(\frac{\hbar}{i}\frac{\partial}{\partial \vec{r}} - q\vec{A}\right)^2 \varphi(\vec{r},t)$$

となる。この解である波動関数

$$\varphi(\vec{r},t) = \varphi(x,y,z,t)$$

は、時刻 t に、位置 $\vec{r} = (x,y,z)$ に粒子を見出す確率が

$$\left|\varphi(\vec{r},t)\right|^2 dV = \left|\varphi(x,y,z,t)\right|^2 dx\,dy\,dz$$

となることを意味する。

ここで、$\left|\varphi(\vec{r},t)\right|^2 dV$ が時間(dt)とともに変化したとすれば、それは、図 6-6 に示すように $dV = dx\,dy\,dz$ という領域の境界を出入りした粒子の数となる。

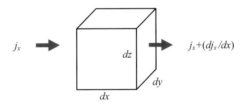

図 6-6　波動関数 $\varphi(x,y,z,t)$ の変化は、dt の時間に微小体積 $dV = dx\,dy\,dz$ に出入りする粒子数の変化である。

ここで、粒子の流れの密度を j としよう。すると jdS は、j の方向と垂直な面積 dS を通して単位時間に移動する粒子数となる。ただし、j は、本来、ベクトルであり

$$\vec{j} = (j_x \quad j_y \quad j_z)$$

となる。x 方向の粒子の流れの成分を j_x とすると、$dS = dydz$ である。変化する粒子数は、dS の法線方向の単位ベクトルを $\vec{n}$ とすると図 6-7 に示すように

$$\vec{j} \cdot \vec{n}\, dS$$

によって与えられる。

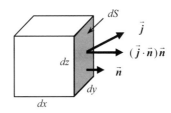

図 6-7　面 $dS\,(dy\,dz)$を通した粒子の流れ。$\vec{n}$ は dS の法線方向の単位ベクトルである。

　ここで、x 方向における dt 時間における粒子数の変化は

$$\{j_x(x) - j_x(x+dx)\}dy\,dz\,dt = \left(-\frac{d}{dx}j_x\right)dx\,dy\,dz\,dt$$

となる。ただし、dx が微小量として

$$j_x(x) - j_x(x+dx) = \frac{j_x(x) - j_x(x+dx)}{dx}dx = -\frac{dj_x(x)}{dx}dx$$

という微分の定義を使った。この微分は、正式には x に関する偏微分であることに注意すると、x, y, z 方向全体における粒子数の変化は

$$-\left(\frac{\partial}{\partial x}j_x + \frac{\partial}{\partial x}j_y + \frac{\partial}{\partial x}j_z\right)dx\,dy\,dz\,dt$$

となる。これが波動関数の絶対値の 2 乗（ミクロ粒子の確率密度）の変化と一致するので

$$d\left(\left|\varphi(\vec{r},t)\right|^2\right)dx\,dy\,dz = -\left(\frac{\partial}{\partial x}j_x + \frac{\partial}{\partial x}j_y + \frac{\partial}{\partial x}j_z\right)dx\,dy\,dz\,dt$$

となる。したがって

$$\frac{\partial\left(\left|\varphi(\vec{r},t)\right|^2\right)}{\partial t} = -\left(\frac{\partial}{\partial x}j_x + \frac{\partial}{\partial x}j_y + \frac{\partial}{\partial x}j_z\right)$$

となり、右辺は

$$-\left(\frac{\partial}{\partial x}j_x + \frac{\partial}{\partial x}j_y + \frac{\partial}{\partial x}j_z\right) = -\mathrm{div}\,\vec{J} = -\nabla\cdot\vec{J}$$

となる。

演習 6-11 $\dfrac{\partial\left(\left|\varphi(\vec{r},t)\right|^2\right)}{\partial t}$ を計算せよ。

解） $\left|\varphi(\vec{r},t)\right|^2 = \varphi^*(\vec{r},t)\,\varphi(\vec{r},t)$ である。よって

$$\frac{\partial\left(\left|\varphi(\vec{r},t)\right|^2\right)}{\partial t} = \frac{\partial}{\partial t}(\varphi^*(\vec{r},t)\,\varphi(\vec{r},t)) = \frac{\partial}{\partial t}\{\varphi^*(\vec{r},t)\}\,\varphi(\vec{r},t) + \varphi^*(\vec{r},t)\frac{\partial}{\partial t}\{\varphi(\vec{r},t)\}$$

となる。

一般の教科書では、略記して

$$\frac{\partial}{\partial t}|\varphi|^2 = \frac{\partial}{\partial t}\left(\varphi^*\varphi\right) = \frac{\partial\varphi^*}{\partial t}\varphi + \varphi^*\frac{\partial\varphi}{\partial t}$$

と書くことが多い。ここで、φ（$=\varphi(\vec{r},t)$）は時間依存型のシュレーディンガー方程式の解であり

$$i\hbar\frac{\partial\varphi(\vec{r},t)}{\partial t} = \frac{1}{2m}\left(\frac{\hbar}{i}\frac{\partial}{\partial\vec{r}} - q\vec{A}\right)^2\varphi(\vec{r},t) = \frac{1}{2m}\left(\frac{\hbar}{i}\nabla - q\vec{A}\right)^2\varphi(\vec{r},t)$$

となる。

複素共役な φ^*（$=\varphi^*(\vec{r},t)$）については

$$-i\hbar\frac{\partial\varphi^*(\vec{r},t)}{\partial t} = \frac{1}{2m}\left(-\frac{\hbar}{i}\frac{\partial}{\partial\vec{r}} - q\vec{A}\right)^2\varphi^*(\vec{r},t) = \frac{1}{2m}\left(-\frac{\hbar}{i}\nabla - q\vec{A}\right)^2\varphi^*(\vec{r},t)$$

となる。

すでに示したように

$$\left(\frac{\hbar}{i}\nabla - q\vec{A}\right)^2 = -\hbar^2\nabla^2 - \frac{q\hbar}{i}(\nabla\cdot\vec{A} + \vec{A}\cdot\nabla) + q^2\left|\vec{A}\right|^2$$

となるから

$$i\hbar \frac{\partial \varphi}{\partial t} = -\frac{\hbar^2}{2m}\nabla^2 \varphi - \frac{q\hbar}{2mi}(\nabla \cdot \vec{A}\varphi + \vec{A} \cdot \nabla \varphi) + \frac{q^2}{2m}\left|\vec{A}\right|^2 \varphi$$

$$\frac{\partial \varphi}{\partial t} = -\frac{\hbar}{2mi}\nabla^2 \varphi + \frac{q}{2m}(\nabla \cdot \vec{A}\varphi + \vec{A} \cdot \nabla \varphi) + \frac{q^2}{2\hbar mi}\left|\vec{A}\right|^2 \varphi$$

また

$$\left(-\frac{\hbar}{i}\nabla - q\vec{A}\right)^2 = -\hbar^2\nabla^2 + \frac{q\hbar}{i}(\nabla \cdot \vec{A} + \vec{A} \cdot \nabla) + q^2\left|\vec{A}\right|^2$$

となるから

$$-i\hbar \frac{\partial \varphi^*}{\partial t} = -\frac{\hbar^2}{2m}\nabla^2 \varphi^* + \frac{q\hbar}{2mi}(\nabla \cdot \vec{A}\varphi^* + \vec{A} \cdot \nabla \varphi^*) + \frac{q^2}{2m}\left|\vec{A}\right|^2 \varphi^*$$

よって

$$\frac{\partial \varphi^*}{\partial t} = \frac{\hbar}{2mi}\nabla^2 \varphi^* + \frac{q}{2m}(\nabla \cdot \vec{A}\varphi^* + \vec{A} \cdot \nabla \varphi^*) - \frac{q^2}{2\hbar mi}\left|\vec{A}\right|^2 \varphi^*$$

となる。したがって

$$\frac{\partial}{\partial t}\left|\varphi\right|^2 = \frac{\partial}{\partial t}\left(\varphi^*\varphi\right) = \frac{\partial \varphi^*}{\partial t}\varphi + \varphi^*\frac{\partial \varphi}{\partial t}$$

$$= \frac{\hbar}{2mi}(\varphi\nabla^2 \varphi^* - \varphi^*\nabla^2 \varphi) + \frac{q}{2m}(\varphi\nabla \cdot \vec{A}\varphi^* + \varphi^*\nabla \cdot \vec{A}\varphi + \varphi\vec{A} \cdot \nabla \varphi^* + \varphi^*\vec{A} \cdot \nabla \varphi)$$

となる。

演習 6-12　つぎの項を計算せよ。

$$\varphi\nabla \cdot \vec{A}\varphi^* + \varphi^*\nabla \cdot \vec{A}\varphi$$

解）

$$\nabla \cdot \vec{A}\varphi^* = \begin{pmatrix} \dfrac{\partial}{\partial x} & \dfrac{\partial}{\partial y} & \dfrac{\partial}{\partial z} \end{pmatrix}\begin{pmatrix} A_x\varphi^* \\ A_y\varphi^* \\ A_z\varphi^* \end{pmatrix} = \frac{\partial}{\partial x}(A_x\varphi^*) + \frac{\partial}{\partial y}(A_y\varphi^*) + \frac{\partial}{\partial z}(A_z\varphi^*)$$

$$= \frac{\partial A_x}{\partial x}\varphi^* + A_x \frac{\partial \varphi^*}{\partial x} + \frac{\partial A_y}{\partial y}\varphi^* + A_y \frac{\partial \varphi^*}{\partial y} + \frac{\partial A_z}{\partial z}\varphi^* + A_z \frac{\partial \varphi^*}{\partial z}$$

$$= \left(\frac{\partial A_x}{\partial x} + \frac{\partial A_y}{\partial y} + \frac{\partial A_z}{\partial z}\right)\varphi^* + A_x \frac{\partial \varphi^*}{\partial x} + A_y \frac{\partial \varphi^*}{\partial y} + A_z \frac{\partial \varphi^*}{\partial z}$$

となるが、クーロンゲージ $\nabla \cdot \vec{A} = 0$ を採用すると

$$\frac{\partial A_x}{\partial x} + \frac{\partial A_y}{\partial y} + \frac{\partial A_z}{\partial z} = 0$$

となるので

$$\nabla \cdot \vec{A}\varphi^* = A_x \frac{\partial \varphi^*}{\partial x} + A_y \frac{\partial \varphi^*}{\partial y} + A_z \frac{\partial \varphi^*}{\partial z}$$

よって

$$\varphi\nabla \cdot \vec{A}\varphi^* = A_x\varphi \frac{\partial \varphi^*}{\partial x} + A_y\varphi \frac{\partial \varphi^*}{\partial y} + A_z\varphi \frac{\partial \varphi^*}{\partial z}$$

となる。同様にして

$$\varphi^*\nabla \cdot \vec{A}\varphi = A_x\varphi^* \frac{\partial \varphi}{\partial x} + A_y\varphi^* \frac{\partial \varphi}{\partial y} + A_z\varphi^* \frac{\partial \varphi}{\partial z}$$

となり

$$\varphi\nabla \cdot \vec{A}\varphi^* + \varphi^*\nabla \cdot \vec{A}\varphi$$

$$= A_x\left(\varphi \frac{\partial \varphi^*}{\partial x} + \varphi^* \frac{\partial \varphi}{\partial x}\right) + A_y\left(\varphi \frac{\partial \varphi^*}{\partial y} + \varphi^* \frac{\partial \varphi}{\partial y}\right) + A_z\left(\varphi \frac{\partial \varphi^*}{\partial z} + \varphi^* \frac{\partial \varphi}{\partial z}\right)$$

$$= A_x \frac{\partial}{\partial x}\left(\varphi^*\varphi\right) + A_y \frac{\partial}{\partial y}\left(\varphi^*\varphi\right) + A_z \frac{\partial}{\partial z}\left(\varphi^*\varphi\right) = \vec{A} \cdot \nabla\left(\varphi^*\varphi\right)$$

となる。

演習 6-13　つぎの項を計算せよ。

$$\varphi\vec{A} \cdot \nabla \varphi^* + \varphi^*\vec{A} \cdot \nabla \varphi$$

解）　まず

$$\vec{A} \cdot \nabla \varphi = A_x \frac{\partial \varphi}{\partial x} + A_y \frac{\partial \varphi}{\partial y} + A_z \frac{\partial \varphi}{\partial z}$$

$$\vec{A} \cdot \nabla \varphi^* = A_x \frac{\partial \varphi^*}{\partial x} + A_y \frac{\partial \varphi^*}{\partial y} + A_z \frac{\partial \varphi^*}{\partial z}$$

であるから

$$\varphi^* \vec{A} \cdot \nabla \varphi = A_x \varphi^* \frac{\partial \varphi}{\partial x} + A_y \varphi^* \frac{\partial \varphi}{\partial y} + A_z \varphi^* \frac{\partial \varphi}{\partial z}$$

$$\varphi \vec{A} \cdot \nabla \varphi^* = A_x \varphi \frac{\partial \varphi^*}{\partial x} + A_y \varphi \frac{\partial \varphi^*}{\partial y} + A_z \varphi \frac{\partial \varphi^*}{\partial z}$$

となる。したがって

$$\varphi^* \vec{A} \cdot \nabla \varphi + \varphi \vec{A} \cdot \nabla \varphi^*$$

$$= A_x \left(\varphi^* \frac{\partial \varphi}{\partial x} + \frac{\partial \varphi^*}{\partial x} \varphi \right) + A_y \left(\varphi^* \frac{\partial \varphi}{\partial y} + \frac{\partial \varphi^*}{\partial y} \varphi \right) + A_z \left(\varphi^* \frac{\partial \varphi}{\partial z} + \frac{\partial \varphi^*}{\partial z} \varphi \right)$$

$$= A_x \frac{\partial}{\partial x} \left(\varphi^* \varphi \right) + A_y \frac{\partial}{\partial y} \left(\varphi^* \varphi \right) + A_z \frac{\partial}{\partial z} \left(\varphi^* \varphi \right) = \vec{A} \cdot \nabla \left(\varphi^* \varphi \right)$$

となる。

以上より　$\dfrac{\partial}{\partial t} |\varphi|^2 = \dfrac{\partial \varphi^*}{\partial t} \varphi + \varphi^* \dfrac{\partial \varphi}{\partial t}$　は

$$\frac{\partial}{\partial t} |\varphi|^2 = -\frac{i\hbar}{2m} \left(\varphi^* \nabla^2 \varphi - \varphi \nabla^2 \varphi^* \right) + \frac{q}{m} \vec{A} \cdot \nabla \left(\varphi^* \varphi \right)$$

と整理できる。

演習 6-14　$\nabla \cdot (\varphi^* \nabla \varphi - \varphi \nabla \varphi^*)$　の x 成分を計算せよ。

解）

$$(\varphi^* \nabla \varphi - \varphi \nabla \varphi^*)_x = \varphi^* \frac{\partial}{\partial x} \varphi - \varphi \frac{\partial}{\partial x} \varphi^*$$

であるから

$$\left\{\nabla \cdot \left(\varphi^* \nabla \varphi - \varphi \nabla \varphi^*\right)\right\}_x =$$

$$\frac{\partial}{\partial x}\left(\varphi^* \frac{\partial}{\partial x}\varphi - \varphi \frac{\partial}{\partial x}\varphi^*\right) = \frac{\partial \varphi^*}{\partial x}\frac{\partial \varphi}{\partial x} + \varphi^* \frac{\partial^2 \varphi}{\partial x^2} - \frac{\partial \varphi^*}{\partial x}\frac{\partial \varphi}{\partial x} - \frac{\partial^2 \varphi^*}{\partial x^2}\varphi$$

$$= \varphi^* \frac{\partial^2 \varphi}{\partial x^2} - \frac{\partial^2 \varphi^*}{\partial x^2}\varphi$$

となる。

この結果を、3次元に拡張すると

$$\nabla \cdot \left(\varphi^*(\vec{r})\nabla \varphi(\vec{r}) - \varphi(\vec{r})\nabla \varphi^*(\vec{r})\right) = \varphi^*(\vec{r})\nabla^2 \varphi(\vec{r}) - \varphi(\vec{r})\nabla^2 \varphi^*(\vec{r})$$

となる。

これ以降は、煩雑さを避けるため、位置ベクトル $\vec{r}$ を省略した簡易表記を採用しよう。すると

$$\frac{\partial}{\partial t}|\varphi|^2 = -\frac{i\hbar}{2m}\left(\varphi^* \nabla^2 \varphi - \varphi \nabla^2 \varphi^*\right) + \frac{q}{m}\vec{A}\cdot\nabla\left(\varphi^* \varphi\right)$$

$$= -\frac{i\hbar}{2m}\nabla \cdot \left(\varphi^* \nabla \varphi - \varphi \nabla \varphi^*\right) + \frac{q}{m}\vec{A}\cdot\nabla\left(\varphi^* \varphi\right)$$

となる。ここで

$$\nabla \cdot \left(\vec{A}\varphi^* \varphi\right) = (\nabla \cdot \vec{A})\left(\varphi^* \varphi\right) + \vec{A}\cdot\nabla\left(\varphi^* \varphi\right)$$

であるが、クーロンゲージ $\nabla \cdot \vec{A} = 0$ から

$$\nabla \cdot \left(\vec{A}\varphi^* \varphi\right) = \vec{A}\cdot\nabla\left(\varphi^* \varphi\right)$$

となるので

$$\frac{\partial}{\partial t}|\varphi|^2 = -\frac{i\hbar}{2m}\left(\varphi^* \nabla^2 \varphi - \varphi \nabla^2 \varphi^*\right) + \frac{q}{m}\vec{A}\cdot\nabla\left(\varphi^* \varphi\right)$$

$$= -\nabla \cdot \left\{\frac{i\hbar}{2m}\left(\varphi^* \nabla \varphi - \varphi \nabla \varphi^*\right) - \frac{q}{m}\left(\vec{A}\varphi^* \varphi\right)\right\}$$

となる。ここで

$$\frac{\partial\left(|\varphi(\vec{r},t)|^2\right)}{\partial t} = \frac{\partial}{\partial t}|\varphi|^2 = -\nabla \cdot \vec{j}$$

であったから

166

$$\vec{j} = \frac{\hbar}{2mi}\left(\varphi^*\nabla\varphi - \varphi\nabla\varphi^*\right) - \frac{q}{m}\vec{A}\varphi^*\varphi$$

$$= \frac{\hbar}{2mi}\left(\varphi^*\nabla\varphi - \varphi\nabla\varphi^*\right) - \frac{q}{m}|\varphi|^2\vec{A}$$

となる。これが、量子力学的な確率密度の流れである。

電流密度は、$\vec{j}$ に電荷 q をかければえられるので

$$\vec{i} = q\vec{j} = \frac{q\hbar}{2mi}\left(\varphi^*\nabla\varphi - \varphi\nabla\varphi^*\right) - \frac{q^2}{m}|\varphi|^2\vec{A}$$

と与えられる。これが量子力学における電流密度の表式である。

演習 6-15　ミクロ粒子の波動関数が $\varphi(\vec{r}) = \phi\exp\{i\theta(\vec{r})\}$ と与えられるとき、その電流密度を求めよ。

解）　複素共役な波動関数は

$$\varphi^*(\vec{r}) = \phi^*\exp\{-i\theta(\vec{r})\} = \phi\exp\{-i\theta(\vec{r})\}$$

となる。ここでは ϕ は粒子の確率振幅 $\phi = |\varphi(\vec{r})|$ であり実数となるので $\phi^* = \phi$ とした。つぎに電流密度は

$$\vec{i} = \frac{q\hbar}{2mi}\left(\varphi^*\nabla\varphi - \varphi\nabla\varphi^*\right) - \frac{q^2}{m}|\varphi|^2\vec{A}$$

である。ここで

$$\nabla\varphi(\vec{r}) = \frac{\partial}{\partial\vec{r}}[\phi\exp\{i\theta(\vec{r})\}] = i\phi\frac{\partial\theta(\vec{r})}{\partial\vec{r}}\exp\{i\theta(\vec{r})\}$$

$$\nabla\varphi^*(\vec{r}) = \frac{\partial}{\partial\vec{r}}[\phi\exp\{-i\theta(\vec{r})\}] = -i\phi\frac{\partial\theta(\vec{r})}{\partial\vec{r}}\exp\{-i\theta(\vec{r})\}$$

から

$$\varphi^*(\vec{r})\nabla\varphi(\vec{r}) = i\phi^2\frac{\partial\theta(\vec{r})}{\partial\vec{r}}$$

$$\varphi(\vec{r})\nabla\varphi^*(\vec{r}) = -i\phi^2\frac{\partial\theta(\vec{r})}{\partial\vec{r}}$$

よって

$$\varphi^{*}\nabla\varphi - \varphi\nabla\varphi^{*} = 2i\phi^{2}\frac{\partial\theta(\vec{r})}{\partial\vec{r}} = 2i\phi^{2}\nabla\theta$$

となる。よって

$$\vec{i} = \frac{q\hbar}{2mi}\left(\varphi^{*}\nabla\varphi - \varphi\nabla\varphi^{*}\right) - \frac{q^{2}}{m}|\varphi|^{2}\vec{A} = \frac{q}{m}(\hbar\nabla\theta - q\vec{A})\phi^{2}$$

となる。

　この他の表式として

$$\vec{i} = \frac{q}{m}(\hbar\nabla\theta - q\vec{A})\phi^{2} = \frac{q}{m}(\hbar\,\mathrm{grad}\,\theta - q\vec{A})\phi^{2}$$

がある。また、1個の荷電粒子に注目すると$\phi^{2}=1$　と置け、さらに

$$\vec{i} = q\vec{v} = \frac{q}{m}(\hbar\nabla\theta - q\vec{A})$$

となる。よって

$$m\vec{v} = \hbar\nabla\theta - q\vec{A}$$

という関係がえられる。成分で書けば

$$m\begin{pmatrix} v_{x} \\ v_{y} \\ v_{z} \end{pmatrix} = \hbar\begin{pmatrix} \partial\theta/\partial x \\ \partial\theta/\partial y \\ \partial\theta/\partial z \end{pmatrix} - q\begin{pmatrix} A_{x} \\ A_{y} \\ A_{z} \end{pmatrix}$$

となる。

　常伝導体では、電流を流すためには、常に電圧を印加しなければならない。そして、磁場を印加しただけでは、荷電粒子は運動しないので$\vec{v}=0$となり

$$\hbar\nabla\theta - q\vec{A} = 0$$

としてよい。よって

$$\nabla\theta = \frac{q}{\hbar}\vec{A}$$

となる。つまり、位相θの空間的な傾き（変化）は、ベクトルポテンシャル$\vec{A}$

の変化に対応するのである。

演習 6-16　閉曲線として xy 平面上の半径 r の円を考えたとき

$$\nabla\theta = \mathrm{grad}\,\theta$$

を求めよ。

　解）　円柱座標と直交座標の関係は

$$r = \sqrt{x^2 + y^2} \qquad \theta = \tan^{-1}\left(\frac{y}{x}\right) \qquad z = z$$

となる。ここで、r は定数である。

　すると

$$\frac{\partial\theta}{\partial x} = \frac{\partial}{\partial x}\left\{\tan^{-1}\left(\frac{y}{x}\right)\right\} = -\frac{y}{x^2 + y^2} \qquad \frac{\partial\theta}{\partial y} = \frac{\partial}{\partial y}\left\{\tan^{-1}\left(\frac{y}{x}\right)\right\} = \frac{x}{x^2 + y^2}$$

となる。よって

$$\nabla\theta = \begin{pmatrix} \partial\theta/\partial x \\ \partial\theta/\partial y \\ \partial\theta/\partial z \end{pmatrix} = \frac{1}{x^2 + y^2}\begin{pmatrix} -y \\ x \\ 0 \end{pmatrix} = \frac{1}{r^2}\begin{pmatrix} -r\sin\theta \\ r\cos\theta \\ 0 \end{pmatrix} = \frac{1}{r}\begin{pmatrix} -\sin\theta \\ \cos\theta \\ 0 \end{pmatrix}$$

となる。

　これが θ の空間変化である。ここで

$$\nabla\theta\cdot d\vec{r} = \frac{1}{r}\begin{pmatrix} -\sin\theta & \cos\theta & 0 \end{pmatrix}\begin{pmatrix} dx \\ dy \\ dz \end{pmatrix} = \frac{1}{r}\begin{pmatrix} -\sin\theta & \cos\theta & 0 \end{pmatrix}\begin{pmatrix} -r\sin\theta\,d\theta \\ r\cos\theta\,d\theta \\ dz \end{pmatrix}$$

$$= \sin^2\theta\,d\theta + \cos^2\theta\,d\theta = d\theta$$

となる。したがって

$$\int \nabla\theta\cdot d\vec{r} = \int d\theta$$

という関係がえられる。

　ここで、荷電粒子電流が位置 1 から 2 へ移動したときの空間変化は

$$\int_1^2 \nabla \theta \cdot d\vec{r} = \int_1^2 d\theta = \frac{q}{\hbar} \int_1^2 \vec{A} \cdot d\vec{r}$$

となる。位置 1 と 2 における波動関数の位相を θ_1 および θ_2 とすると

$$\theta_2 - \theta_1 = \frac{q}{\hbar} \int_1^2 \vec{A} \cdot d\vec{r}$$

となる。これを一般化して

$$\Delta \theta = \frac{q}{\hbar} \int \vec{A} \cdot d\vec{r}$$

と表記する。つまり、ベクトルポテンシャル $\vec{A}$ の変化と、ミクロ粒子の波動関数の位相の変化 $\Delta\theta$ が対応することを示している。ただし、荷電粒子が速度 $\vec{v}$ で運動している場合には、その効果を取り入れる必要があり

$$\Delta \theta = \frac{1}{\hbar} \int (m\vec{v} - q\vec{A}) \cdot d\vec{r}$$

となることを付記しておく。ただし、m は粒子の質量である。

6.4. 超伝導電流

いま求めた量子力学における電流の式を超伝導に応用していこう。超伝導状態では、電子が対をつくるので、$q = 2e, m = 2m_e$ とすべきであるが、ここでは、q, m のままとする。

まず、超伝導電流密度ベクトルは

$$\vec{i} = \frac{q}{m} \phi^2 (\hbar \nabla \theta - q\vec{A})$$

と与えられる。

ここで、磁場がなく、電流も流れていないという超伝導の基底状態を考えてみよう。この場合

$$\vec{i} = 0 \qquad \vec{A} = 0$$

と置いてよいので、$\nabla \theta = \mathrm{grad}\, \theta = 0$ となる。よって、超伝導体内では θ は揃っていることになる。さらに、超伝導電流が流れているとき（基底状態に一定の運動量 p が加わった場合）にも、上記の議論から電子対の位相 θ がそろってい

るので、$\nabla\theta = 0$ と置けることから

$$\vec{i} = -\frac{n_s q^2}{m}\vec{A}$$

となる。ただし、$n_s = \phi^2$ は超伝導電子濃度である。これは、超伝導体に磁場を印加したときに電流が生じ、その大きさと方向はベクトルポテンシャルに比例することを示している。この結果、第 2 章で紹介したように、マイスナー効果が生じるのであった。ここで　$n_s q^2 / m = 1 / \mu \lambda_L^2$ と置けば

$$\vec{i} = -\frac{1}{\mu \lambda_L^2}\vec{A}$$

となって第 2 章で導入したロンドン方程式ができる。また、磁場侵入長が

$$\lambda_L^2 = \frac{m}{\mu n_s q^2} \qquad \text{から} \qquad \lambda_L = \sqrt{\frac{m}{\mu n_s q^2}}$$

と与えられることもわかる。

6. 5.　磁束の量子化

　超伝導では、電子波の位相が揃っているという話をしたが、リング状の閉電流の場合には電流が回転しているので、超伝導電流においても位相は場所によって変化する（ただし、変化の様子は、すべての電子対で共通である）。このとき、電流密度ベクトルは

$$\vec{i} = \frac{q}{m}\phi^2(\hbar\nabla\theta - q\vec{A})$$

となり、$\nabla\theta$ はゼロとはならないことに注意が必要である。

　ここで、図 6-8 に示すような超伝導体からなる中空円筒を考えよう。外部磁場を印加した際に、超伝導は磁場を完全に排除する**マイスナー効果** (Meissner effect) を示す。よって、円筒内の磁場は常にゼロとなる。

　一方、マイスナー効果によってリング内の磁場がゼロということは、磁場をつくる電流が流れていないことを意味するから $\vec{i} = 0$ となる（実際には、超伝導体のごく表面に超伝導電流が流れて外部磁場を遮へいしている）。

　そして、ロンドン兄弟は、マイスナー状態にあるのであれば、超伝導体内で

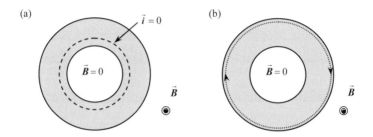

図 6-8　超伝導リングに外部磁場を印加したとき、マイスナー効果によりリングの内部の磁束密度は $\vec{B}=0$ となる。(a) $\vec{B}=0$ ということは、超伝導リングに流れる電流がゼロ、つまり $\vec{i}=0$ となることを示している。(b) 実際には第 2 章で示したように、超伝導体のごく表面に遮へい電流が流れて、内部の磁場を遮へいしているのである。

はマクロには $\vec{i}=0$ とした。すると、電流密度ベクトルの式

$$\vec{i} = \frac{q}{m}\phi^2(\hbar\nabla\theta - q\vec{A}) = 0$$

から $\hbar\nabla\theta = q\vec{A}$ という関係がえられ、積分で示せば

$$\Delta\theta = \frac{q}{\hbar}\int \vec{A}\cdot d\vec{r}$$

となる。これは、常伝導において電流が流れていないとしたときと同じ関係となる。ここで、超伝導状態の波動関数を

$$\varphi(\vec{r}) = \phi\exp\{i\theta(\vec{r})\}$$

と置くと、リング状の電流であるので、θ は空間的に変化する。ただし、リングを一周したときは、もとの位置に戻ってくるので、この位置では、その波動関数は変わらないはずである。

　これが成立するための条件は

$$\varphi(\vec{r}) = \phi\exp\{i\theta(\vec{r})\} = \phi\exp[i\{\theta(\vec{r})+2\pi\}] = \phi\exp[i\{\theta(\vec{r})+2n\pi\}]$$

となる。ただし、n は整数である。

　つまり一周したときの位相差が 2π の整数倍ならば、図 6-9 に示すように、波動関数はもとの状態に戻る。よって、超伝導リングを一周した際には

$$\oint\nabla\theta\cdot d\vec{r} = \oint d\theta = 2\pi$$

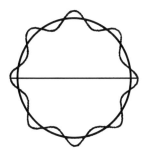

図 6-9　超伝導電子の電子波はコヒーレントな波であり、すべての波の位相が揃っている。よって、超伝導リングを一周した際には、もとの状態に戻る必要があり、これが量子化の原因となる。図は $n = 8$ の場合である。

という条件が課される。n 周したときは $2n\pi$ となる。

　つぎに、$\hbar\nabla\theta = q\vec{A}$ であるので

$$\oint \nabla\theta \cdot d\vec{r} = \frac{q}{\hbar} \oint \vec{A} \cdot d\vec{r}$$

右辺は、ベクトルポテンシャルの超伝導リングに沿った周回積分である。**ストークスの定理** (Stokes' theorem)[5]を適用すると

$$\oint \vec{A} \cdot d\vec{r} = \iint_S \mathrm{rot}\,\vec{A} \cdot d\vec{S}$$

となる。ここで、S はリングに囲まれた面積であり、$d\vec{S}$ は面積素である。

　ここで、$\vec{B} = \mathrm{rot}\,\vec{A}$ であるから

$$\oint \vec{A} \cdot d\vec{r} = \iint_S \vec{B} \cdot d\vec{S} = \varPhi$$

という関係がえられる。右辺の $\varPhi$ はリングに囲まれた領域の総磁束量である。

　よって

$$\oint \nabla\theta \cdot d\vec{r} = 2n\pi = \frac{q}{\hbar} \oint \vec{A} \cdot d\vec{r} = \frac{q}{\hbar}\varPhi$$

という関係がえられ

---
[5]　補遺 6-2 を参照いただきたい。

$$\Phi = 2\pi n\,(\hbar/q) = n\,(h/q)$$

という結果がえられる。

　この式は何を意味するのであろうか。これは、超伝導リングに閉じ込められる磁束 Φ は、最小単位を h/q として、飛び飛びの値をとるということを示しているのである。このとき、h/q を**量子化磁束** (quantized flux)：Φ_0 と呼んでいる。超伝導では、電子対が最小単位となるので、e を電子の電荷（素電荷）とすると $q = 2e$ から $h/2e$ が量子化磁束の大きさとなり

$$\Phi_0 = \frac{h}{q} = \frac{h}{2e} = \frac{6.626 \times 10^{-34}}{2 \times 1.602 \times 10^{-19}} = 2.068 \times 10^{-15} \quad [\text{Wb}]$$

と与えられる。

　ところで、図 6-9 を見れば、磁束の量子化は、原子内部の電子軌道が量子化される原理とまったく同じことがわかる。超伝導では、電子対の波動関数の位相が揃っているため、原子と同じ量子化が生じるのである。しかも、その大きさは原子の 10000 倍以上のスケールで生じる。これは驚嘆すべきことである。また、このため、超伝導を**マクロな量子現象** (macroscopic quantum phenomenon) と呼ぶ場合もある。

6.6.　ジョセフソン効果

　常伝導状態では、電子波の位相が揃っていないので波の性質が外には顔を出さない。さらに、ミクロ粒子の確率振幅には $|\varphi| = |\varphi \exp(i\theta)|$ のように、位相 θ の影響を受けないため、位相の重要性を認識することはないのである。一方、超伝導は、マクロな量子現象と呼ばれるように、電子対のすべての波動関数の位相が揃うため、電子の波動性が巨視的にも顔を出す。その典型例が磁束の量子化である。

　ここでは、さらに電子対の波動性が重要となる**ジョセフソン効果** (Josephson effect) について紹介する。図 6-10 に示すように、ふたつの絶縁体を挟んだ超伝導リングを考えてみよう。

　ここで、絶縁体の幅が十分小さい場合には、その両側の超伝導体の波動関数

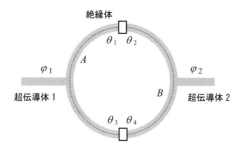

図6-10　絶縁体で接合された超伝導リング。θ_1, θ_2, θ_3, θ_4は超伝導体の端部における電子対の位相である。

φ_1 と φ_2 は、トンネル効果によって、互いの領域に染み出すことが知られている。このとき

$$i\hbar \frac{\partial}{\partial t}\varphi_1 = T\varphi_2 \qquad i\hbar \frac{\partial}{\partial t}\varphi_2 = T\varphi_1$$

という関係が成立する。T は絶縁体の両側の状態の結合を表すパラメータであり、絶縁体の幅が大きければ 0 となる。

演習 6-17　超伝導の波動関数である $\varphi_1 = \sqrt{\rho_1}\exp(i\theta_1)$ と $\varphi_2 = \sqrt{\rho_2}\exp(i\theta_2)$ を

$$i\hbar \frac{\partial}{\partial t}\varphi_1 = T\varphi_2$$

に代入せよ。

解）

$$i\hbar \frac{\partial}{\partial t}\varphi_1 = i\hbar \frac{\partial}{\partial t}\{\sqrt{\rho_1}\exp(i\theta_1)\} = i\hbar \frac{\partial(\rho_1)^{\frac{1}{2}}}{\partial t}\{\exp(i\theta_1)\} + i\hbar\sqrt{\rho_1}\frac{\partial}{\partial t}\{\exp(i\theta_1)\}$$

$$= i\hbar \frac{1}{2}\rho_1^{-\frac{1}{2}}\frac{\partial\rho_1}{\partial t}\{\exp(i\theta_1)\} - \hbar\sqrt{\rho_1}\frac{\partial\theta_1}{\partial t}\{\exp(i\theta_1)\}$$

となる。よって

$$i\hbar \frac{1}{2\sqrt{\rho_1}} \frac{\partial \rho_1}{\partial t} \{\exp(i\theta_1)\} - \hbar\sqrt{\rho_1} \frac{\partial \theta_1}{\partial t} \{\exp(i\theta_1)\} = T\sqrt{\rho_2} \exp(i\theta_2)$$

となる。

えられた式を、さらに整理すると

$$\frac{1}{2}\frac{\partial \rho_1}{\partial t} + i\rho_1 \frac{\partial \theta_1}{\partial t} = \frac{T}{i\hbar}\sqrt{\rho_1 \rho_2}\, \exp\{i(\theta_2 - \theta_1)\}$$

となる。同様にして

$$\frac{1}{2}\frac{\partial \rho_2}{\partial t} + i\rho_2 \frac{\partial \theta_2}{\partial t} = \frac{T}{i\hbar}\sqrt{\rho_1 \rho_2}\, \exp\{i(\theta_1 - \theta_2)\}$$

となる。

演習6-18　次式の両辺の実数部と虚数部が等しいとして新たな方程式を導出せよ。

$$\frac{1}{2}\frac{\partial \rho_1}{\partial t} + i\rho_1 \frac{\partial \theta_1}{\partial t} = \frac{T}{i\hbar}\sqrt{\rho_1 \rho_2}\, \exp\{i(\theta_2 - \theta_1)\}$$

解)　右辺にオイラーの公式

$$\exp\{i(\theta_2 - \theta_1)\} = \cos(\theta_2 - \theta_1) + i\sin(\theta_2 - \theta_1)$$

を適用すると

$$\frac{T}{i\hbar}\sqrt{\rho_1 \rho_2}\, \exp\{i(\theta_2 - \theta_1)\} = -i\frac{T}{\hbar}\sqrt{\rho_1 \rho_2}\cos(\theta_2 - \theta_1) + \frac{T}{\hbar}\sqrt{\rho_1 \rho_2}\sin(\theta_2 - \theta_1)$$

となる。ここで、両辺の実数部と虚数部が等しいと置けば

$$\frac{1}{2}\frac{\partial \rho_1}{\partial t} = \frac{T}{\hbar}\sqrt{\rho_1 \rho_2}\sin(\theta_2 - \theta_1) \qquad \rho_1 \frac{\partial \theta_1}{\partial t} = -\frac{T}{\hbar}\sqrt{\rho_1 \rho_2}\cos(\theta_2 - \theta_1)$$

から

$$\frac{\partial \rho_1}{\partial t} = 2\frac{T}{\hbar}\sqrt{\rho_1 \rho_2}\sin(\theta_2 - \theta_1) \qquad \frac{\partial \theta_1}{\partial t} = -\frac{T}{\hbar}\sqrt{\frac{\rho_2}{\rho_1}}\cos(\theta_2 - \theta_1)$$

となる。

同様にして

$$\frac{\partial \rho_2}{\partial t} = -2\frac{T}{\hbar}\sqrt{\rho_1\rho_2}\sin(\theta_2-\theta_1) \qquad \frac{\partial \theta_2}{\partial t} = -\frac{T}{\hbar}\sqrt{\frac{\rho_1}{\rho_2}}\cos(\theta_2-\theta_1)$$

という式もえられる。

以上から

$$\frac{\partial \rho_1}{\partial t} = -\frac{\partial \rho_2}{\partial t} = 2\frac{T}{\hbar}\sqrt{\rho_1\rho_2}\sin(\theta_2-\theta_1)$$

という式がえられる。これは電子濃度ρの時間変化であるから、電流に相当する。当然、領域 1 の電流が増えれば、領域 2 は減るという対応になっている。また、I_0を定数として

$$I = I_0\sin(\theta_2-\theta_1)$$

と置くことができる。このとき、I_0は、この接合に流すことのできる電流の最大値となる。このように、接合に流れる電流は、位相差$\Delta\theta=\theta_2-\theta_1$に対して振動することがわかる。これをジョセフソン効果と呼んでいる。

ところで図 6-10 からわかるように、この構造では 2 個の接合部があるので、超伝導体 1 から超伝導体 2 に流れる電流は

$$\sin(\theta_2-\theta_1)+\sin(\theta_4-\theta_3)$$

に比例する。よって

$$I = I_0\{\sin(\theta_2-\theta_1)+\sin(\theta_4-\theta_3)\}$$

となる。ここで、この電流を求めるために

$$\Delta\theta = \frac{q}{\hbar}\int \vec{A}\cdot d\vec{r}$$

という関係を思い出し、上記の接合に適用してみよう。すると

$$\theta_3-\theta_1 = \frac{q}{\hbar}\int_1^3 \vec{A}\cdot d\vec{r} \qquad \theta_2-\theta_4 = \frac{q}{\hbar}\int_4^2 \vec{A}\cdot d\vec{r}$$

となる。ここで、これらの積分路は半円 A ならびに B に沿ったものであり、これらの和は、超伝導リングの周回積分に一致する。したがって

$$\int_1^3 \vec{A} \cdot d\vec{r} + \int_4^2 \vec{A} \cdot d\vec{r} = \oint \vec{A} \cdot d\vec{r} = \Phi$$

という関係にある。ただし、Φ はリング内の磁束であるが、絶縁体によって接合されているため、量子化磁束とは限らないが、いずれ

$$\theta_3 - \theta_1 + \theta_2 - \theta_4 = \frac{q}{\hbar}\Phi$$

という関係にあることがわかる。これを変形すると

$$(\theta_2 - \theta_1) - (\theta_4 - \theta_3) = \frac{q}{\hbar}\Phi$$

となる。ここで、量子化磁束は $\Phi_0 = h/q$ であったから

$$\frac{q}{\hbar}\Phi = \frac{2\pi q}{h}\Phi = 2\pi \frac{\Phi}{\Phi_0}$$

となる。ここで

$$\sin A + \sin B = 2\sin\frac{A+B}{2}\cos\frac{A-B}{2}$$

という公式を使うと

$$\sin(\theta_2 - \theta_1) + \sin(\theta_4 - \theta_3) = 2\sin\frac{(\theta_2 - \theta_1) + (\theta_4 - \theta_3)}{2}\cos\frac{(\theta_2 - \theta_1) - (\theta_4 - \theta_3)}{2}$$

となる。よって

$$I = I_0\{\sin(\theta_2 - \theta_1) + \sin(\theta_4 - \theta_3)\}$$

$$= 2I_0\left\{\sin\frac{(\theta_2 - \theta_1) + (\theta_4 - \theta_3)}{2}\cos\frac{(\theta_2 - \theta_1) - (\theta_4 - \theta_3)}{2}\right\}$$

$$= 2I_0\sin\frac{(\theta_2 - \theta_1) + (\theta_4 - \theta_3)}{2}\cos\left(\pi\frac{\Phi}{\Phi_0}\right)$$

となる。ここで

$$\left|\sin\frac{(\theta_2 - \theta_1) + (\theta_4 - \theta_3)}{2}\right| \le 1$$

であるから、電流の最大値は

$$I_{\max} = 2I_0 \left| \cos\left(\pi \frac{\Phi}{\Phi_0} \right) \right|$$

となる。この結果を図 6-11 に示す。

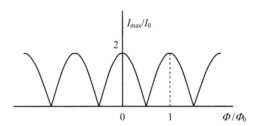

図 6-11　最大超伝導電流の外部磁束 (*Φ*) 依存性

　磁束*Φ*によって回路にゼロ抵抗で流せる超伝導電流 $I_{\max}$ が変化する。このとき $I_{\max}$ はΦ/Φ_0 が整数値のときにピークを示す。よって、この変化を利用すると Φ_0 を単位とした磁場測定が可能となる。この現象を利用した世界最高感度の磁場測定器である超伝導量子干渉計 (SQUID: superconducting quantum interference device) が開発されている。

　SQUID は、極めて弱い磁場を検出できるので、物性測定や、脳磁波や心磁波測定による病気の検知、鉱物資源探査などに広く利用されている。これは、超伝導が有するマクロな量子効果という側面、すなわち超伝導の電子波の位相が揃っているという特徴が、工業応用に活かされた成功例である。

補遺 6-1　ゲージ変換と波動関数の位相

量子力学における電流は

$$\vec{i} = \frac{q}{m}(\hbar\nabla\theta - q\vec{A}) = \frac{q}{m}(\hbar\,\mathrm{grad}\,\theta - q\vec{A})$$

と与えられる。

略記ではない表記をすれば

$$\vec{i}(\vec{r}) = \frac{q}{m}\{\hbar\,\mathrm{grad}\,\theta(\vec{r}) - q\vec{A}(\vec{r})\}$$

$$\vec{i}(x,y,z) = \frac{q}{m}\{\hbar\,\mathrm{grad}\,\theta(x,y,z) - q\vec{A}(x,y,z)\}$$

となり、電流 $\vec{i}$ とベクトルポテンシャル $\vec{A}$ は位置 $\vec{r} = (x,y,z)$ の関数のベクトル、位相 θ は位置 $\vec{r}$ の関数のスカラーとなることに注意されたい。

ここで、外部から電流を印加されていない定常状態では $\vec{i} = 0$ となるので

$$\mathrm{grad}\,\theta = \frac{q}{\hbar}\vec{A}$$

となる。両辺の div をとると

$$\mathrm{div}\,(\mathrm{grad}\,\theta) = \frac{q}{\hbar}\mathrm{div}\,\vec{A}$$

となるが、左辺は

$$\mathrm{div}\,\mathrm{grad}\,\theta = \nabla\cdot\nabla\theta = \nabla^2\theta = \Delta\theta$$

となる。

よって、クーロンゲージを選べば

$$\mathrm{div}\,\vec{A} = 0$$

から

$$\nabla^2\theta = \Delta\theta = \Delta\theta(\vec{r}) = \Delta\theta(x,y,z) = 0$$

となり、位相 θ は調和関数となることがわかる。ここで、ゲージ関数 $\eta(\vec{r})$ による成分

$$\vec{A} = \mathrm{grad}\,\eta(\vec{r})$$

を考える。このとき

$$\mathrm{rot}\,\vec{A} = \mathrm{rot}\,\mathrm{grad}\,\eta(\vec{r}) = 0$$

であるから、この項によって磁場は変化しない。そして、この項に対応した位相は

$$\mathrm{grad}\,\theta = \frac{q}{\hbar}\vec{A} = \frac{q}{\hbar}\mathrm{grad}\,\eta(\vec{r}) = \mathrm{grad}\left\{\frac{q}{\hbar}\eta(\vec{r})\right\}$$

から

$$\theta = \frac{q}{\hbar}\eta(\vec{r})$$

となる。つまり、ゲージ関数と波動関数の位相が対応しているのである。

補遺 6-2　ストークスの定理

　ストークスの定理とは、ベクトル場

$$\vec{A} = (A_x \quad A_y \quad A_z)$$

において、閉曲線 C で囲まれた領域 S があるとき、次式が成り立つというものである。

$$\iint_S \mathrm{rot}\,\vec{A} \cdot \vec{n}\, dS = \iint_S \mathrm{rot}\,\vec{A} \cdot d\vec{S} = \oint_C \vec{A} \cdot d\vec{r}$$

　左辺は、ベクトル $\vec{A}$ の回転ベクトル $\mathrm{rot}\,\vec{A}$ の法線成分 $\mathrm{rot}\,\vec{A} \cdot \vec{n}$ を領域 S 全体にわたって面積分したものである。

　右辺は、ベクトル $\vec{A}$ の接線成分 $\vec{A} \cdot d\vec{r}$ を領域 S を囲む閉回路 C に沿って線積分したものである。ストークスの定理は、これらふたつの積分が等しいというものである。この定理のイメージを物理的に捉えたものを下図に示す。

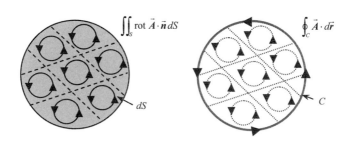

図 6A-1　ストークスの定理の物理的イメージ：少領域 dS の回転を足し合わせると、周回部分 C の成分だけが生き残る。

　ある閉曲面 *S* において、 微小領域 *dS* のベクトルの回転 rot を考える。これ
は、模式的には図のような微小なうず (回転) によって生じるベクトルである。
これらの微小なうずを足し合わせると、互いに反対向きの流れは打ち消しあう
ため、最終的にはいちばん外周のみの成分が生き残ると考えられる。それが接
線成分の周回積分と一致するというのがストークスの定理である。

第7章　電磁波とベクトルポテンシャル

　光 (light) は**電磁波** (electromagnetic wave) の一種である。電磁波は、**電場** (electric field) と**磁場** (magnetic field) が相互に振動しながら、これらの振動方向に対して垂直な方向に進んでいく横波である[1]。

　電磁波は自己進行波であり減衰せずに宇宙のはてまで飛んでいくことができる[2]。そして、われわれは、何億光年も離れた彼方から届く電磁波をキャッチすることで、宇宙の姿の一端を垣間見ることができる。

　ところで、光（電磁波）の本質は、電場と磁場の振動であるが、一方、本章で紹介するように、電磁波はベクトルポテンシャルが振動しながら進む波とみなすこともできるのである。それを紹介する。

　第 4 章で紹介したように、ローレンツゲージにおけるマックスウェル方程式を、電位ならびにベクトルポテンシャルで示すと

$$\Delta \phi(\vec{r}, t) - \frac{\partial \phi^2(\vec{r}, t)}{c^2 \partial t^2} = -\frac{\rho(\vec{r}, t)}{\varepsilon}$$

$$\Delta \vec{A}(\vec{r}, t) - \frac{\partial^2 \vec{A}(\vec{r}, t)}{c^2 \partial t^2} = -\mu \vec{j}(\vec{r}, t)$$

となるのであった。定常状態では、クーロンゲージが一般的であるが、電磁場が時間的に変動する場では、ローレンツゲージが採用される。

　ここで、真空における電磁場を考えると、電流は流れないから

$$\Delta \vec{A}(\vec{r}, t) - \frac{\partial^2 \vec{A}(\vec{r}, t)}{c^2 \partial t^2} = 0$$

---

[1] 拙著『なるほど電磁気学』（海鳴社）を参照されたい。
[2] 電磁波であっても電灯から出る光のような球面波の場合は、距離とともにあっという間に減衰する。減衰しないのは直進性のある平面波のみである。また、光は、真空中では減衰しないが、例えば、水の中では光のエネルギーが失われるので、深海には光が届かない。つまり、宇宙空間に星間物質などがあれば、光はエネルギーを失うことになる。

という方程式となる。電位に関しては

$$\Delta \phi(\vec{r}, t) - \frac{\partial \phi^2(\vec{r}, t)}{c^2 \partial t^2} = 0$$

となるが、真空では電荷がないから $\phi(\vec{r}, t) = 0$ となり、電磁波を表現する本質的な方程式は

$$\Delta \vec{A}(\vec{r}, t) = \frac{\partial^2 \vec{A}(\vec{r}, t)}{c^2 \partial t^2}$$

ということになる。

　そして、この微分方程式を解法して、ベクトルポテンシャルが求められれば、電場と磁場は

$$\vec{E}(\vec{r}, t) = -\frac{\partial \vec{A}(\vec{r}, t)}{\partial t} \qquad \vec{B}(\vec{r}, t) = \nabla \times \vec{A}(\vec{r}, t)$$

というマックスウェル方程式によって、ただちにえられるのである。

　これらの式からもわかるように、ベクトルポテンシャルの振動は、そのまま、電場、磁場の振動に対応する。この事実は、「ベクトルポテンシャルの振動こそが電磁波の本質である」ことを示唆している。

　ここで、ベクトルポテンシャルは、ある導体に電流が流れているときに、図7-1 に示すように、自由空間に電流と平行な向きにつくられる。

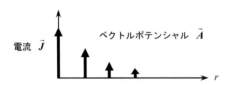

図 7-1　導体に電流 $\vec{J}$ が流れていると、自由空間に電流と平行にベクトルポテンシャル $\vec{A}$ が形成される。その大きさは距離 r とともに減衰する。

　そして、自由空間に形成されたベクトルポテンシャルの大きさは、距離とともに減衰していく。

　一方、定電流ではなく、図 7-2 のように、導体に交流電流が流れている場合に

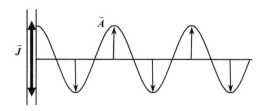

図 7-2 導体に交流電流が流れると、ベクトルポテンシャルの振動が生じる。つまり定電流ではなく、交流のように電流が変化する場合に、電磁波が生じる。

は、自由空間にベクトルポテンシャルの振動が生じることになる。これが電磁波として空間を伝わるのである。

このように、定電流ではベクトルポテンシャルは振動しない。これは、電荷の等速運動によって電磁波は生じないことを示している。一方、交流電流では、空間に生じるベクトルポテンシャルが振動するので、電磁波が生じることになる。より一般的には、電荷が加速度運動をするとき（電荷の速度が変化するとき）、電磁波が発生することが知られている。

7.1. 波動方程式

真空中のベクトルポテンシャルに関する電磁場の方程式

$$\Delta \vec{A}(\vec{r}, t) = \frac{\partial^2 \vec{A}(\vec{r}, t)}{c^2 \partial t^2}$$

は、**3 次元の波動方程式** (three dimensional wave equation) そのものである。よって、ベクトルポテンシャルが振動しながら進行する波となるのである。

この波動方程式の解は、よく知られたように

$$\vec{A}(\vec{r}, t) = \vec{A}_k \exp(i\vec{k} \cdot \vec{r} - i\omega_k t)$$

と与えられる。成分で示せば

$$\vec{A}(\vec{r}, t) = \vec{A}(x, y, z, t) = \vec{A}_k \exp(i\vec{k} \cdot \vec{r} - i\omega_k t)$$

$$= \begin{pmatrix} A_{kx} \\ A_{ky} \\ A_{kz} \end{pmatrix} \exp\{i(k_x x + k_y y + k_z z)\} \exp(-i\omega_k t)$$

という平面波 (plane wave) となる。そして、この平面波は sin 波あるいは cos 波
として空間を進行していく。この解を見ると、距離に依存した減衰項が入ってい
ない。よって、自由空間の電磁波（光）は減衰することなく、はるか彼方まで進
行することができることを示唆している。

　ここで、A_{kx}, A_{ky}, A_{kz} は、ベクトルポテンシャルの振幅の x, y, z 成分である。$\vec{k}$
は平面波の波数ベクトルであり、波の進行方向と運動量という情報を含んでいる。

　量子力学によれば、電磁波の運動量とエネルギーは

$$\vec{p} = \hbar\vec{k} \qquad E = \hbar\omega_k$$

と与えられる。ω_k は平面電磁波の**角周波数** (angular frequency) である。さらに、
$\vec{A}_k$ は振幅ベクトルであり、ベクトルポテンシャルの振動の方向と振幅を与える。

演習 7-1　波動方程式

$$\Delta\vec{A}(\vec{r}, t) = \frac{\partial^2 \vec{A}(\vec{r}, t)}{c^2 \partial t^2}$$

が成立するとき、$\omega_k = c\left|\vec{k}\right| = ck$ となることを確かめよ。

　解）

$$\Delta\vec{A}(\vec{r}, t) = \nabla^2 \vec{A}(\vec{r}, t) = \frac{\partial^2 \vec{A}(x, y, z, t)}{\partial x^2} + \frac{\partial^2 \vec{A}(x, y, z, t)}{\partial y^2} + \frac{\partial^2 \vec{A}(x, y, z, t)}{\partial z^2}$$

である。ここで、成分で書けば

$$\vec{A}(\vec{r}, t) = \vec{A}(x, y, z, t) = \vec{A}_k \exp(-i\omega_k t)\exp\{i(k_x x + k_y y + k_z z)\}$$

すると

$$\frac{\partial \vec{A}(x,y,z,t)}{\partial x} = \vec{A}_k \exp(-i\omega_k t)(ik_x)\exp\{i(k_x x + k_y y + k_z z)\}$$

さらに

$$\frac{\partial^2 \vec{A}(x,y,z,t)}{\partial x^2} = \vec{A}_k \exp(-i\omega_k t)(ik_x)^2 \exp\{i(k_x x + k_y y + k_z z)\}$$

$$= -k_x^{\;2} \vec{A}(x,y,z,t)$$

となるので

$$\frac{\partial^2 \vec{A}(x,y,z,t)}{\partial x^2} + \frac{\partial^2 \vec{A}(x,y,z,t)}{\partial y^2} + \frac{\partial^2 \vec{A}(x,y,z,t)}{\partial z^2} = -(k_x^{\;2} + k_y^{\;2} + k_z^{\;2})\vec{A}(x,y,z,t)$$

となる。つぎに

$$\frac{\partial \vec{A}(x,y,z,t)}{\partial t} = (-i\omega_k)\vec{A}_k \exp(-i\omega_k t)\exp\{i(k_x x + k_y y + k_z z)\}$$

$$\frac{\partial^2 \vec{A}(x,y,z,t)}{\partial t^2} = (-i\omega_k)^2 \vec{A}_k \exp(-i\omega_k t)\exp\{i(k_x x + k_y y + k_z z)\}$$

$$= (-\omega_k^{\;2})\vec{A}(x,y,z,t)$$

したがって

$$-(k_x^{\;2} + k_y^{\;2} + k_z^{\;2})\vec{A}(x,y,z,t) = -\frac{\omega_k^{\;2}}{c^2}\vec{A}(x,y,z,t)$$

より $\omega_k^{\;2} = c^2 |\vec{k}|^2$ となり、角周波数として正の値をとれば

$$\omega_k = c|\vec{k}| = ck$$

となる。

いままで紹介した解は、複素数表示であるが、これを実数とする場合には

$$\vec{A}(\vec{r},t) = \vec{A}_k \exp(i\vec{k}\cdot\vec{r} - i\omega_k t) + \vec{A}_k^{*}\exp(-i\vec{k}\cdot\vec{r} + i\omega_k t)$$

のように複素共役項を足せばよい。

さらに、種々の波数ベクトルがあるので、ベクトルポテンシャルは

$$\vec{A}(\vec{r},t) = \sum_k \left\{ \vec{A}_k \exp(i\vec{k}\cdot\vec{r} - i\omega_k t) + \vec{A}_k^* \exp(-i\vec{k}\cdot\vec{r} + i\omega_k t) \right\}$$

のように、すべての波数ベクトル $\vec{k}$ に関する和をとる必要がある。これをベクトルポテンシャルの**平面波展開** (plane wave expansion) と呼んでいる。この式は、まさにフーリエ級数展開そのものであり、ベクトルポテンシャルの振幅は、フーリエ係数に相当する。さらに、ベクトルポテンシャルの振動方向の単位ベクトルを $\vec{e}$ とすると

$$\vec{A}(\vec{r},t) = \sum_k \left\{ \vec{e}\,A_k \exp(i\vec{k}\cdot\vec{r} - i\omega_k t) + \vec{e}\,A_k^* \exp(-i\vec{k}\cdot\vec{r} + i\omega_k t) \right\}$$

とも置ける。このとき A_k ならびに A_k^* はベクトルではなくスカラーとなる。

演習 7-2 ベクトルポテンシャルの振動方向の単位ベクトルを $\vec{e}$ とすると、電磁波は

$$\vec{A}(\vec{r},t) = \sum_k \left\{ \vec{e}\,A_k \exp(i\vec{k}\cdot\vec{r} - i\omega_k t) + \vec{e}\,A_k^* \exp(-i\vec{k}\cdot\vec{r} + i\omega_k t) \right\}$$

と置くことができる。このとき、クーロンゲージ (Coulomb gauge) を採用すると、電磁波は横波となることを示せ。

解） クーロンゲージでは $\nabla \cdot \vec{A}(\vec{r},t) = 0$ となる。ここで

$$\nabla \cdot \vec{A}(\vec{r},t) = \sum_k \left[A_k \nabla \cdot \{\vec{e}\exp(i\vec{k}\cdot\vec{r} - i\omega_k t)\} + A_k^* \nabla \cdot \{\vec{e}\exp(-i\vec{k}\cdot\vec{r} + i\omega_k t)\} \right]$$

であるから、まず

$$\nabla \cdot \{\vec{e}\exp(i\vec{k}\cdot\vec{r} - i\omega_k t)\}$$

を計算してみよう。

$$\exp(i\vec{k}\cdot\vec{r} - i\omega_k t) = \exp(ik_x x + ik_y y + ik_z z - i\omega_k t)$$

であるから

$$\nabla \cdot \{\vec{e} \exp(i\vec{k} \cdot \vec{r} - i\omega_k t)\} = \begin{pmatrix} \dfrac{\partial}{\partial x} & \dfrac{\partial}{\partial y} & \dfrac{\partial}{\partial z} \end{pmatrix} \begin{pmatrix} e_x \\ e_y \\ e_z \end{pmatrix} \exp(ik_x x + ik_y y + ik_z z - i\omega_k t)$$

$$= e_x \frac{\partial}{\partial x} \{\exp(ik_x x + ik_y y + ik_z z - i\omega_k t)\} + e_y \frac{\partial}{\partial y} \{\exp(ik_x x + ik_y y + ik_z z - i\omega_k t)\}$$

$$+ e_z \frac{\partial}{\partial z} \{\exp(ik_x x + ik_y y + ik_z z - i\omega_k t)\}$$

$$= ie_x k_x \{\exp(ik_x x + ik_y y + ik_z z - i\omega_k t)\} + ie_y k_y \{\exp(ik_x x + ik_y y + ik_z z - i\omega_k t)\}$$

$$+ ie_z k_z \{\exp(ik_x x + ik_y y + ik_z z - i\omega_k t)\}$$

$$= i(e_x k_x + e_y k_y + e_z k_z) \{\exp(ik_x x + ik_y y + ik_z z - i\omega_k t)\}$$

$$= i(\vec{e} \cdot \vec{k}) \{\exp(ik_x x + ik_y y + ik_z z - i\omega_k t)\} = i(\vec{e} \cdot \vec{k}) \{\exp(i\vec{k} \cdot \vec{r} - i\omega_k t)\}$$

となる。同様にして

$$\nabla \cdot \vec{e} \exp(-i\vec{k} \cdot \vec{r} + i\omega_k t) = -i(\vec{e} \cdot \vec{k}) \{\exp(-i\vec{k} \cdot \vec{r} + i\omega_k t)\}$$

となる。すると

$$\nabla \cdot \vec{A}(\vec{r},t) = \sum_k i(\vec{e} \cdot \vec{k}) \left[\{A_k \exp(i\vec{k} \cdot \vec{r} - i\omega_k t)\} - A_k^* \{\exp(-i\vec{k} \cdot \vec{r} + i\omega_k t)\} \right]$$

となる。ここで $\nabla \cdot \vec{A}(\vec{r}, t) = 0$ から

$$\vec{e} \cdot \vec{k} = 0$$

となる。この結果は、電磁波の進行方向（波数ベクトル $\vec{k}$）と、ベクトルポテンシャルの振動方向 $\vec{e}$ は直交することを示しており、電磁波が横波となることを示している。

　このように、$\nabla \cdot \vec{A}(\vec{r}, t) = \mathrm{div}\, \vec{A}(\vec{r}, t) = 0$ は横波となる条件となっている。ここで、振動方向の単位ベクトルを $\vec{e}$ としたが、3 次元空間で電磁波の進行方向に垂直となる横波には 2 種類ある（2 の自由度がある）。よって、振動方向として 2 方向が考えられる。これらの振動方向を $\vec{e}_1$ および $\vec{e}_2$ のように添え字を付して区

別する。このとき

$$\vec{e}_1 \cdot \vec{k} = 0 \qquad \vec{e}_2 \cdot \vec{k} = 0$$

$$\vec{e}_1 \cdot \vec{e}_2 = 0 \qquad \vec{e}_1 \cdot \vec{e}_1 = 1 \qquad \vec{e}_2 \cdot \vec{e}_2 = 1 \qquad (\vec{e}_\sigma \cdot \vec{e}_{\sigma'} = \delta_{\sigma'\sigma})$$

という関係にある。

　ここで、電磁波の進行方向が z 方向としよう。すると

$$\vec{k} = \begin{pmatrix} 0 \\ 0 \\ k_z \end{pmatrix} \qquad \vec{e}_1 = \begin{pmatrix} 1 \\ 0 \\ 0 \end{pmatrix} = \vec{e}_x \qquad \vec{e}_2 = \begin{pmatrix} 0 \\ 1 \\ 0 \end{pmatrix} = \vec{e}_y$$

となって、ベクトルポテンシャルの振動方向は x 軸か y 軸方向となる。

　振動方向が 2 種類あることを踏まえて、$\sigma=1, 2$ と区別して表示すると、ベクトルポテンシャルは

$$\vec{A}(\vec{r},t) = \sum_k \sum_{\sigma=1,2} \left\{ \vec{e}_\sigma A_{k\sigma}\exp(i\vec{k}\cdot\vec{r} - i\omega_k t) + \vec{e}_\sigma A_{k\sigma}^*\exp(-i\vec{k}\cdot\vec{r} + i\omega_k t) \right\}$$

と展開できることになる。ただし、振幅の大きさは実数と考えることができ、方向である σ にも依存しないので $A_k = |A_k| = |A_k^*|$ と置けば

$$\vec{A}(\vec{r},t) = \sum_k \sum_{\sigma=1,2} \left\{ \vec{e}_\sigma A_k\exp(i\vec{k}\cdot\vec{r} - i\omega_k t) + \vec{e}_\sigma A_k \exp(-i\vec{k}\cdot\vec{r} + i\omega_k t) \right\}$$

となる。

演習 7-3　電磁波の進行方向が z 軸に平行とするとき、$\vec{A}(\vec{r},t) = \vec{A}(z,t)$ のかたちを求めよ。

解）

$$\vec{A}(\vec{r},t) = \sum_k \sum_{\sigma=1,2} \left\{ \vec{e}_\sigma A_k\exp(i\vec{k}\cdot\vec{r} - i\omega_k t) + \vec{e}_\sigma A_k \exp(-i\vec{k}\cdot\vec{r} + i\omega_k t) \right\}$$

であるが、$\vec{k} = (0 \quad 0 \quad k_z)$ とすれば、ベクトルポテンシャルの振動方向は x 軸あ

るいは y 軸とすることができ、それぞれの単位ベクトルを用いて

$$\vec{A}(z,t) = \vec{e}_x \sum_{k_z} A_k \{ \exp(ik_z z - i\omega_k t) + \exp(-ik_z z + i\omega_k t) \}$$

$$+ \vec{e}_y \sum_{k_z} A_k \{ \exp(ik_z z - i\omega_k t) + \exp(-ik_z z + i\omega_k t) \}$$

のような和となる。

さらに、オイラーの公式 $\cos\theta = \dfrac{\exp(i\theta) + \exp(-i\theta)}{2}$ を使うと

$$\exp(ik_z z - i\omega_k t) + \exp(-ik_z z + i\omega_k t) = \exp\{i(k_z z - \omega_k t)\} + \exp\{-i(k_z z - \omega_k t)\}$$
$$= 2\cos(k_z z - \omega_k t)$$

となるので

$$\vec{A}(z,t) = 2\vec{e}_x \sum_{k_z} A_k \{\cos(k_z z - \omega_k t)\} + 2\vec{e}_y \sum_{k_z} A_k \{\cos(k_z z - \omega_k t)\}$$

となる。ここで、電磁波の進行方向を z 方向とし、ベクトルポテンシャルの振動方向は x 軸としてみよう。すると、ベクトルポテンシャルは

$$\vec{A}(z,t) = 2\vec{e}_x \sum_{k_z} A_k \{\cos(k_z z - \omega_k t)\}$$

と与えられる。ここで、ベクトルポテンシャルの振幅を $2A_k = C_k$ と置き直そう。また、k_z の添え字はとり、k とすると

$$\vec{A}(z,t) = \vec{e}_x \sum_{k} C_k \{\cos(kz - \omega_k t)\}$$

となる。この式は、z 方向に進む波数が k の電磁波において、ベクトルポテンシャルが x 方向に振幅 C_k で振動している様子を示している。そして

$$A_x(z,t) = C_k \cos(kz - \omega_k t)$$

という、ひとつの k に対応した波を考えてみよう。まず $\omega_k = ck$ であったので

$$A_x(z,t) = C_k \cos(kz - \omega_k t) = C_k \cos\left\{ \omega_k \left(\frac{k}{\omega_k} z - t \right) \right\} = C_k \cos\left\{ \omega_k \left(\frac{z}{c} - t \right) \right\}$$

と変形できる。この運動の様子を具体的に考えてみよう。ベクトルポテンシャル

は、空間的にも、時間的にも振動しているので　$A_x(z,t) = C_k$　という振動のピークに注目する。すると、この点が満足する条件は

$$C_k = C_k \cos\left\{ \omega_k \left(\frac{z}{c} - t \right) \right\}$$

となるから

$$\omega_k \left(\frac{z}{c} - t \right) = 0 \qquad より \qquad z = ct$$

となる。よって、この点は図 7-3 に示すように、光速度 c で z 方向を移動することになる。

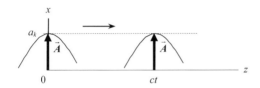

図 7-3　電磁波のベクトルポテンシャル $\vec{A}$ は z 方向に光速 c で移動する。

演習 7-4　ベクトルポテンシャルから

$$\vec{E}(\vec{r}, t) = -\frac{\partial \vec{A}(\vec{r}, t)}{\partial t}$$

という関係を利用して、電場ベクトルを求めよ。

解)

$$\vec{A}(z,t) = \vec{e}_x \sum_k C_k \left\{ \cos(kz - \omega_k t) \right\}$$

とすると

$$\frac{\partial \vec{A}(z,t)}{\partial t} = \vec{e}_x \sum_k C_k \omega_k \left\{ \sin(kz - \omega_k t) \right\}$$

よって

$$\vec{E}\,(z,t) = -\frac{\partial \vec{A}(z,t)}{\partial t} = -\vec{e}_x \sum_k C_k \, \omega_k \left\{ \sin\left(k\,z - \omega_k\,t\right) \right\}$$

となる。

　つまり、電場の振動方向は、ベクトルポテンシャルの振動方向と同じ x 軸方向であるが、cos 波が sin 波に変わっている。あるいは、cos 波で示せば

$$\vec{E}\,(z,t) = \vec{e}_x \sum_k C_k \, \omega_k \left\{ \cos\left(k\,z - \omega_k\,t + \frac{\pi}{2}\right) \right\}$$

となって、電場の振動の位相がベクトルポテンシャルとは $\pi/2$ だけずれた波となる。また、振幅は $C_k \, \omega_k$ となる。

演習 7-5　ベクトルポテンシャルから

$$\vec{B}\,(\vec{r},t) = \nabla \times \vec{A}(\vec{r},t)$$

という関係を利用して、磁束密度ベクトルを求めよ。

　解)　ベクトルポテンシャルは $\vec{A}(z,t) = \vec{e}_x \sum_k C_k \left\{ \cos(k\,z - \omega_k\,t) \right\}$ であるが、この rot をとるために

$$\vec{A}(z,t) = \begin{pmatrix} A_x \\ A_y \\ A_z \end{pmatrix} = \begin{pmatrix} 1 \\ 0 \\ 0 \end{pmatrix} \sum_k C_k \left\{ \cos(k\,z - \omega_k\,t) \right\} = \begin{pmatrix} \sum_k C_k \left\{ \cos(k\,z - \omega_k\,t) \right\} \\ 0 \\ 0 \end{pmatrix}$$

のようなベクトル表示を使おう。ベクトルの回転 (rot) は

$$\nabla \times \vec{A} = \left(\frac{\partial A_z}{\partial y} - \frac{\partial A_y}{\partial z} \right) \vec{e}_x + \left(\frac{\partial A_x}{\partial z} - \frac{\partial A_z}{\partial x} \right) \vec{e}_y + \left(\frac{\partial A_y}{\partial x} - \frac{\partial A_x}{\partial y} \right) \vec{e}_z$$

と与えられるが、ベクトル成分において値があるのは A_x のみで

$$A_x = \sum_k C_k \left\{ \cos(k\,z - \omega_k\,t) \right\} \qquad A_y = 0 \qquad A_z = 0$$

である。このとき

$$\frac{\partial A_x}{\partial y} = 0 \qquad \frac{\partial A_x}{\partial z} = -\sum_k C_k k \left\{\sin(k\,z - \omega_k\,t)\right\}$$

となるので

$$\nabla \times \vec{A} = -\vec{e}_y \left[\sum_k C_k k \left\{\sin(k\,z - \omega_k\,t)\right\}\right]$$

から

$$\vec{B}(z,t) = -\vec{e}_y \left[\sum_k C_k k \left\{\sin(k\,z - \omega_k\,t)\right\}\right] = \vec{e}_y \left[\sum_k C_k k \left\{\cos\left(k\,z - \omega_k\,t + \frac{\pi}{2}\right)\right\}\right]$$

と与えられる。

　したがって、ベクトルポテンシャルの振動方向が x 軸のとき、磁場の振動方向は y 軸となり、その振幅は $C_k\,k$ となる。

　つまり、図 7-4 に示すように、電場の振動方向は x 軸、磁場の振動方向は y 軸となる。

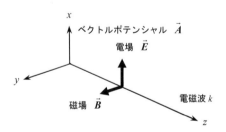

図 7-4　電磁波の進行方向と電場、磁場の振動方向の関係

　さらに、電磁波における進行方向と、電場と磁場の振動の様子を示すと、図 7-5 のようになる。

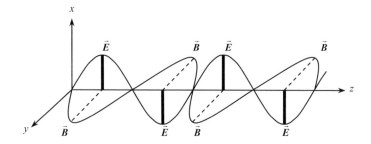

図7-5 z 方向に進む電磁波の模式図。電場は x 方向に、磁場は y 方向に振動している。

7.2. 電磁場のエネルギー

ベクトルポテンシャルによる電磁場の表示をもとに、電磁場のエネルギーを求めてみよう。まず、基本として、体積 V の中の電磁場の全エネルギーH は

$$H = \frac{1}{2} \int_V [\varepsilon_0 \vec{E}^2(\vec{r},t) + \frac{1}{\mu_0} \vec{B}^2(\vec{r},t)] \, d^3\vec{r}$$

と与えられる[3]。ただし ε_0 は真空の誘電率、μ_0 は真空の透磁率である。これは、1辺の長さが L の立方体中では、つぎの3重積分

$$H = \frac{1}{2} \int_0^L \int_0^L \int_0^L [\varepsilon_0 \vec{E}^2(\vec{r},t) + \frac{1}{\mu_0} \vec{B}^2(\vec{r},t)] \, dx\,dy\,dz$$

となる。われわれが行うのは、電場および磁場をベクトルポテンシャルで表現して、上記の積分を実行することである。ここで、電磁波が辺の長さ L の立方体に閉じ込められた電磁波が定在波となるときの波数ベクトル $\vec{k} = (k_x \quad k_y \quad k_z)$ には、以下の条件がつく。

$$k_x = \frac{2\pi}{L} n_x \qquad k_y = \frac{2\pi}{L} n_y \qquad k_z = \frac{2\pi}{L} n_z$$

ただし、n_x, n_y, n_z は整数である（電磁波だけでなく、ポテンシャルのない空間で自由に運動する電子にも同様の条件がつく。詳細は拙著『なるほど物性論』（海

---

[3] 補遺 7-1 を参照されたい。

鳴社）などを参照されたい）。

演習 7-6　$\vec{A}(\vec{r},t) = \vec{A}(x,y,z,t)$ として、$k_x = (2\pi n_x)/L$ のとき、境界条件である

$\vec{A}(x,y,z,t) = \vec{A}(x+L,y,z,t)$ を満足することを確かめよ。

解）
$$\vec{A}(x,y,z,t) = \vec{A}_k \exp(-i\omega_k t)\exp\{i(k_x x + k_y y + k_z z)\}$$

とすると

$$\vec{A}(x+L,y,z,t) = \vec{A}_k \exp(-i\omega_k t)\exp\{i(k_x(x+L) + k_y y + k_z z)\}$$

$$= \vec{A}_k \exp(-i\omega_k t)\exp\{i(k_x x + k_y y + k_z z)\})\exp(ik_x L)$$

となる。ここで

$$k_x = \frac{2\pi}{L}n_x \quad \text{より} \qquad \exp(ik_x L) = \exp\left(i\frac{2\pi n_x}{L}L\right) = \exp(i2\pi n_x)$$

オイラーの公式より
$$\exp(i2\pi n_x) = \cos(2\pi n_x) + i\sin(2\pi n_x) = 1$$

となるから
$$\vec{A}(x,y,z,t) = \vec{A}(x+L,y,z,t)$$

が成立する。

　それでは、先ほどの式にしたがって電磁波（光）のエネルギーを計算していこう。ただし、この場合には、電磁波の波数 k は

$$k_x = (2\pi/L)n_x \qquad k_y = (2\pi/L)n_y \qquad k_z = (2\pi/L)n_z$$

という条件を満足しさえすれば、いろいろな方向をとりうることになる。

　よって、前節までは、z 軸方向に電磁波が進行すると単純化したが、電磁場の自由度を考えれば、いろいろな方向をとりうることに取り入れなければならない。とすれば、ふたたびベクトルポテンシャルの一般式である

$$\vec{A}(\vec{r},t) = \sum_{k}\sum_{\sigma=1,2}\left\{\vec{e}_{\sigma}A_{k\sigma}\exp(i\vec{k}\cdot\vec{r}-i\omega_{k}t)+\vec{e}_{\sigma}A^{*}_{k\sigma}\exp(-i\vec{k}\cdot\vec{r}+i\omega_{k}t)\right\}$$

に戻って計算を進めていく必要がある。少々大変であるが、ひとつひとつ段階を踏みながら計算を進めていこう。

7. 2. 1. 電場と磁場ベクトルの導出

電場ベクトルは、ベクトルポテンシャルから次式によってえられる。

$$\vec{E}(\vec{r},t) = -\frac{\partial\vec{A}(\vec{r},t)}{\partial t}$$

この計算は、t に関する偏微分であるから簡単であり

$$\frac{\partial\vec{A}(\vec{r},t)}{\partial t} = -\sum_{k}\sum_{\sigma=1,2}i\omega_{k}\left\{\vec{e}_{\sigma}A_{k\sigma}\exp(i\vec{k}\cdot\vec{r}-i\omega_{k}t)-\vec{e}_{\sigma}A^{*}_{k\sigma}\exp(-i\vec{k}\cdot\vec{r}+i\omega_{k}t)\right\}$$

から

$$\vec{E}(\vec{r},t) = \sum_{k}\sum_{\sigma=1,2}i\omega_{k}\left\{\vec{e}_{\sigma}A_{k\sigma}\exp(i\vec{k}\cdot\vec{r}-i\omega_{k}t)-\vec{e}_{\sigma}A^{*}_{k\sigma}\exp(-i\vec{k}\cdot\vec{r}+i\omega_{k}t)\right\}$$

となる。

この結果は、ベクトルポテンシャルと電場の振動方向が同一であることを示している。さらに、複素共役項の和が差に変化していることから、振動の位相は $\pi/2$ だけずれることもわかる。これは、先ほど求めた cos 波の結果と一致している。

演習 7-7 　ベクトルポテンシャルの複素数表示を用いて、磁束密度ベクトル

$\vec{B}(\vec{r},t) = \mathrm{rot}\,\vec{A}(\vec{r},t) = \nabla\times\vec{A}(\vec{r},t)$ を求めよ。

解）　ベクトルポテンシャルの複素数表示は

$$\vec{A}(\vec{r},t) = \sum_{k}\sum_{\sigma=1,2}\left\{\vec{e}_{\sigma}A_{k\sigma}\exp(i\vec{k}\cdot\vec{r}-i\omega_{k}t)+\vec{e}_{\sigma}A^{*}_{k\sigma}\exp(-i\vec{k}\cdot\vec{r}+i\omega_{k}t)\right\}$$

であった。ここで、振幅に対応したフーリエ係数項である $A_{k\sigma}$ に時間依存性を取り入れて

$$A_{k\sigma}(t) = A_{k\sigma}\exp(-i\omega_k t)$$

と置く。

　すると、その複素共役は $A_{k\sigma}^{*}(t) = A_{k\sigma}^{*}\exp(i\omega_k t)$ となるので、上式は

$$\vec{A}(\vec{r},t) = \sum_{k}\sum_{\sigma=1,2}\{\vec{e}_{\sigma}A_{k\sigma}(t)\exp(i\vec{k}\cdot\vec{r}) + \vec{e}_{\sigma}A_{k\sigma}^{*}(t)\exp(-i\vec{k}\cdot\vec{r})\}$$

となる。ここで、ベクトルの回転 (rot $= \nabla\times$) は

$$\nabla\times\vec{A} = \left(\frac{\partial A_z}{\partial y} - \frac{\partial A_y}{\partial z}\right)\vec{e}_x + \left(\frac{\partial A_x}{\partial z} - \frac{\partial A_z}{\partial x}\right)\vec{e}_y + \left(\frac{\partial A_y}{\partial x} - \frac{\partial A_x}{\partial y}\right)\vec{e}_z$$

と与えられる。そこで、まず

$$\nabla\times(\vec{e}_{\sigma}A_{k\sigma}(t))\exp(i\vec{k}\cdot\vec{r})$$

を計算しよう。ここで、ベクトルを

$$\vec{D} = (\vec{e}_{\sigma}A_{k\sigma}(t))\exp(i\vec{k}\cdot\vec{r})$$

と置いて、その x, y, z 成分を求めると

$$D_x = (\vec{e}_{\sigma}A_{k\sigma}(t))_x\exp\{i(k_x x + k_y y + k_z z)\} \qquad D_y = (\vec{e}_{\sigma}A_{k\sigma}(t))_y\exp\{i(k_x x + k_y y + k_z z)\}$$

$$D_z = (\vec{e}_{\sigma}A_{k\sigma}(t))_z\exp\{i(k_x x + k_y y + k_z z)\}$$

となる。このとき

$$\frac{\partial D_z}{\partial y} = ik_y(\vec{e}_{\sigma}A_{k\sigma}(t))_z\exp\{i(k_x x + k_y y + k_z z)\}$$

$$\frac{\partial D_y}{\partial z} = ik_z(\vec{e}_{\sigma}A_{k\sigma}(t))_y\exp\{i(k_x x + k_y y + k_z z)\}$$

となるので、ベクトル $\vec{D}$ の回転 (rot $= \nabla\times$) の x 成分は

$$(\nabla\times\vec{D})_x = \frac{\partial D_z}{\partial y} - \frac{\partial D_y}{\partial z} = i\{k_y(\vec{e}_{\sigma}A_{k\sigma}(t))_z - k_z(\vec{e}_{\sigma}A_{k\sigma}(t))_y\}\exp(i\vec{k}\cdot\vec{r})$$

と与えられる。ここで

$$k_y(\vec{e}_{\sigma}A_{k\sigma}(t))_z - k_z(\vec{e}_{\sigma}A_{k\sigma}(t))_y = \{\vec{k}\times(\vec{e}_{\sigma}A_{k\sigma}(t))\}_x$$

である。y 成分ならびに z 成分も同様であり

$$\nabla \times \vec{D} = i\{\vec{k} \times (\vec{e}_\sigma A_{k\sigma}(t))\} \exp(i\vec{k} \cdot \vec{r})$$

となる。

複素共役項も同様に計算できるから、結局、磁場ベクトルは

$$\vec{B}(\vec{r}, t) = i\sum_k \sum_{\sigma=1,2} \{\vec{k} \times \vec{e}_\sigma A_{k\sigma}(t) \exp(i\vec{k} \cdot \vec{r}) - \vec{k} \times \vec{e}_\sigma A^*_{k\sigma}(t) \exp(-i\vec{k} \cdot \vec{r})\}$$

と与えられる。

この結果から、磁場の振動方向は $\vec{e}_{\sigma'} = \vec{k} \times \vec{e}_\sigma$ となるが、この方向は、電磁波の進行方向 $\vec{k}$ と、ベクトルポテンシャル（電磁波）の振動方向 $\vec{e}_\sigma$ それぞれに垂直な方向となる（σ と σ' で区別した）。ここで、時間依存性を取り入れて

$$A_{k\sigma}(t) = A_{k\sigma} \exp(-i\omega_k t)$$

と置けば

$$\vec{B}(\vec{r}, t) = i\sum_k \sum_{\sigma=1,2} \{\vec{k} \times \vec{e}_\sigma A_{k\sigma} \exp(i\vec{k} \cdot \vec{r} - i\omega_k t) - \vec{k} \times \vec{e}_\sigma A^*_{k\sigma} \exp(-i\vec{k} \cdot \vec{r} + i\omega_k t)\}$$

となる。

ここで $\vec{e}_\sigma A_{k\sigma} = \vec{A}_{k\sigma}$ というベクトルにして、

$$\vec{A}_{k\sigma}(t) = \vec{A}_{k\sigma} \exp(-i\omega_k t)$$

と置き直すと

$$\vec{B}(\vec{r}, t) = i\sum_k \sum_{\sigma=1,2} \{\vec{k} \times \vec{A}_{k\sigma}(t) \exp(i\vec{k} \cdot \vec{r}) - \vec{k} \times \vec{A}^*_{k\sigma}(t) \exp(-i\vec{k} \cdot \vec{r})\}$$

となる。

以上のように、ベクトルポテンシャルの複素数表示による一般式をもとに、電場ならびに磁場ベクトルの一般式を導出することができた。これらの結果をもとに、電場ならびに磁場ベクトルの2乗を計算していく。

7.2.2. 電場および磁場ベクトルの2乗

ここで、今後の計算のために、電場の一般式を少し変形しておこう。電場は

$$\vec{E}(\vec{r},t) = \sum_{k}\sum_{\sigma=1,2} i\omega_k \left\{ \vec{e}_\sigma A_{k\sigma}\exp(i\vec{k}\cdot\vec{r}-i\omega_k t) - \vec{e}_\sigma A^*{}_{k\sigma}\exp(-i\vec{k}\cdot\vec{r}+i\omega_k t) \right\}$$

であったが　$\vec{e}_\sigma A_{k\sigma}=\vec{A}_{k\sigma}$　というベクトルにして、さらに、時間依存性も取り入れて $\vec{A}_{k\sigma}(t)=\vec{A}_{k\sigma}\exp(-i\omega_k t)$ と置き直すと

$$\vec{E}(\vec{r},t) = i\sum_{k}\sum_{\sigma=1,2}\omega_k\{\vec{A}_{k\sigma}(t)\exp(i\vec{k}\cdot\vec{r})-\vec{A}^*{}_{k\sigma}(t)\exp(-i\vec{k}\cdot\vec{r})\}$$

となる。

演習 7-8　電場ベクトルがベクトルポテンシャルを使って

$$\vec{E}(\vec{r},t) = i\sum_{k}\sum_{\sigma=1,2}\omega_k\{\vec{A}_{k\sigma}(t)\exp(i\vec{k}\cdot\vec{r})-\vec{A}^*{}_{k\sigma}(t)\exp(-i\vec{k}\cdot\vec{r})\}$$

と与えられるとき、$\vec{E}^2(\vec{r},t)$ を計算せよ。

解）　まず、ベクトルの 2 乗が

$$\vec{E}^2(\vec{r},t) = \vec{E}(\vec{r},t)\cdot\vec{E}(\vec{r},t)$$

のように、内積となることに注意しよう。

さらに、内積をとるとき、ベクトル成分ごとに内積をとるが、この場合、異なる波数ベクトルならびに振動方向 σ どうしの積もあるので

$$\vec{E}^2(\vec{r},t) = \left\{ i\sum_{k}\sum_{\sigma=1,2}\omega_k\{\vec{A}_{k\sigma}(t)\exp(i\vec{k}\cdot\vec{r})-\vec{A}^*{}_{k\sigma}(t)\exp(-i\vec{k}\cdot\vec{r})\} \right\}$$

$$\times\left\{ i\sum_{k'}\sum_{\sigma'=1,2}\omega_{k'}\{\vec{A}_{k'\sigma'}(t)\exp(i\vec{k'}\cdot\vec{r})-\vec{A}^*{}_{k'\sigma'}(t)\exp(-i\vec{k'}\cdot\vec{r})\} \right\}$$

のように、2 項目は k' や σ' と置いて区別する。この内積計算の結果、4 種類の異なる項ができる。具体的に書くと

$$\vec{E}^2(\vec{r}, t) = -\sum_{k,\sigma}\sum_{k',\sigma'}\omega_k\omega_{k'}[\vec{A}_{k\sigma}(t)\cdot\vec{A}_{k'\sigma'}(t)\exp\{i(\vec{k}+\vec{k}')\cdot\vec{r}\}$$

$$-\vec{A}_{k\sigma}{}^*(t)\cdot\vec{A}_{k'\sigma'}(t)\exp\{-i(\vec{k}-\vec{k}')\cdot\vec{r}\}-\vec{A}_{k\sigma}(t)\cdot\vec{A}^*{}_{k'\sigma'}(t)\exp(i(\vec{k}-\vec{k}')\cdot\vec{r})\}$$

$$+\vec{A}_{k\sigma}{}^*(t)\cdot\vec{A}^*{}_{k'\sigma'}(t)\exp\{-i(\vec{k}+\vec{k}')\cdot\vec{r}\}\}]$$

となる。

　ここで、われわれが求めたいのは

$$\int_V\vec{E}^2(\vec{r}, t)\,d^3\vec{r} = \int_0^L\int_0^L\int_0^L\vec{E}^2(x,y,z,t)\,dx\,dy\,dz$$

という積分である。したがって、いま求めた4種類の項の積分を実行しなければ
ならない。この際、k は連続ではなく $k_x = (2\pi/L)n_x$, $k_y = (2\pi/L)n_y$, $k_z = (2\pi/L)n_z$
という条件を満足する必要のあることに注意する。そのうえで、つぎの複素積分
の特徴を利用する。それは

$\vec{k}+\vec{k}'=0$ のとき

$$\int_V\exp\{\pm i(\vec{k}+\vec{k}')\cdot\vec{r}\}\,d^3\vec{r} = \int_0^L\int_0^L\int_0^L\exp\{\pm i(\vec{k}+\vec{k}')\cdot\vec{r}\}dx\,dy\,dz$$

$$= \int_0^L\int_0^L\int_0^L dx\,dy\,dz = L^3 = V$$

となり

$\vec{k}+\vec{k}'\neq 0$ のとき　　$\displaystyle\int_V\exp\{\pm i(\vec{k}+\vec{k}')\cdot\vec{r}\}\,d^3\vec{r} = 0$

$\vec{k}-\vec{k}'=0$ のとき　　$\displaystyle\int_V\exp\{\pm i(\vec{k}-\vec{k}')\cdot\vec{r}\}\,d^3\vec{r} = L^3 = V$

$\vec{k}-\vec{k}'\neq 0$ のとき　　$\displaystyle\int_V\exp\{\pm i(\vec{k}-\vec{k}')\cdot\vec{r}\}\,d^3\vec{r} = 0$

となるという性質である。

　よって、積分すると第1項と4項では、$\vec{k}+\vec{k}'=0$ のときのみ項が残り、第2
項と3項では、$\vec{k}-\vec{k}'=0$ のときのみ項が残る。また、ω-k 分散曲線は原点に関

して左右対称である[4]ことから　$\omega_k = \omega_{-k}$　であることに注意すると

$$\int_V \vec{E}^2(\vec{r}, t)\, d^3\vec{r} =$$

$$V\sum_{k,\sigma}\sum_{\sigma'}(\omega_k)^2[-\vec{A}_{k\sigma}(t)\cdot\vec{A}_{-k\sigma'}(t) + \vec{A}^*{}_{k\sigma}(t)\cdot\vec{A}_{k\sigma'}(t) + \vec{A}^*{}_{k\sigma'}(t)\cdot\vec{A}_{k\sigma}(t) - \vec{A}^*{}_{k\sigma}(t)\cdot\vec{A}^*{}_{-k\sigma'}(t)]$$

となる。和をとるのは、$\vec{k}$ と $\vec{k}$ あるいは $\vec{k}$ と $-\vec{k}$ の組合せだけである。さらに、$\vec{k}$ の和はとるのは $-\infty$ から $+\infty$ であるから $\vec{k}$ と $-\vec{k}$ の和は等価となることに注意する。さらに、t をいちいち書くのは、わずらわしいので、これも省略して

$$\int_V \vec{E}^2(\vec{r}, t)\, d^3\vec{r} =$$

$$V\sum_{k,\sigma}\sum_{\sigma'}(\omega_k)^2[-(\vec{A}_{k\sigma}\cdot\vec{A}_{-k\sigma'}) + (\vec{A}^*{}_{k\sigma}\cdot\vec{A}_{k\sigma'}) + (\vec{A}^*{}_{k\sigma'}\cdot\vec{A}_{k\sigma}) - (\vec{A}^*{}_{k\sigma}\cdot\vec{A}^*{}_{-k\sigma'})]$$

としてもよい。ただし、ベクトルの内積がわかりやすいように、それぞれにカッコをつけた。

演習 7-9　磁束密度ベクトルがベクトルポテンシャルを使って

$$\vec{B}(\vec{r}, t) = i\sum_k\sum_{\sigma=1,2}\{\vec{k}\times\vec{A}_{k\sigma}(t)\exp(i\vec{k}\cdot\vec{r}) - \vec{k}\times\vec{A}^*{}_{k\sigma}(t)\exp(-i\vec{k}\cdot\vec{r})\}$$

と与えられるとき、$\vec{B}^2(\vec{r}, t)$ を計算せよ。

解）　$\vec{A}_{k\sigma}(t) = \vec{A}_{k\sigma}$、$\vec{A}_{k\sigma}{}^*(t) = \vec{A}_{k\sigma}{}^*$ と置き直すと

$$\vec{B} = i\sum_k\sum_{\sigma=1,2}\{\vec{k}\times\vec{A}_{k\sigma}\exp(i\vec{k}\cdot\vec{r}) - \vec{k}\times\vec{A}^*{}_{k\sigma}\exp(-i\vec{k}\cdot\vec{r})\}$$

となる。すると

---

[4] 拙著『なるほど物性論』『なるほど生成消滅演算子』（海鳴社）などを参照されたい。また、本章で求めた $\omega_k = |\vec{k}|$ という関係からも明らかである。

$$\vec{B}^2 = (-1)\sum_{k}\sum_{\sigma=1,2}\{\vec{k}\times\vec{A}_{k\sigma}\exp(i\vec{k}\cdot\vec{r}) - \vec{k}\times\vec{A}^{*}_{k\sigma}\exp(-i\vec{k}\cdot\vec{r})\}$$

$$\times\sum_{k'}\sum_{\sigma'=1,2}\{\vec{k}'\times\vec{A}_{k'\sigma'}\exp(i\vec{k}'\cdot\vec{r}) - \vec{k}'\times\vec{A}^{*}_{k'\sigma'}\exp(-i\vec{k}'\cdot\vec{r})\}$$

という計算となる。この場合も、項の種類は 4 個となり

$$\vec{B}^2 = (-1)\sum_{k,\sigma}\sum_{k',\sigma'}[(\vec{k}\times\vec{A}_{k\sigma})\cdot(\vec{k}'\times\vec{A}_{k'\sigma'})\exp\{i(\vec{k}+\vec{k}')\cdot\vec{r}\}$$

$$-(\vec{k}\times\vec{A}_{k\sigma})\cdot(\vec{k}'\times\vec{A}^{*}_{k'\sigma'})\exp\{i(\vec{k}-\vec{k}')\cdot\vec{r}\}\ -(\vec{k}\times\vec{A}^{*}_{k\sigma})\cdot(\vec{k}'\times\vec{A}_{k'\sigma'})\exp\{-i(\vec{k}-\vec{k}')\cdot\vec{r}\}$$

$$+(\vec{k}\times\vec{A}^{*}_{k\sigma})\cdot(\vec{k}'\times\vec{A}^{*}_{k'\sigma'})\exp\{-i(\vec{k}+\vec{k}')\cdot\vec{r}\}]$$

と与えられる。

　あとは、電場のときと同じように、複素積分の特徴を利用して

$$\int_V \vec{B}^2(\vec{r},t)\,d^3\vec{r} = \int_0^L\int_0^L\int_0^L \vec{B}^2(x,y,z,t)\,dx\,dy\,dz$$

を計算すればよい。電場の場合とまったく同様にして、この積分を実行すると第 1 項と 4 項では、$\vec{k}+\vec{k}'=0$ のときのみ項が残り、第 2 項と 3 項では、$\vec{k}-\vec{k}'=0$ のときのみ項が残る。よって

$$\int_V \vec{B}^2\,d^3\vec{r} = (-1)V\sum_{k,\sigma}\sum_{\sigma'}[(\vec{k}\times\vec{A}_{k\sigma})\cdot(-\vec{k}\times\vec{A}_{-k\sigma'})$$

$$-(\vec{k}\times\vec{A}_{k\sigma})\cdot(\vec{k}\times\vec{A}^{*}_{k\sigma'})\ -(\vec{k}\times\vec{A}^{*}_{k\sigma})\cdot(\vec{k}\times\vec{A}_{k\sigma'})\ +(\vec{k}\times\vec{A}^{*}_{k\sigma})\cdot(-\vec{k}\times\vec{A}^{*}_{-k\sigma'})\,]$$

となる。

　ここで、ベクトル積どうしの内積に関しては

$$(\vec{a}\times\vec{b})\cdot(\vec{c}\times\vec{d}) = (\vec{a}\cdot\vec{c})\,(\vec{b}\cdot\vec{d})\ -(\vec{a}\cdot\vec{d})(\vec{b}\cdot\vec{c})$$

という公式が成立する。この関係式を**ラグランジュ恒等式** (Lagrange's identity) と呼ばれている[5]。

---

[5] この恒等式の導出については拙著『なるほどベクトル解析』(海鳴社) を参照されたい。

演習 7-10　　ラグランジュ恒等式

$$(\vec{a} \times \vec{b}) \cdot (\vec{c} \times \vec{d}) = (\vec{a} \cdot \vec{c})(\vec{b} \cdot \vec{d}) - (\vec{a} \cdot \vec{d})(\vec{b} \cdot \vec{c})$$

を利用して $(\vec{k} \times \vec{A}_{k\sigma}) \cdot (-\vec{k} \times \vec{A}_{-k\sigma'})$ を計算せよ。

　解）

$$(\vec{k} \times \vec{A}_{k\sigma}) \cdot (-\vec{k} \times \vec{A}_{-k\sigma'}) = \{(\vec{k} \cdot (-\vec{k}))(\vec{A}_{k\sigma} \cdot \vec{A}_{-k\sigma'}) - (\vec{k} \cdot \vec{A}_{-k\sigma'})\{\vec{A}_{k\sigma} \cdot (-\vec{k})\}$$

となる。電磁波の進行方向の $\vec{k}$ とベクトルポテンシャルの振動方向は直交しているから

$$\vec{k} \cdot \vec{A}_{-k\sigma'} = 0$$

となり、右辺の第 2 項は 0 となり、結局

$$(\vec{k} \times \vec{A}_{k\sigma}) \cdot (-\vec{k} \times \vec{A}_{-k\sigma'}) = -k^2(\vec{A}_{k\sigma} \cdot \vec{A}_{-k\sigma'})$$

となる。

　以下、同様にして計算を進めると

$$(\vec{k} \times \vec{A}_{k\sigma}) \cdot (\vec{k} \times \vec{A}^*_{k\sigma'}) = k^2(\vec{A}_{k\sigma} \cdot \vec{A}^*_{k\sigma'}) \qquad (\vec{k} \times \vec{A}^*_{k\sigma}) \cdot (\vec{k} \times \vec{A}_{k\sigma'}) = k^2(\vec{A}^*_{k\sigma} \cdot \vec{A}_{k\sigma'})$$

$$(\vec{k} \times \vec{A}^*_{k\sigma}) \cdot (-\vec{k} \times \vec{A}^*_{-k\sigma'}) = -k^2(\vec{A}^*_{k\sigma} \cdot \vec{A}^*_{-k\sigma'})$$

となる。したがって

$$\int_V \vec{B}^2 \, d^3\vec{r} = V \sum_{k,\sigma} \sum_{\sigma'} [k^2(\vec{A}_{k\sigma} \cdot \vec{A}_{-k\sigma'})$$

$$+ k^2(\vec{A}_{k\sigma} \cdot \vec{A}^*_{k\sigma'}) + k^2(\vec{A}^*_{k\sigma} \cdot \vec{A}_{k\sigma'}) + k^2(\vec{A}^*_{k\sigma} \cdot \vec{A}^*_{-k\sigma'})]$$

と与えられる。

7.2.3.　電磁場エネルギーの計算

すでに紹介したように、電磁場のエネルギーは

$$H = \frac{1}{2} \int_V [\varepsilon_0 \vec{E}^2(\vec{r}, t) + \frac{1}{\mu_0} \vec{B}^2(\vec{r}, t)] \, d^3\vec{r}$$

と与えられるのであった。ここで、光速 c は、誘電率ならびに透磁率と $c^2 = 1/\varepsilon_0 \mu_0$ という関係にあるので

$$H = \frac{1}{2} \varepsilon_0 \int_V [\vec{E}^2(\vec{r}, t) + c^2 \vec{B}^2(\vec{r}, t)] \, d^3\vec{r}$$

と変形できる。さらに、角周波数は、波数と $\omega_k = ck$ という関係にあるので

$$\int_V \vec{E}^2(\vec{r}, t) \, d^3\vec{r} =$$

$$V \sum_{k,\sigma} \sum_{\sigma'} (\omega_k)^2 [-(\vec{A}_{k\sigma} \cdot \vec{A}_{-k\sigma'}) + (\vec{A}^*_{k\sigma} \cdot \vec{A}_{k\sigma'}) + (\vec{A}^*_{k\sigma'} \cdot \vec{A}_{k\sigma}) - (\vec{A}^*_{k\sigma} \cdot \vec{A}^*_{-k\sigma'})]$$

$$\int_V \vec{B}^2(\vec{r}, t) \, d^3\vec{r} =$$

$$V \sum_{k,\sigma} \sum_{\sigma'} (k^2) [(\vec{A}_{k\sigma} \cdot \vec{A}_{-k\sigma'}) + (\vec{A}_{k\sigma} \cdot \vec{A}^*_{k\sigma'}) + (\vec{A}^*_{k\sigma} \cdot \vec{A}_{k\sigma'}) + (\vec{A}^*_{k\sigma} \cdot \vec{A}^*_{-k\sigma'})]$$

を代入すれば

$$H = \frac{1}{2} \varepsilon_0 \int_V [\vec{E}^2(\vec{r}, t) + c^2 \vec{B}^2(\vec{r}, t)] \, d^3\vec{r}$$

$$= V \varepsilon_0 \sum_{k,\sigma} \sum_{\sigma'} (\omega_k)^2 [(\vec{A}^*_{k\sigma} \cdot \vec{A}_{k\sigma'}) + (\vec{A}^*_{k\sigma'} \cdot \vec{A}_{k\sigma})]$$

となる。さらに、それぞれの内積は

$$\vec{A}^*_{k\sigma} \cdot \vec{A}_{k\sigma'} = \left|\vec{A}^*_{k\sigma}\right| \vec{e}_\sigma \cdot \left|\vec{A}_{k\sigma'}\right| \vec{e}_{\sigma'} = \left|\vec{A}^*_{k\sigma}\right| \left|\vec{A}_{k\sigma'}\right| \vec{e}_\sigma \cdot \vec{e}_{\sigma'}$$

において $\vec{e}_\sigma \cdot \vec{e}_{\sigma'} = \delta_{\sigma\sigma'}$ のように $\sigma = \sigma'$ のときのみ残り、それ以外は 0 となるので、結局

$$H = V \varepsilon_0 \sum_k \sum_{\sigma=1,2} (\omega_k)^2 [2(\vec{A}^*_{k\sigma} \cdot \vec{A}_{k\sigma})] = 2V \varepsilon_0 \sum_k \sum_{\sigma=1,2} (\omega_k)^2 \left|\vec{A}_{k\sigma}\right|^2$$

となる。

　ここで、振動方向により、振幅の大きさは変化しないので、ベクトルポテンシャルの振幅を　$A_k = \left| \vec{A}_{k\sigma} \right|$　と置くと

$$H = 2V\varepsilon_0 \sum_k \sum_{\sigma=1,2} (\omega_k)^2 (A_k)^2$$

となる。導入には苦労したが、えられた結果は実にシンプルである。

　この結果は、電磁場のエネルギーはベクトルポテンシャルの振幅の 2 乗と、振動数の 2 乗に比例することを示している。ここで、A_k の値を求めておこう。電磁場のエネルギーは

$$2V\varepsilon_0 \sum_k \sum_{\sigma=1,2} (\omega_k)^2 (A_k)^2$$

となる。ところで、電磁波のエネルギーは

$$E = \hbar\omega_k$$

であったので

$$\hbar\omega_k = 2V\varepsilon_0 (\omega_k)^2 (A_k)^2$$

という対応関係にある。したがって

$$A_k = \sqrt{\frac{\hbar}{2V\varepsilon_0 \omega_k}}$$

と与えられる。

7.3.　調和振動子との対応

　つぎに、ベクトルポテンシャルの量子化を考えてみよう。第 6 章では、ベクトルポテンシャルが振動していないため、その演算子は

$$\hat{A} = A(\hat{x}, \hat{y}, \hat{z}) = A(x, y, z) = \vec{A}$$

となって、ベクトルポテンシャルをそのままの形で、シュレーディンガー方程式に導入すればよいのであった。

　しかし、電磁波の場合にはベクトルポテンシャルは振動している。この効果を取り入れる必要がある。振動している系を量子化する際に有効であるのが、生成

消滅演算子である。この際、電磁場は調和振動子と等価であり、その量子化を利用することができる（生成消滅演算子については、拙著『なるほど生成消滅演算子』（海鳴社）を参照されたい）。そして、ベクトルポテンシャルの振動が電磁場の本質ならば、これらには対応関係があるはずである。

　実は、ベクトルポテンシャルの平面波展開のかたちは、調和振動子の解そのものなのである。調和振動子に対応した運動方程式は

$$\frac{d^2 q(t)}{dt^2} + \omega^2 q(t) = 0$$

であった。この解として、ボーズ演算子の生成消滅演算子を使うと

$$\hat{q}(t) = \sqrt{\frac{\hbar}{2m\omega}}\left(\hat{b}\exp(-i\omega t) + \hat{b}^+\exp(i\omega t)\right)$$

という解がえられる。右辺が演算子なので、位置の振動である $q(t)$ も演算子となる。

　この関係を参考にして、振動するベクトルポテンシャルの演算子を導入してみよう。ベクトルポテンシャルの一般式の複素フーリエ級数は

$$\vec{A}(\vec{r}, t) = \sum_{k}\sum_{\sigma=1,2}\left\{\vec{e}_\sigma A_{k\sigma}\exp(i\vec{k}\cdot\vec{r} - i\omega_k t) + \vec{e}_\sigma A^*{}_{k\sigma}\exp(-i\vec{k}\cdot\vec{r} + i\omega_k t)\right\}$$

となるのであった。

　ここで σ は振動方向であるが、基本的には、ある方向、例えば、x 軸などに着目すればよいので

$$\vec{A}(\vec{r}, t) = \sum_{k}\vec{e}_x\left\{A_k\exp(i\vec{k}\cdot\vec{r} - i\omega_k t) + A_k^*\exp(-i\vec{k}\cdot\vec{r} + i\omega_k t)\right\}$$

あるいは

$$A_x = \sum_{k}\left\{A_k\exp(i\vec{k}\cdot\vec{r} - i\omega_k t) + A_k^*\exp(-i\vec{k}\cdot\vec{r} + i\omega_k t)\right\}$$

という 1 方向に振動する系を取り扱う。ここで、与式を変形して時間依存項を分離すると

$$A = \sum_{k}\left\{A_k\exp(-i\omega_k t)\exp(i\vec{k}\cdot\vec{r}) + A_k^*\exp(i\omega_k t)\exp(-i\vec{k}\cdot\vec{r})\right\}$$

となる。ここで、本質的ではないので添え字の x も省略している。さらに

$$A_k(t) = A_k \exp(-i\omega_k t)$$

と置こう。すると、その複素共役は

$$A_k^*(t) = A_k^* \exp(i\omega_k t)$$

となり

$$A = \sum_k \left\{ A_k(t)\exp(i\vec{k}\cdot\vec{r}) + A_k^*(t)\exp(-i\vec{k}\cdot\vec{r}) \right\}$$

ここで、量子力学においては、エネルギーが E_1 から E_2 に遷移する確率は

$$\exp\left(i\frac{E_2 - E_1}{\hbar}t \right)$$

に比例することが知られている[6]。

すると、エネルギーが 0 の真空に、エネルギーが $E = \hbar\omega_k$ の量子が生成する遷移確率は

$$\exp\left(i\frac{\hbar\omega_k - 0}{\hbar}t \right) = \exp(i\omega_k t)$$

と与えられる。一方、同じエネルギー量子が消滅する確率は

$$\exp\left(i\frac{0 - \hbar\omega_k}{\hbar}t \right) = \exp(-i\omega_k t)$$

と与えられることになる。これらは、エネルギー量子 $\hbar\omega_k$ を生成ならびに消滅する演算子と同じ働きをすることを示している。そこで、つぎのように、波数 k のベクトルポテンシャルを演算子とすることができ

$$\hat{A}_k = A_k\{\hat{b}_k(t)\exp(i\vec{k}\cdot\vec{r}) + \hat{b}_k^+(t)\exp(-i\vec{k}\cdot\vec{r})\}$$

と与えられる。A_k はベクトルポテンシャルの振幅であり、さらに

$$\hat{b}_k(t) = \hat{b}_k \exp(-i\omega_k t) \qquad \hat{b}_k^+(t) = \hat{b}_k^+ \exp(i\omega_k t)$$

という関係にある。

---

[6] 例えば、拙著『なるほど量子力学 I』（海鳴社）の「14 章 2 節　時間依存項」、pp.269-278 に行列の「非対角な行列要素」が、このかたちをしていることの説明が載っている。

このとき、$\hat{b}_k^+$ ならびに $\hat{b}_k$ は、時間依存のない生成消滅演算子と考えることができる。このように、ベクトルポテンシャルが演算子によって表現できれば、電場ならびに磁場も演算子とすることができる。

演習 7-11　波数 k に対応したベクトルポテンシャルの演算子が

$$\hat{A}_k = A_k\{\hat{b}_k(t)\exp(i\vec{k}\cdot\vec{r}) + \hat{b}_k^+(t)\exp(-i\vec{k}\cdot\vec{r})\}$$

と与えられるとき、波数 k の電場を与える演算子 $\hat{E}_k$ を求めよ。

解）

$$\hat{E}_k = -\frac{\partial\hat{A}_k}{\partial t} = -A_k\left\{\frac{\partial\hat{b}_k(t)}{\partial t}\exp(i\vec{k}\cdot\vec{r}) + \frac{\partial\hat{b}_k^+(t)}{\partial t}\exp(-i\vec{k}\cdot\vec{r})\right\}$$

となる。ここで

$$\hat{b}_k(t) = \hat{b}_k\exp(-i\omega_k t) \qquad から \qquad \frac{\partial\hat{b}_k(t)}{\partial t} = -i\omega_k\hat{b}_k\exp(-i\omega_k t) = -i\omega_k\hat{b}_k(t)$$

$$\hat{b}_k^+(t) = \hat{b}_k^+\exp(i\omega_k t) \qquad から \qquad \frac{\partial\hat{b}_k^+(t)}{\partial t} = i\omega_k\hat{b}_k^+\exp(i\omega_k t) = i\omega_k\hat{b}_k^+(t)$$

となるので

$$\hat{E}_k = i\omega_k A_k\{\hat{b}_k(t)\exp(i\vec{k}\cdot\vec{r}) - \hat{b}_k^+(t)\exp(-i\vec{k}\cdot\vec{r})\}$$

となる。

ここで、$\hat{E}_k^2$ を計算してみよう。演算子の積であることに注意すると

$$\hat{E}_k^2 = \hat{E}_k\hat{E}_k =$$

$$= -\omega_k^2 A_k^2\{\hat{b}_k(t)\exp(i\vec{k}\cdot\vec{r}) - \hat{b}_k^+(t)\exp(-i\vec{k}\cdot\vec{r})\}\{\hat{b}_k(t)\exp(i\vec{k}\cdot\vec{r}) - \hat{b}_k^+(t)\exp(-i\vec{k}\cdot\vec{r})\}$$

$$= -\omega_k^{\,2} A_k^{\,2} [\{\hat{b}_k(t)\}^2 \exp(i2\vec{k}\cdot\vec{r}) + \{\hat{b}_k^{\,+}(t)\}^2 \exp(-i2\vec{k}\cdot\vec{r}) - \hat{b}_k(t)\hat{b}_k^{\,+}(t) - \hat{b}_k^{\,+}(t)\hat{b}_k(t)]$$

となる。

演習 7-12　次式が成立することを確かめよ。

$$\hat{b}_k(t)\hat{b}_k^{\,+}(t) = \hat{b}_k\,\hat{b}_k^{\,+}$$

解）

$$\hat{b}_k(t) = \hat{b}_k \exp(-i\omega_k t) \qquad \hat{b}_k^{\,+}(t) = \hat{b}_k^{\,+} \exp(i\omega_k t)$$

であるから

$$\hat{b}_k(t)\hat{b}_k^{\,+}(t) = \hat{b}_k\,\hat{b}_k^{\,+} \exp(-i\omega_k t)\exp(i\omega_k t) = \hat{b}_k\,\hat{b}_k^{\,+}$$

となる。

よって、時間依存性を含むボーズ演算子においても

$$[\hat{b}_k(t), \hat{b}_k^{\,+}(t)] = \hat{b}_k(t)\hat{b}_k^{\,+}(t) - \hat{b}_k^{\,+}(t)\hat{b}_k(t) = \hat{b}_k\,\hat{b}_k^{\,+} - \hat{b}_k^{\,+}\,\hat{b}_k = 1$$

という交換関係が成立することもわかる[7]。

いまの関係を使うと

$$\hat{E}_k^{\,2} = -\omega_k^{\,2} A_k^{\,2} [\{\hat{b}_k(t)\}^2 \exp(i2\vec{k}\cdot\vec{r}) + \{\hat{b}_k^{\,+}(t)\}^2 \exp(-i2\vec{k}\cdot\vec{r}) - \hat{b}_k\hat{b}_k^{\,+} - \hat{b}_k^{\,+}\,\hat{b}_k]$$

となる。つぎにベクトルポテンシャル演算子

$$\hat{A}_k = A_k\{\hat{b}_k(t)\exp(i\vec{k}\cdot\vec{r}) + \hat{b}_k^{\,+}(t)\exp(-i\vec{k}\cdot\vec{r})\}$$

をもとに、磁場の演算子を考えよう。磁場の振動方向はベクトルに垂直である。

---

[7] ボーズ生成消滅演算子の交換関係については、拙著『なるほど生成消滅演算子』（海鳴社）を参照いただきたい。

そこで、磁場の本質的な部分だけみれば

$$\hat{B}_k = ik\, A_k \{\hat{b}_k(t)\exp(i\vec{k}\cdot\vec{r}) - \hat{b}_k^{+}(t)\exp(-i\vec{k}\cdot\vec{r})\}$$

となることがわかる。ただし、ik は、ベクトルポテンシャルの rot をとったとき
に生じる因子である。

演習 7-13　電磁場における磁場の演算子が

$$\hat{B}_k = ik\, A_k \{\hat{b}_k(t)\exp(i\vec{k}\cdot\vec{r}) - \hat{b}_k^{+}(t)\exp(-i\vec{k}\cdot\vec{r})\}$$

と与えられるとき、$\hat{B}_k^{\,2}$ を求めよ。

　　解)　　$\hat{B}_k^{\,2} = \hat{B}_k \hat{B}_k$ であるが

$$\{\hat{b}_k(t)\exp(i\vec{k}\cdot\vec{r}) - \hat{b}_k^{+}(t)\exp(-i\vec{k}\cdot\vec{r})\}^2$$

$$= \{\hat{b}_k(t)\}^2 \exp(i2\vec{k}\cdot\vec{r}) + \{\hat{b}_k^{+}(t)\}^2 \exp(-i2\vec{k}\cdot\vec{r}) - \hat{b}_k \hat{b}_k^{+} - \hat{b}_k^{+} \hat{b}_k$$

であったので

$$\hat{B}_k^{\,2} = -k^2 A_k^{\,2} [\{\hat{b}_k(t)\}^2 \exp(i2\vec{k}\cdot\vec{r}) + \{\hat{b}_k^{+}(t)\}^2 \exp(-i2\vec{k}\cdot\vec{r}) - \hat{b}_k \hat{b}_k^{+} - \hat{b}_k^{+} \hat{b}_k]$$

となる。

　　ここで、電磁場のエネルギーは

$$H = \frac{1}{2}\varepsilon_0 \int_V [\vec{E}^2(\vec{r}, t) + c^2 \vec{B}^2(\vec{r}, t)]\, d^3\vec{r}$$

であった。これを演算子とすると、波数 k に対応したものは

$$\hat{H}_k = \frac{1}{2}\varepsilon_0 \int_V [\hat{E}_k^{\,2} + c^2 \hat{B}_k^{\,2}]\, d^3\vec{r}$$

となる。ここで

$$\hat{E}_k^{\,2} = -\omega_k^{\,2} A_k^{\,2} [\{\hat{b}_k(t)\}^2 \exp(i2\vec{k}\cdot\vec{r}) + \{\hat{b}_k^{\,+}(t)\}^2 \exp(-i2\vec{k}\cdot\vec{r}) - (\hat{b}_k\,\hat{b}_k^{\,+} + \hat{b}_k^{\,+}\hat{b}_k)]$$

$$\hat{B}_k^{\,2} = -k^2 A_k^{\,2} [\{\hat{b}_k(t)\}^2 \exp(i2\vec{k}\cdot\vec{r}) + \{\hat{b}_k^{\,+}(t)\}^2 \exp(-i2\vec{k}\cdot\vec{r}) - (\hat{b}_k\hat{b}_k^{\,+} + \hat{b}_k^{\,+}\hat{b}_k)]$$

であるが、$k_x = (2\pi/L)n_x$, $k_y = (2\pi/L)n_y$, $k_z = (2\pi/L)n_z$ という条件下では

$$\int_V \exp(i2\vec{k}\cdot\vec{r})\,d^3\vec{r} = 0 \qquad \int_V \exp(-i2\vec{k}\cdot\vec{r})\,d^3\vec{r} = 0$$

となる。よって

$$\hat{H}_k = \frac{1}{2}\varepsilon_0 A_k^{\,2} \int_V [\omega_k^{\,2}(\hat{b}_k\,\hat{b}_k^{\,+} + \hat{b}_k^{\,+}\hat{b}_k) + c^2 k^2 (\hat{b}_k\,\hat{b}_k^{\,+} + \hat{b}_k^{\,+}\hat{b}_k)]\,d^3\vec{r}$$

さらに $\omega_k = ck$ であるから

$$\hat{H}_k = \frac{1}{2}\varepsilon_0 A_k^{\,2} \int_V [\omega_k^{\,2}(\hat{b}_k\,\hat{b}_k^{\,+} + \hat{b}_k^{\,+}\hat{b}_k) + \omega_k^{\,2}(\hat{b}_k\,\hat{b}_k^{\,+} + \hat{b}_k^{\,+}\hat{b}_k)]\,d^3\vec{r}$$

$$= \varepsilon_0 \omega_k^{\,2} A_k^{\,2}(\hat{b}_k\,\hat{b}_k^{\,+} + \hat{b}_k^{\,+}\hat{b}_k)\int_V d^3\vec{r} = \varepsilon_0 \omega_k^{\,2} A_k^{\,2} V(\hat{b}_k\,\hat{b}_k^{\,+} + \hat{b}_k^{\,+}\hat{b}_k)$$

となる。前節で求めたように A_k は

$$A_k = \sqrt{\frac{\hbar}{2V\varepsilon_0\omega_k}}$$

であった。したがって

$$\hat{H}_k = \varepsilon_0\omega_k^{\,2}A_k^{\,2}V(\hat{b}_k\,\hat{b}_k^{\,+} + \hat{b}_k^{\,+}\hat{b}_k) = \frac{1}{2}\hbar\omega_k(\hat{b}_k\,\hat{b}_k^{\,+} + \hat{b}_k^{\,+}\hat{b}_k)$$

と与えられる。ここで、交換関係

$$[\hat{b}_k,\hat{b}_k^{\,+}] = \hat{b}_k\hat{b}_k^{\,+} - \hat{b}_k^{\,+}\hat{b}_k = 1$$

を使い、k に関する和をとれば、電磁場のエネルギー演算子は

$$\hat{H} = \sum_k \hbar\omega_k\left(\hat{b}_k^{\,+}\hat{b}_k + \frac{1}{2}\right)$$

と与えられる。これは、まさに量子化された調和振動子のハミルトニアンそのものである。つまり、電磁波のエネルギーは、いろいろな波数 k を有する調和振動子の和となるのである。

7.4. ポインティングベクトル

電磁波（光）においては

$$\vec{S} = \vec{E} \times \vec{H} = \frac{1}{\mu_0} \vec{E} \times \vec{B}$$

によって定義される**ポインティングベクトル** (Poynting vector) が導入され、それは単位時間に、単位面積を通る電磁波のエネルギーの流れであると教わる。まず、明らかな点は、このベクトルの向きは電場と磁場に対して垂直であるから、図7-6に示すように、電磁波の進む方向となることである。

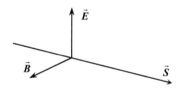

図7-6 ポインティングベクトルの向きは、電磁波の進む方向である。

　よって、ここでは、方向は考えずに、その大きさのみを考えればよいことになる。ふたたび、演算子を導入すると

$$\hat{E}_k = i\omega_k A_k \{\hat{b}_k(t)\exp(i\vec{k}\cdot\vec{r}) - \hat{b}_k^{+}(t)\exp(-i\vec{k}\cdot\vec{r})\}$$

$$\hat{B}_k = ikA_k \{\hat{b}_k(t)\exp(i\vec{k}\cdot\vec{r}) - \hat{b}_k^{+}(t)\exp(-i\vec{k}\cdot\vec{r})\}$$

であった。これらを比較すると

$$A_k \{\hat{b}_k(t)\exp(i\vec{k}\cdot\vec{r}) - \hat{b}_k^{+}(t)\exp(-i\vec{k}\cdot\vec{r})\}$$

は共通なので、係数のみを見れば

$$\frac{\hat{E}_k}{i\omega} = \frac{\hat{B}_k}{ik} \qquad \text{から} \qquad \hat{E}_k = \frac{\omega}{k}\hat{B}_k = c\hat{B}_k$$

という対応関係にあることがわかる。これは、電磁場における電場ベクトルと磁

場ベクトルの大きさの比となる。さらに

$$\hat{H}_k = \frac{1}{2}\varepsilon_0 \int_V [\hat{E}_k^{\,2} + c^2\hat{B}_k^{\,2}]\, d^3\vec{r} = \frac{1}{2}\varepsilon_0 \int_V [\hat{E}_k^{\,2} + \hat{E}_k^{\,2}]\, d^3\vec{r} = \varepsilon_0 \int_V \hat{E}_k^{\,2}\, d^3\vec{r}$$

となる。あるいは

$$\hat{H}_k = \varepsilon_0 \int_V \hat{E}_k^{\,2}\, d^3\vec{r} = \varepsilon_0 \int_V c^2\hat{B}_k^{\,2}\, d^3\vec{r} = \frac{1}{\mu_0}\int_V \hat{B}_k^{\,2}\, d^3\vec{r}$$

という対応関係にもある。ここで、ポインティングベクトルに関して

$$S = \frac{1}{\mu_0}\int_V \vec{E}\times\vec{B}\, d^3\vec{r}$$

という積分を考える。これは、体積 V における電磁波のエネルギーの流れである。波数 k の光に焦点をあてると

$$\hat{S}_k = \frac{1}{\mu_0}\int_V \hat{E}_k\,\hat{B}_k\, d^3\vec{r}$$

となるが　$\hat{E}_k\hat{B}_k = c\hat{B}_k^{\,2}$　を代入すると

$$\hat{S}_k = \frac{c}{\mu_0}\int_V \hat{B}_k^{\,2}\, d^3\vec{r} = c\hat{H}_k$$

となる。よって、エネルギーに電磁波の速度 c を乗じたものとなるので、エネルギーの流れとなることになる。さらに、波数 k の電磁波のポインティングベクトルの大きさは

$$c^2\hbar k\left(\hat{b}_k^{+}\hat{b}_k + \frac{1}{2}\right)$$

となるが、実は、この式には運動量 $\hbar k$ が含まれている。この結果から、波数 k の電磁波（光）の運動量が $\hbar k$ となることも示唆されるのである。

補遺 7-1 電磁場のエネルギー

7A. 1. 電場と磁場のエネルギー

電磁場のエネルギー密度は、単位体積の空間に蓄えられるエネルギーである。したがって、その単位は $[\text{J/m}^3]$ となる。電場ならびに磁場のエネルギーは

$$[電束密度]\times[電場] \qquad [磁束密度]\times[磁場]$$

という対称的な関係によって与えられ

$$u_E = \frac{1}{2}DE \qquad u_B = \frac{1}{2}BH$$

となる。あるいは、ベクトル表示では

$$u_E = \frac{1}{2}\vec{D}\cdot\vec{E} \qquad u_B = \frac{1}{2}\vec{B}\cdot\vec{H}$$

となる。まず、単位解析により、これらがエネルギー密度となることを確かめよう。それぞれの単位は

$$D\,[\text{C/m}^2] \quad E\,[\text{V/m}] \qquad B\,[\text{Wb/m}^2] \quad H\,[\text{A/m}]$$

となる。

したがって

$$DE = [\text{CV/m}^3] = [\text{J/m}^3] \qquad BH = [\text{WbA/m}^3] = [\text{J/m}^3]$$

となり、いずれの単位も単位体積あたりのエネルギーとなっている。

ただし

$$[\text{CV}] = [\text{J}] \qquad [\text{WbA}] = [\text{J}]$$

という関係を使った。

実は[CV]はコンデンサーに蓄えられる電気エネルギー、[WbA]はコイルに蓄えられる磁気エネルギーに相当する。

つぎに 1/2 という係数がつくことを示そう。ある自由空間（真空や大気）に電場 E あるいは磁場 H を印加したとき、空間の電束密度が D に、磁束密度が B になったものとする。このとき、要する仕事は

$$u_E = \int_0^E D\, dE \qquad u_B = \int_0^H B\, dH$$

という積分でえられる。

真空の誘電率が ε_0、透磁率が μ_0 のとき

$$D = \varepsilon_0 E \qquad B = \mu_0 H$$

であるから

$$u_E = \int_0^E \varepsilon_0 E\, dE = \left[\frac{1}{2}\varepsilon_0 E^2\right]_0^E = \frac{1}{2}\varepsilon_0 E^2$$

$$u_B = \int_0^H \mu_0 H\, dH = \left[\frac{1}{2}\mu_0 H^2\right]_0^H = \frac{1}{2}\mu_0 H^2$$

となる。また、磁場については $B = \mu_0 H$ から

$$u_B = \frac{1}{2\mu_0}B^2$$

という表記もえられる。よって電磁場のエネルギーは

$$u_E = \frac{1}{2}\varepsilon_0 E^2 \qquad u_B = \frac{1}{2\mu_0}B^2$$

となる。

7A. 2. 電磁波のエネルギー

電磁波のエネルギーは、電場と磁場のエネルギーの和として

$$u = \frac{1}{2}\left(\varepsilon_0 E^2 + \frac{B^2}{\mu_0}\right)$$

のように与えられる。

ここで、真空中の光速を c とすると、電磁波では

$$E = cB$$

という関係が成立する。このとき

$$c = \frac{1}{\sqrt{\varepsilon_0 \mu_0}}$$

であるから

$$u_E = \frac{1}{2}\varepsilon_0 E^2 = \frac{1}{2}\varepsilon_0 c^2 B^2 = \frac{1}{2}\varepsilon_0 \frac{1}{\varepsilon_0 \mu_0}B^2 = \frac{1}{2\mu_0}B^2 = u_B$$

となって、電場と磁場のエネルギーは等価となるのである。

電場も磁場も同じ振幅からなるベクトルポテンシャルから導出され、振動も同期している。それならば、エネルギーは同じ大きさとなるのは当然である。

したがって、電磁波のエネルギーは

$$u = \varepsilon_0 E^2 = \frac{B^2}{\mu_0}$$

とも与えられる。

7A. 3. コンデンサーとコイルに蓄えられるエネルギー

電場については、コンデンサーに蓄えられるエネルギーと等価であり、磁場については、コイルに蓄えられるエネルギーと等価であるということを紹介した。ここでは、それを利用したエネルギーの導出を行う。高校物理で習う内容なので、概要のみ示すことにする。

7A. 3. 1. コンデンサー

コンデンサーの容量を C とするとき、電圧 V を印加した場合に蓄えられるエネルギー U_E は

$$U_E = \frac{1}{2}CV^2$$

と与えられる。ここで、コンデンサーの断面積を S、電板間距離を d、真空の誘電率が ε_0 とすると

$$C = \frac{\varepsilon_0 S}{d}$$

と与えられる。また、電場を E とすると $V = Ed$ という関係にあるので

$$U_E = \frac{1}{2}CV^2 = \frac{\varepsilon_0 S}{2d}(Ed)^2 = \frac{1}{2}\varepsilon_0 E^2(Sd)$$

となる。ここで Sd は空間の体積であるから、単位体積あたりの電場のエネルギーは

$$u_E = \frac{1}{2}\varepsilon_0 E^2$$

となる。

7A. 3. 2.　コイル

コイルのインダクタンスを L とするとき、電流 I をコイルに流した時に蓄えられるエネルギー U_B は

$$U_B = \frac{1}{2}LI^2$$

と与えられる。ここで、コイルの断面積を S、巻き数を N、長さを ℓ、真空の透磁率を μ_0 とすると

$$L = \frac{\mu_0 N^2 S}{\ell} \qquad I = \frac{\ell B}{\mu_0 N}$$

となるから、エネルギーは

$$U_B = \frac{1}{2}LI^2 = \frac{\mu_0 N^2 S}{2\ell}\left(\frac{\ell B}{\mu_0 N}\right)^2 = \frac{B^2}{2\mu_0}(S\ell)$$

となる。ここで $S\ell$ はコイルの体積であるから、単位体積あたりの磁場のエネルギーは

$$u_B = \frac{1}{2\mu_0}B^2$$

となる。

第8章　多重極展開

　本章では、ベクトルポテンシャルの**多重極展開** (multipole expansion) について紹介する。ただし、電荷分布による電位の導出に対して適用される同様の手法を理解したうえで、ベクトルポテンシャルに拡張したほうがわかりやすい。そこで、まず電荷分布への適用例を紹介し、その結果をもとにベクトルポテンシャルに拡張する。

8.1.　電位と電荷

　すでに紹介したように、空間に置かれた複数の電荷（位置 $\vec{r}'$）が、位置 $\vec{r}$ につくる電位、すなわち、静電ポテンシャルは

$$\phi(\vec{r}) = \frac{1}{4\pi\varepsilon} \int_V \frac{\rho(\vec{r}')}{|\vec{r} - \vec{r}'|} d^3\vec{r}'$$

と与えられる。積分範囲は電荷が分布している体積 V となる。もちろん、全空間でもよい。

　この方程式を成分で書くと、電位と電荷の位置ベクトルは

$$\vec{r} = (x, y, z) \qquad \vec{r}' = (x', y', z')$$

となり、表記の積分は $\vec{r}' = (x', y', z')$ が変数となる。

演習 8-1　静電ポテンシャルを与える式を 3 重積分で表現せよ。

　解）　電荷の位置と電位を測定する点間の距離は

$$|\vec{r} - \vec{r}'| = \sqrt{(x - x')^2 + (y - y')^2 + (z - z')^2}$$

と与えられる。また、積分は 3 次元空間の全域にわたるので

第 8 章　多重極展開

$$\phi(x,y,z) = \frac{1}{4\pi\varepsilon}\int_{-\infty}^{+\infty}\int_{-\infty}^{+\infty}\int_{-\infty}^{+\infty}\frac{\rho(x',y',z')}{\sqrt{(x-x')^2+(y-y')^2+(z-z')^2}}\,dx'\,dy'\,dz'$$

となる。

　ここで、位置ベクトル $\vec{r}=(x,y,z)$ の点における電位 $\phi(\vec{r})$ は、位置ベクトル $\vec{r}'=(x',y',z')$ の点における電荷 $\rho(\vec{r}')$ の関数となっている。

　そして、全空間に分布している電荷 $\rho(\vec{r}')$ の影響をすべて積算（つまり積分）したものが、$\vec{r}$ の点における電位となる。

　すでに、紹介したように、ベクトルポテンシャルもポアソン方程式に従い、位置ベクトル $\vec{r}=(x,y,z)$ の点におけるベクトルポテンシャル $\vec{A}(\vec{r})$ は、位置ベクトル $\vec{r}'=(x',y',z')$ の点における電流要素 $\vec{J}(\vec{r}')$ の関数となり、位置 $\vec{r}$ におけるベクトルポテンシャルは、以下の積分によって与えられる。

$$\vec{A}(\vec{r}) = \frac{\mu}{4\pi}\int_V \frac{\vec{J}(\vec{r}')}{|\vec{r}-\vec{r}'|}d^3\vec{r}'$$

　ただし、積分範囲は電流要素の存在する体積 V であり、もちろん全空間でもよい。今後は、積分範囲は電荷や電流要素が分布している領域とし、V は省略する場合もある。

　本書は、ベクトルポテンシャルに焦点をあてており、本章においても、ベクトルポテンシャルの多重極展開について解説を考えている。しかし、この展開の基本は、静電ポテンシャルにあり、そちらの導入のほうが直観でわかりやすい。そこで、まず、静電ポテンシャルを与える式である

$$\phi(\vec{r}) = \frac{1}{4\pi\varepsilon}\int \frac{\rho(\vec{r}')}{|\vec{r}-\vec{r}'|}d^3\vec{r}'$$

を基本にして、多重極展開の考え方を紹介し、それをベクトルポテンシャルに応用した場合にどうなるかという手順で説明をしてみたい。

　一般的には、電荷は全空間に分布しているが、その電荷分布が位置の関数として与えられないと、表記の積分を行うことができないのである。

　よって、電位 ϕ を与える積分を行うことができるのは、ごくごく限定された条件下となる。すでに紹介したように、ベクトルポテンシャルの計算においても、

ごく限られた条件のもとで積分を行うことで、積分結果がえられている。

例えば、電荷の分布が、原点を中心として、半径が a の球内に限られていると
しよう。この場合

$$\phi(\vec{r}) = \frac{1}{4\pi\varepsilon} \int_0^a \int_0^a \int_0^a \frac{\rho(\vec{r}')}{|\vec{r} - \vec{r}'|} \, dx' \, dy' \, dz'$$

という積分となる。

このとき、$\vec{r} = (x,y,z)$ は、この球内の点でもよいが、球外の点でもよい。ここ
で、図 8-1 に示すように、$+q$ の電荷が 9 個、この球内に存在するとしよう。こ
の場合には、それぞれの電荷からの点 $\vec{r} = (x,y,z)$ への寄与を積算すればよい。

ただし、実際には、数多くの電荷が存在するうえ、電荷分布が単純ではない場
合に、この積分の計算は難しい。

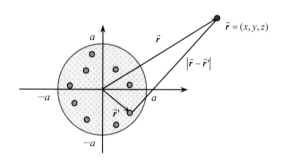

図 8-1 原点から半径 a の球内にのみ電荷がある。この図では、$+q$ の電荷が 9 個存在して
いる。この領域から離れた位置における電位は、それぞれの電荷の寄与を積算すればよい。

実は、この積分が計算できるのは、電荷分布が球対称の場合である。つまり、
3 次元の極座標である球座標で書いたときに

$$\rho(r',\theta',\phi') = f(r')$$

となる場合に解がえられる。

球座標では、θ は**天頂角** (zenith angle) であり、地球の緯度 (latitude) に相当す
るが、北極から測った角度で、その範囲は 0 からπとなる。また、ϕ は**方位角**
(azimuthal angle) で、ちょうど、地球の経度 (longitude) に相当し、x 軸から測っ
た角度であり、その範囲は 0 から 2πとなる。その詳細は第 3 章の図 3-4 を参照

いただきたい。

　図 8-2 に、いま想定している 3 次元空間の関係を示した。求めたいのは、原点から $\vec{r} = (x, y, z)$ の位置にある点の電位（静電ポテンシャル）である。ここで、位置ベクトル $\vec{r}$ と $\vec{r}'$ のなす角を $\theta_{rr'}$ としよう。この角度は、一般には、天頂角とは異なるが、座標の選び方によって、天頂角と同じになることを、まず示そう。

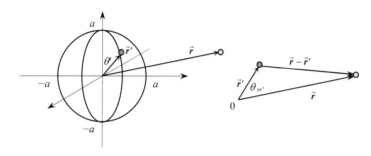

図 8-2　原点から半径 a の球内に電荷が存在し、その分布が球対称と仮定する。

　図 8-3 に示すように、$\vec{r}$ 方向が z 軸となるような座標を選ぶ。すると、$\vec{r}$ と $\vec{r}'$ のなす角 $\theta_{rr'}$ が、まさに天頂角 θ' となる。また、方位角方向は、z 軸に関して対称であるから、方位角 ϕ がいずれの角度でも、電位を求める点 $\vec{r}$ とは、まったく同じ位置関係となり、求める電位には影響を与えないこともわかる。

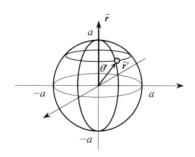

図 8-3　位置ベクトル $\vec{r}$ 方向と z 軸が平行になるように、座標系を選ぶと、$\vec{r}$ と $\vec{r}'$ のなす角 θ' が天頂角となる。

演習 8-2　電荷と電位の間の距離が天頂角になるような極座標系を選んだとき、直交座標の積分を極座標の積分に変換せよ。

$$\phi(\vec{r}) = \frac{1}{4\pi\varepsilon} \int_0^a \int_0^a \int_0^a \frac{\rho(\vec{r}')}{\left|\vec{r} - \vec{r}'\right|} \, dx' \, dy' \, dz'$$

解）　3 重積分の直交座標系の $dx' \, dy' \, dz'$ を極座標に変えると、3 章の図 3-5 で示したように

$$(r')^2 dr' \sin\theta' \, d\theta' \, d\phi'$$

となり、積分範囲は

$$0 \leq r' \leq a, \quad 0 \leq \theta' \leq \pi, \quad 0 \leq \phi' \leq 2\pi$$

となるので、電位を与える積分は

$$\phi(\vec{r}) = \frac{1}{4\pi\varepsilon} \int_0^a \int_0^\pi \int_0^{2\pi} \frac{f(r')}{\left|\vec{r} - \vec{r}'\right|} (r')^2 dr' \sin\theta' \, d\theta' \, d\phi'$$

となる。ただし、$f(r')$ は電荷の距離依存性である。

ここで $r = \left|\vec{r}\right|$、$r' = \left|\vec{r}'\right|$ と置けば、内積は

$$\vec{r} \cdot \vec{r}' = rr' \cos\theta'$$

と与えられるので

$$\left|\vec{r} - \vec{r}'\right| = \sqrt{(\vec{r} - \vec{r}') \cdot (\vec{r} - \vec{r}')} = \sqrt{\vec{r} \cdot \vec{r} - 2\vec{r} \cdot \vec{r}' + \vec{r}' \cdot \vec{r}'} = \sqrt{r^2 + (r')^2 - 2rr' \cos\theta'}$$

となる。よって

$$\phi(\vec{r}) = \frac{1}{4\pi\varepsilon} \int_0^a dr' \int_0^\pi \frac{(r')^2 f(r')}{\sqrt{r^2 + (r')^2 - 2rr' \cos\theta'}} \sin\theta' \, d\theta' \int_0^{2\pi} d\phi'$$

$$= \frac{1}{2\varepsilon} \int_0^a dr' \int_0^\pi \frac{(r')^2 f(r')}{\sqrt{r^2 + (r')^2 - 2rr' \cos\theta'}} \sin\theta' \, d\theta'$$

となる。

演習 8-3　つぎの定積分

$$\int_0^\pi \frac{(r')^2 f(r')}{\sqrt{r^2 + (r')^2 - 2rr'\cos\theta'}} \sin\theta' \, d\theta'$$

を計算せよ。ただし、$r \gg a > r' > 0$ とする。

解）

$$r^2 + (r')^2 - 2rr'\cos\theta' = t$$

と置くと

$$2rr'\sin\theta' \, d\theta' = dt$$

であるから

$$\int \frac{(r')^2 f(r')}{\sqrt{r^2 + (r')^2 - 2rr'\cos\theta'}} \sin\theta' \, d\theta' = \int \frac{(r')^2 f(r')}{2rr'\sqrt{t}} \, dt = \frac{(r')^2 f(r')}{2rr'} \int \frac{dt}{\sqrt{t}}$$

$$= \frac{r' f(r')}{2r} \int t^{-\frac{1}{2}} \, dt = \frac{r' f(r')}{r} t^{\frac{1}{2}}$$

ここで

$\theta' = 0$ のとき　$t = r^2 + (r')^2 - 2rr'$　　$\theta' = \pi$ のとき　$t = r^2 + (r')^2 + 2rr'$

であるので

$$\int_0^\pi \frac{(r')^2 f(r')}{\sqrt{r^2 + (r')^2 - 2rr'\cos\theta'}} \sin\theta' \, d\theta' = \left[\frac{r' f(r')}{r} \{r^2 + (r')^2 - 2rr'\cos\theta\}^{\frac{1}{2}} \right]_0^\pi$$

$$= \frac{r' f(r')}{r} \left(\sqrt{r^2 + (r')^2 + 2rr'} - \sqrt{r^2 + (r')^2 - 2rr'} \right)$$

$$\cong \frac{r' f(r')}{r} \{(r + r') - (r - r')\} = \frac{2(r')^2 f(r')}{r}$$

となる。

したがって

$$\int_0^a dr' \int_0^\pi \frac{(r')^2 f(r')}{\sqrt{r^2 + (r')^2 - 2rr'\cos\theta'}} \sin\theta' \, d\theta' = \frac{2}{r} \int_0^a f(r')(r')^2 \, dr'$$

となり

$$\phi(\vec{r}) = \frac{1}{4\pi\varepsilon} \int_0^{+a} dr' \int_0^\pi \frac{(r')^2 f(r')}{\sqrt{r^2 + (r')^2 - 2rr'\cos\theta'}} \sin\theta' d\theta' \int_0^{2\pi} d\phi'$$

$$= \frac{1}{\varepsilon r} \int_0^a f(r')(r')^2 dr'$$

となる。

　このように、電荷分布が球対称であり、その距離依存性 $f(r')$ がわかれば、電位を与える積分が実行できることになる。

　例えば一般的なケースとして、$r \gg a$ で半径 a の球内に存在する電荷の総和を Q とすると

$$\phi(\vec{r}) = \frac{Q}{4\pi\varepsilon r} = \frac{Q}{4\pi\varepsilon|\vec{r}|}$$

となる。

　これは、第 2 章で示したように、原点に電荷 Q を置いたときの、距離 r の点における電位である。つまり、電荷の存在する範囲が、それほど大きくない場合には、十分な距離だけ離れた点 $r (\gg a)$ での電位は、全電荷が原点にあるという近似が有効であることを示している。

　それでは、電荷の存在する半径 a の球から、それほど離れていない点における電位は、どうなるのであろうか。実は、この場合は、いまの単純な近似が成立しなくなる。このとき、利用されるのが、**多重極展開** (multipole expansion) である。

8.2. ルジャンドル多項式

　電荷の位置 $\vec{r}'$ と、電位の位置 $\vec{r}$ 間の距離は

$$|\vec{r} - \vec{r}'| = \sqrt{r^2 + (r')^2 - 2rr'\cos\theta'}$$

と与えられる。電位を求める場合には、この逆数である

$$\frac{1}{|\vec{r} - \vec{r}'|} = \frac{1}{\sqrt{r^2 + (r')^2 - 2rr'\cos\theta'}}$$

の計算が鍵を握る。ただし、この積分はそれほど簡単ではない。一方、一般的な手法として、この関数が級数展開できれば、それをもとに、近似的な積分を行うことができる。実は

$$\frac{1}{\sqrt{1-2xt+t^2}}$$

という関数の t に関するテーラー級数展開が可能であり

$$\frac{1}{\sqrt{1-2xt+t^2}}=\sum_{n=0}^{\infty}P_n(x)\,t^n$$

となることが知られている。

　このとき、$P_n(x)$ を**ルジャンドル多項式** (Legendre polynomial) と呼んでおり

$$P_0(x)=1 \quad P_1(x)=x \quad P_2(x)=\frac{1}{2}(3x^2-1) \quad P_3(x)=\frac{1}{2}(5x^3-3x)$$

$$P_4(x)=\frac{1}{8}(35x^4-30x^2+3) \quad\dots\quad P_n(x)=\frac{1}{2^n n!}\frac{d^n}{dx^n}(x^2-1)^n \quad\dots$$

と与えられる。

演習 8-4　つぎの関数をテーラー展開せよ。

$$\frac{1}{\sqrt{r^2+(r')^2-2rr'\cos\theta'}}$$

　解）　与式の分母を次のように変形する。

$$\frac{1}{\sqrt{r^2+(r')^2-2rr'\cos\theta'}}=\frac{1}{r\sqrt{1-2\left(\dfrac{r'}{r}\right)\cos\theta'+\left(\dfrac{r'}{r}\right)^2}}$$

ここで

$$t=\frac{r'}{r}\qquad x=\cos\theta'$$

と置けば

$$\frac{1}{r\sqrt{1-2tx+t^2}} = \frac{1}{r}\sum_{n=0}^{\infty} P_n(x)\, t^{\,n}$$

となるので、ルジャンドル多項式で級数展開が可能となる。

このとき

$$\frac{1}{|\vec{r}-\vec{r}'|} = \frac{1}{\sqrt{r^2+(r')^2-2rr'\cos\theta'}}$$

$$= \frac{1}{r\sqrt{1-2\left(\dfrac{r'}{r}\right)\cos\theta'+\left(\dfrac{r'}{r}\right)^2}} = \frac{1}{r}\sum_{n=0}^{\infty} P_n(\cos\theta')\left(\frac{r'}{r}\right)^{n}$$

と展開できることになる。

演習 8-5 $\dfrac{1}{|\vec{r}-\vec{r}'|}$ の $t=r'/r$ に関する展開式の最初の 4 項までを求めよ。

解）

$\dfrac{1}{r} P_n(\cos\theta')\left(\dfrac{r'}{r}\right)^{n}$ に、$n=0,1,2,3$ を代入すると

$$\frac{1}{r} P_0(\cos\theta')\left(\frac{r'}{r}\right)^{0} = \frac{1}{r} \qquad\qquad \frac{1}{r} P_1(\cos\theta')\left(\frac{r'}{r}\right)^{1} = \frac{r'}{r^2}\cos\theta'$$

$$\frac{1}{r} P_2(\cos\theta')\left(\frac{r'}{r}\right)^{2} = \frac{1}{r}\left(\frac{r'}{r}\right)^{2}\frac{1}{2}\{3(\cos\theta')^2-1\}$$

$$\frac{1}{r} P_3(\cos\theta')\left(\frac{r'}{r}\right)^{3} = \frac{1}{r}\left(\frac{r'}{r}\right)^{3}\frac{1}{2}\{5(\cos\theta')^3-3\cos\theta'\}$$

であるので

$$\frac{1}{|\vec{r}-\vec{r}'|} \cong \frac{1}{r}\sum_{n=0}^{3} P_n(\cos\theta')\left(\frac{r'}{r}\right)^{n}$$

$$= \frac{1}{r}\left\{1+\left(\frac{r'}{r}\right)\cos\theta'+\left(\frac{r'}{r}\right)^{2}\left(\frac{3}{2}(\cos\theta')^2-\frac{1}{2}\right)+\left(\frac{r'}{r}\right)^{3}\left(\frac{5}{2}(\cos\theta')^3-\frac{3}{2}\cos\theta'\right)\right\}$$

となる。

　いまは、$r \gg r'$ という状況を考えているので、電位を求める点の位置が遠くなるほど、この級数展開の高次の項を無視できることになる。あるいは、その逆で、電位を求める位置 r が近くなれば、それだけ高次の項まで取り入れる必要があることを意味している。

8. 2. 1.　電気単極子

　ここで、$n = 0$ 項までの近似は

$$\frac{1}{|\vec{r} - \vec{r}'|} = \frac{1}{\sqrt{r^2 + (r')^2 - 2rr'\cos\theta'}} = \frac{1}{r\sqrt{1 - 2\left(\dfrac{r'}{r}\right)\cos\theta' + \left(\dfrac{r'}{r}\right)^2}} \cong \frac{1}{r}$$

となるが、これは

$$r \gg r'$$

として、r'/r を、ほぼ 0 とみなす近似となっている。

　たとえば

$$\phi(\vec{r}) = \frac{1}{4\pi\varepsilon} \int \frac{\rho(\vec{r}')}{|\vec{r} - \vec{r}'|} d^3\vec{r}' = \frac{1}{4\pi\varepsilon} \int_V \frac{\rho(\vec{r}')}{|\vec{r} - \vec{r}'|} dV'$$

とすれば、これは体積 V' の中に電荷が存在する場合の電位を与える式となる。

演習 8-6　静電ポテンシャル $\phi(r)$ を測定する点の距離 r が、電荷が存在する領域 (V') の距離 r' よりも遠く離れている場合、電荷の総和を Q とするときの電位を求めよ。

　解）　$r \gg r'$ であるので、展開式の第 1 項で近似できるとすると

$$\frac{1}{|\vec{r} - \vec{r}'|} \cong \frac{1}{r}$$

となる。このとき

$$\phi(\vec{r}) = \frac{1}{4\pi\varepsilon} \int_V \frac{\rho(\vec{r}')}{|\vec{r} - \vec{r}'|} dV' = \frac{1}{4\pi\varepsilon r} \int_V \rho(\vec{r}') dV'$$

と置ける。

　ここで、体積 V' の中に存在する電荷の総和が Q であるので

$$Q = \int_{V'} \rho(\vec{r}') \, dV'$$

となるので

$$\phi(\vec{r}) = \frac{Q}{4\pi\varepsilon r} = \frac{Q}{4\pi\varepsilon |\vec{r}|}$$

と与えられることになる。

これは、原点に電荷 Q が 1 個置かれた場合の電位と等価であり、いわば**電気単極子** (electric monopole) に対応した電位と考えることができる。

それでは、つぎの項に対応した電位はどうなるのであろうか。そこで

$$\phi_0(\vec{r}) = \frac{Q}{4\pi\varepsilon |\vec{r}|}$$

として

$$\phi(\vec{r}) = \phi_0(\vec{r}) + \phi_1(\vec{r}) + \phi_2(\vec{r}) + \ldots$$

と置くことにしよう。

8.2.2. 電気双極子

このとき、$\phi_0(\vec{r})$ は、領域内の電荷の総和に相当する Q という単一電荷を原点に置いたときに生じる電位とみなすことができる。しかし、電荷の分布が均一でない場合には、なんらかの補正が必要となるが、その最初の補正に対応した項が $\phi_1(\vec{r})$ となるのである。

まず、距離の逆数の展開式を 2 項めまで示すと

$$\frac{1}{|\vec{r} - \vec{r}'|} = \frac{1}{r\sqrt{1 - 2\left(\dfrac{r'}{r}\right)\cos\theta' + \left(\dfrac{r'}{r}\right)^2}} \cong \frac{1}{r} + \frac{1}{r}P_1(\cos\theta')\left(\frac{r'}{r}\right)$$

となる。この右辺の第 2 項は

$$\frac{1}{r}P_1(\cos\theta')\left(\frac{r'}{r}\right) = \frac{1}{r^2}(\cos\theta')r'$$

と変形できる。したがって、この成分に対応した電位 $\phi_1(\vec{r})$ は、先ほどの積分に代入して

$$\phi_1(\vec{r}) = \frac{1}{4\pi\varepsilon} \int_{V'} \frac{\rho(\vec{r}')}{|\vec{r} - \vec{r}'|}\, dV' = \frac{1}{4\pi\varepsilon\, r^2} \int_{V'} \rho(\vec{r}')(\cos\theta')\, r'\, dV'$$

と与えられることになる。

　ここで、図 8-4 に電荷の位置ベクトル $\vec{r}'$ と電位の位置ベクトル $\vec{r}$ の関係を示す。この図から　$r r' \cos\theta' = \vec{r} \cdot \vec{r}'$　となることがわかる。

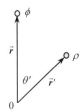

図 8-4　$\vec{r}$ は電位 ϕ を測定する点の位置ベクトル、$\vec{r}'$ は電荷 ρ の位置ベクトル、θ' は $\vec{r}$ と $\vec{r}'$ のなす角度である。

　この関係を踏まえれば、与式は、つぎのような変形が可能となる。

$$\phi_1(\vec{r}) = \frac{1}{4\pi\varepsilon\, r^3} \int_{V'} \rho(\vec{r}')\, r\, r' \cos\theta'\, dV' = \frac{1}{4\pi\varepsilon\, r^3} \int_{V'} \rho(\vec{r}')\, \vec{r} \cdot \vec{r}'\, dV'$$

さらに、$\rho(\vec{r}')$ は電位であるから定数であり、$\vec{r}$ は積分の外に出せるので

$$\phi_1(\vec{r}) = \frac{1}{4\pi\varepsilon\, r^3} \vec{r} \cdot \int_{V'} \rho(\vec{r}')\, \vec{r}'\, dV'$$

となる。実は、この成分は正負の電荷からなる対である**電気双極子** (electric dipole) がつくる電位に相当するのであるが、それを説明するために、まず、電荷対がつくる電位を求めてみる。いま、図 8-5 のように点電荷 $\pm q$ が距離 d だけ原点から離れた位置に置かれているとしよう。

　ここで、電位を求める点が原点から r だけ離れているとすると、電位 ϕ は

$$\phi(\vec{r}) = \frac{1}{4\pi\varepsilon} \left(\frac{+q}{|\vec{r} - \vec{r}_1'|} + \frac{-q}{|\vec{r} - \vec{r}_2'|} \right) = \frac{1}{4\pi\varepsilon} \left(\frac{q}{|\vec{r} - \vec{r}_1'|} - \frac{q}{|\vec{r} - \vec{r}_2'|} \right)$$

と与えられる。

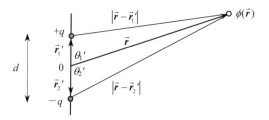

図 8-5 原点から等距離 $d/2$ だけ離れた $+q$ と $-q$ の電荷対がつくる電位

演習 8-7 余弦定理を利用して、$|\vec{r} - \vec{r}_1{}'|$ を r と d と $\theta_1{}'$ で示せ。

解） 図 8-6 に示した三角形に適用する。

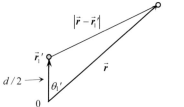

図 8-6

すると

$$|\vec{r} - \vec{r}_1{}'|^2 = r^2 + \left(\frac{d}{2}\right)^2 - rd\cos\theta_1{}' = r^2\left\{1 + \left(\frac{d}{2r}\right)^2 - \frac{d}{r}\cos\theta_1{}'\right\}$$

となる。

ここで、r が十分遠方にある $(r \gg d)$ とすれば

$$|\vec{r} - \vec{r}_1{}'|^2 \cong r^2\left(1 - \frac{d}{r}\cos\theta_1{}'\right)$$

と近似でき

$$\left| \vec{r} - \vec{r_1}' \right| \cong r \sqrt{1 - \frac{d}{r} \cos\theta_1'} = r \left(1 - \frac{d}{r} \cos\theta_1' \right)^{\frac{1}{2}}$$

から、マクローリン展開による近似を使うと

$$\frac{1}{\left| \vec{r} - \vec{r_1}' \right|} \cong \frac{1}{r} \left(1 - \frac{d}{r} \cos\theta_1' \right)^{-\frac{1}{2}} \cong \frac{1}{r} \left(1 + \frac{d}{2r} \cos\theta_1' \right)$$

となる。同様にして

$$\frac{1}{\left| \vec{r} - \vec{r_2}' \right|} \cong \frac{1}{r} \left(1 + \frac{d}{2r} \cos\theta_2' \right) = \frac{1}{r} \left(1 + \frac{d}{2r} \cos(\pi - \theta_1') \right) = \frac{1}{r} \left(1 - \frac{d}{2r} \cos\theta_1' \right)$$

となるので

$$\frac{1}{\left| \vec{r} - \vec{r_1}' \right|} - \frac{1}{\left| \vec{r} - \vec{r_2}' \right|} \cong \frac{d}{r^2} \cos\theta_1'$$

したがって

$$\phi(\vec{r}) = \frac{1}{4\pi\varepsilon} \left(\frac{q}{\left| \vec{r} - \vec{r_1}' \right|} - \frac{q}{\left| \vec{r} - \vec{r_2}' \right|} \right) \cong \frac{qd}{4\pi\varepsilon r^2} \cos\theta_1'$$

と与えられる。

　ここで、電磁気学を少し思い出してみよう。正負の電荷からなる対である電気双極子において、負から正の電荷に向かうベクトルとして

$$\vec{p} = q\vec{d} = q(\vec{r_1} - \vec{r_2})$$

を考える。このとき、q は電荷であり、ベクトル $\vec{d}$ は、正負の電荷間の距離 d を大きさに持つもので、電気双極子モーメントと呼ばれている。これを念頭において、電気双極子がつくる電位の式を変形すると

$$\phi(\vec{r}) \cong \frac{qd}{4\pi\varepsilon r^2} \cos\theta_1' = \frac{1}{4\pi\varepsilon r^3} qdr \cos\theta_1' = \frac{1}{4\pi\varepsilon r^3} \vec{p} \cdot \vec{r}$$

となる。ここで、先ほど求めた、級数展開の第 2 項に対応した電位の式

$$\phi_1(\vec{r}) = \frac{1}{4\pi\varepsilon r^3} \vec{r} \cdot \int_{V'} \rho(\vec{r}')\vec{r}' \, dV'$$

と比較してみよう。すると

$$\vec{p} = \int_{V'} \rho(\vec{r}')\vec{r}' \, dV'$$

という対応関係にあることがわかる。

　このように、展開式の第 2 項に対応した電位 $\phi_1(\vec{r})$ は、電気双極子がつくる電位となるのである。ここで、疑問が湧く。正と負の電荷が同数あれば、それらは打ち消しあうはずである。とすれば、電荷分布を考える出発点としては、複数の正（あるいは負）の電荷が空間に分布した状態となるはずである。そして、これら電荷の影響によって、遠方にある点の電位はどうなるかということを考えていたはずである。互いに打ち消しあう正負の電荷は想定していない。しかし、多重極展開したときの第 2 項は、正負からなる電気双極子に相当している。

　ここで、われわれが想定しているのは、電荷分布が不均一となる場合である。それが、均一であれば、総電荷が原点近傍にあるという近似で対応できるからである。ここで図 8-7 を見ていただきたい。

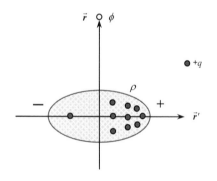

図 8-7　電荷分布が不均一であり、電荷の密度に偏りがあると、ちょうど電気双極子と似たような分布となる。

　この場合、電荷分布は不均一であり、体積分すべき領域において、ある領域の正電荷濃度が高くなっている。すると、濃度の濃淡により近似的な電気双極子が形成されることになる。多重極展開の第 2 項は、このような電荷の偏りを考慮した補正と考えられるのである。それでは、第 3 項はどうなるであろうか。

8.2.3. 電気4重極子

それでは、つぎの項 $P_2(x)$ に対応する電位 $\phi_2(\vec{r})$ を考えてみよう。まず、距離の逆数の近似式を第3項まで示すと

$$\frac{1}{|\vec{r}-\vec{r}'|} = \frac{1}{r\sqrt{1-2\left(\dfrac{r'}{r}\right)\cos\theta'+\left(\dfrac{r'}{r}\right)^2}} \cong \frac{1}{r} + \frac{1}{r}P_1(\cos\theta')\left(\frac{r'}{r}\right) + \frac{1}{r}P_2(\cos\theta')\left(\frac{r'}{r}\right)^2$$

となる。右辺の第3項は

$$\frac{1}{r}P_2(\cos\theta')\left(\frac{r'}{r}\right)^2 = \frac{1}{r^3}\left(\frac{3}{2}\cos^2\theta'-\frac{1}{2}\right)(r')^2$$

と変形できる。

したがって、この成分に対応した電位は、先ほどの積分に代入すると

$$\phi_2(\vec{r}) = \frac{1}{4\pi\varepsilon\,r^3}\int_{V'} \rho(\vec{r}')\left(\frac{3}{2}\cos^2\theta'-\frac{1}{2}\right)(r')^2\,dV'$$

と与えられる。

前節で、第2項に対応したものは、電気双極子的な電荷の不均一分布に対応した項ということを紹介した。実は、第3項は、電気双極子が2個ある場合に相当する電荷の不均一分布に対応したものなのである。これを**電気4重極子** (electric quadrupole) と呼んでいる。

ここで、図8-8に示すように、原点に $+q$ の電荷が2個、それから d だけ距離が離れた位置に $-q$ の電荷が、それぞれ2個、計4個の電荷が置かれた場合に原点から r だけ離れた点での電位 ϕ がどう与えられるかを考えてみよう。

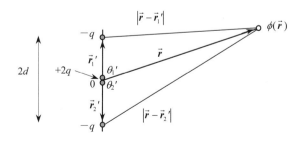

図8-8　電気4重極子がつくる電位

235

ここで、図 8-8 の配置においては、原点から r の距離の電位は

$$\phi(\vec{r}) = \frac{1}{4\pi\varepsilon}\left(\frac{-q}{|\vec{r}-\vec{r}_1'|} + \frac{+2q}{r} + \frac{-q}{|\vec{r}-\vec{r}_2'|}\right) = \frac{1}{4\pi\varepsilon}\left(\frac{2q}{r} - \frac{q}{|\vec{r}-\vec{r}_1'|} - \frac{q}{|\vec{r}-\vec{r}_2'|}\right)$$

$$= \frac{1}{4\pi\varepsilon}\left\{\frac{2q}{r} - q\left(\frac{1}{|\vec{r}-\vec{r}_1'|} + \frac{1}{|\vec{r}-\vec{r}_2'|}\right)\right\}$$

と与えられる。余弦定理から

$$\left|\vec{r}-\vec{r}_1'\right|^2 = r^2 + d^2 - 2rd\cos\theta_1' = r^2\left\{1 + \left(\frac{d}{r}\right)^2 - 2\left(\frac{d}{r}\right)\cos\theta_1'\right\}$$

となるので

$$\left|\vec{r}-\vec{r}_1'\right| = r\left\{1 + \left(\frac{d}{r}\right)^2 - 2\left(\frac{d}{r}\right)\cos\theta_1'\right\}^{\frac{1}{2}}$$

から

$$\frac{1}{\left|\vec{r}-\vec{r}_1'\right|} = \frac{1}{r}\left\{1 + \left(\frac{d}{r}\right)^2 - 2\left(\frac{d}{r}\right)\cos\theta_1'\right\}^{-\frac{1}{2}}$$

となる。

演習 8-8　　つぎのマクローリン展開

$$\frac{1}{\sqrt{1+x}} = (1+x)^{-\frac{1}{2}} = 1 - \frac{1}{2}x + \frac{1\cdot 3}{2\cdot 4}x^2 - \frac{1\cdot 3\cdot 5}{2\cdot 4\cdot 6}x^3 + \dots \quad (-1 < x \le 1)$$

を利用して、$1/|\vec{r}-\vec{r}_1'|$ を 2 次の項まで級数展開せよ。

解）

$$x = \left(\frac{d}{r}\right)^2 - 2\left(\frac{d}{r}\right)\cos\theta_1'$$

と置いてマクローリン展開すると

$$\left[1+\left\{\left(\frac{d}{r}\right)^2-2\left(\frac{d}{r}\right)\cos\theta_1'\right\}\right]^{-\frac{1}{2}}$$

$$=1-\frac{1}{2}\left\{\left(\frac{d}{r}\right)^2-2\left(\frac{d}{r}\right)\cos\theta_1'\right\}+\frac{3}{8}\left\{\left(\frac{d}{r}\right)^2-2\left(\frac{d}{r}\right)\cos\theta_1'\right\}^2+...$$

となる。ここで d/r に関して 2 次の項までを取り出すと

$$\frac{1}{|\vec{r}-\vec{r}_1'|}\cong\frac{1}{r}\left\{1+\cos\theta_1'\left(\frac{d}{r}\right)+\frac{3\cos^2\theta_1'-1}{2}\left(\frac{d}{r}\right)^2\right\}$$

となる。

同様にして

$$\frac{1}{|\vec{r}-\vec{r}_2'|}\cong\frac{1}{r}\left\{1+\cos\theta_2'\left(\frac{d}{r}\right)+\frac{3\cos^2\theta_2'-1}{2}\left(\frac{d}{r}\right)^2\right\}$$

となるが、$\theta_1'+\theta_2'=\pi$ であるから

$$\frac{1}{|\vec{r}-\vec{r}_2'|}=\frac{1}{r}\left\{1-\cos\theta_1'\left(\frac{d}{r}\right)+\frac{3\cos^2\theta_1'-1}{2}\left(\frac{d}{r}\right)^2\right\}$$

となる。

演習 8-9　次式の近似値を求めよ。

$$\phi(r)=\frac{1}{4\pi\varepsilon}\left\{\frac{2q}{r}-q\left(\frac{1}{|\vec{r}-\vec{r}_1'|}+\frac{1}{|\vec{r}-\vec{r}_2'|}\right)\right\}$$

解）　いま求めた値の和をとると

$$\frac{1}{|\vec{r}-\vec{r_1}'|}+\frac{1}{|\vec{r}-\vec{r_2}'|} \cong \frac{1}{r}\left\{2+(3\cos^2\theta_1'-1)\left(\frac{d}{r}\right)^2\right\}$$

となる。したがって

$$\phi(r)=\frac{1}{4\pi\varepsilon}\left\{\frac{2q}{r}-q\left(\frac{1}{|\vec{r}-\vec{r_1}'|}+\frac{1}{|\vec{r}-\vec{r_2}'|}\right)\right\}$$

$$\cong -\frac{q}{4\pi\varepsilon r}\left\{(3\cos^2\theta_1'-1)\left(\frac{d}{r}\right)^2\right\}=-\frac{q}{4\pi\varepsilon r^3}(3\cos^2\theta_1'-1)\,d^2$$

となる。

ここで、第 3 項に対応した成分は

$$\phi_2(\vec{r})=\frac{1}{4\pi\varepsilon r^3}\int_{V'}\rho(\vec{r}')\left(\frac{3}{2}\cos^2\theta'-\frac{1}{2}\right)(r')^2 dV'$$

という積分であったが、これがいま求めた値と一致することを確かめてみよう。電荷が 4 個であるので、積分は、それぞれ電荷のϕへの寄与の和となる。

ここで、被積分項にある $\rho(\vec{r}')$ と $(\vec{r}')^2$ の部分を考えてみよう。$\rho(\vec{r}')$ は電荷であり、原点から d の距離に 2 個の$-q$ と、原点に$+q$ の電荷が 2 個位置している。r'は原点との距離であるから、それぞれ

$$\rho(\vec{r}')=-q \qquad (r')^2=d^2$$
$$\rho(\vec{r}')=+2q \qquad (r')^2=0$$
$$\rho(\vec{r}')=-q \qquad (r')^2=(-d)^2=d^2$$

となる。よって

$$\int_{V'}\rho(\vec{r}')\left(\frac{3}{2}\cos^2\theta'-\frac{1}{2}\right)(r')^2 dV'=-q\left(\frac{3}{2}\cos^2\theta_1'-\frac{1}{2}\right)d^2-q\left(\frac{3}{2}\cos^2\theta_2'-\frac{1}{2}\right)d^2$$

$$=-\frac{3}{2}(\cos^2\theta_1'+\cos^2\theta_2')qd^2+qd^2$$

となる。ここで、$\theta_2'=\pi-\theta_1'$ であるから

$$\cos^2\theta_1'+\cos^2\theta_2'=\cos^2\theta_1'+\cos^2(\pi-\theta_1')=2\cos^2\theta_1'$$

となる。したがって

$$\int_{v'} \rho(\vec{r}')\left(\frac{3}{2}\cos^2\theta'-\frac{1}{2}\right)(r')^2 dV' = -3\cos^2\theta_1'qd^2 + qd^2 = -(3\cos^2\theta_1'-1)qd^2$$

となり、第 3 項は

$$\phi_2(\vec{r}) = \frac{1}{4\pi\varepsilon\, r^3}\int_{v'} \rho(\vec{r}')\left(\frac{3}{2}\cos^2\theta'-\frac{1}{2}\right)(r')^2 dV'$$

$$= -\frac{q}{4\pi\varepsilon\, r^3}(3\cos^2\theta_1'-1)d^2$$

と与えられるので、先ほど求めた値と一致することが確かめられる。

　この成分が、電気 4 重極子に対応する。いまは、直線状に並んだ 4 重極子の結果である。この際、図 8-8 の正負の電荷の配置を入れ替えれば、上記の符号は正となる。

　また、4 重極の配置に関しては、図 8-9 に示すようなものも考えられる。このような電荷分布まで考えた補正が第 3 項なのである。

図 8-9　いろいろな電気 4 重極子の配置

　原子核 (atomic nucleus) は、正に帯電した**陽子** (proton) と**中性子** (neutron) からなっている。このとき、正電荷の分布が球対称であれば、電荷の総和が中心に存在するという近似で充分である。しかし、図 8-10 に示すように陽子すなわち正電荷の分布が球対称でない場合には、電気 4 重極子と同じような電荷分布となる。これを利用すれば、化合物の状態などの分析も可能である。

　例えば、電気 4 重極子を形成できる原子が化合物を形成すると、電場勾配を生じる。この結果、エネルギー分裂が生じる。このエネルギー準位の差に相当する電磁波を照射すると、低エネルギー準位の核スピン状態から高エネルギー準位に

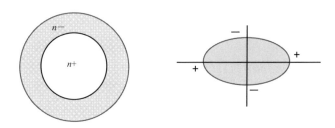

図 8-10 原子核内の陽子分布が球対称の場合は、電荷の和が中心にあると近似できる。一方、陽子分布が対称でない場合、図に示すように、電気4重極子が形成される。

励起される。この遷移や緩和時間などの測定によって、原子核周辺の電子状態を解析できるのである。

8.2.4. 電気8重極子

それでは、ルジャンドル展開の項 $P_3(x)$ に対応する電位 $\phi_3(\vec{r})$ はどうであろうか。いままでの流れから、この項は、**電気8重極子** (electric octupole) に対応することが予想できるが、まさに8重極子に対応している。

まず、距離の逆数の近似式は

$$\frac{1}{r\sqrt{1-2\left(\dfrac{r'}{r}\right)\cos\theta'+\left(\dfrac{r'}{r}\right)^2}}$$

$$\cong \frac{1}{r}+\frac{1}{r}P_1(\cos\theta')\left(\frac{r'}{r}\right)+\frac{1}{r}P_2(\cos\theta')\left(\frac{r'}{r}\right)^2+\frac{1}{r}P_3(\cos\theta')\left(\frac{r'}{r}\right)^3$$

となる。右辺の第4項は

$$\frac{1}{r}P_3(\cos\theta')\left(\frac{r'}{r}\right)^3=\frac{1}{r^4}\left(\frac{5}{2}\cos^3\theta'-\frac{3}{2}\cos\theta'\right)(r')^3$$

と変形できる。

実は、この第4項めに対応した成分 $\phi_3(\vec{r})$ は、電気8重極子に対応した電位となり、つぎの構造を有する（図 8-11 参照）。

以下、同様にして、項数が増えるにしたがって、電気極子の数が倍々と増えた

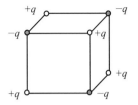

図 8-11　電気 8 重極子の配置の例。ここでは立方体を描いているが、6 面体を含めて、いろいろな配置が考えられる。

ものに対応していく。つまり、ある領域に分布している電荷がつくる電位は、充分距離が離れている場合には、原点に総電荷があるという近似で十分である。

　しかし、距離が近づくにつれて、この単純な近似では不十分となり、まず、電気双極子がつくるような電荷の不均一分布を考慮した補正が必要となる。さらに、距離が近づいた場合には、電気 4 重極子がつくるような電荷の不均一分布に対応した補正を行う。これが多重極展開である。実際の応用においては、電気 4 重極子までの補正で充分とされている。

8.3.　ベクトルポテンシャルの多重極展開

　ベクトルポテンシャルは、静電ポテンシャルと同じように

$$\vec{A}\,(\vec{r}) = \frac{\mu}{4\pi}\int \frac{\vec{J}(\vec{r}\,')}{|\,\vec{r} - \vec{r}\,'|}d^3\vec{r}\,'$$

という積分によって与えられる。ここで、重要なのは、静電ポテンシャルのもとは点電荷であるが、ベクトルポテンシャルの場合は電流成分という違いである。表記の式は、位置ベクトル $\vec{r}\,'$ の点にある電流成分 $\vec{J}(\vec{r}\,')$ が、位置ベクトル $\vec{r}$ の点につくるベクトルポテンシャル $\vec{A}(\vec{r})$ を示したものである。ただし、位置ベクトル $\vec{r}\,'$ における電流成分の寄与の積算は、電流の流れている全空間で行う。

　電荷の場合と同様に、ベクトルポテンシャルのもとである電流成分の回路が複雑であると、この積分を計算することはできない。よって、電荷と同様の近似が必要となる。これが、多重極展開である。

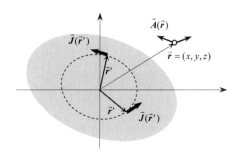

図 8-12 ベクトルポテンシャルは空間内に存在する電流成分からの寄与を積算することでえられる。静電ポテンシャルの場合には、電流成分ではなく、点電荷であった。

　ところで、電流要素を起源とするベクトルポテンシャルでは、電荷と異なる特徴がある。それは、ある体積 V' 内に流れる電流の末端は、開放されていることはなく、必ず、図 8-13 に示すように電流の閉回路となるという点である。

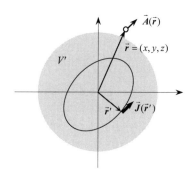

図 8-13 定常電流は、閉回路をつくる。したがって、ベクトルポテンシャルのもとは、電流ループとなるはずである。

　したがって、ベクトルポテンシャルの場合は、電荷と異なり、電流は閉ループを形成することを前提に展開を進めることになる。そして、ループを流れる電流値は常に一定となる。電荷の場合と同様に、r 方向を z 軸にとり、図 8-14 のような極座標を用いる。

　このとき、静電ポテンシャルで行った展開とまったく同じ手法が使える。まず、

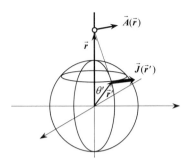

図 8-14　ベクトルポテンシャルを求める方向が z 軸に平行とした場合の極座標表示。

両者の距離の逆数は

$$\frac{1}{|\vec{r}-\vec{r}'|}=\frac{1}{\sqrt{r^2+(r')^2-2rr'\cos\theta'}}$$

となるが、$P_n(x)$をルジャンドル多項式

$$P_0(x)=1 \qquad P_1(x)=x \qquad P_2(x)=\frac{1}{2}(3x^2-1) \qquad P_3(x)=\frac{1}{2}(5x^3-3x) \quad ...$$

として

$$\frac{1}{\sqrt{r^2+(r')^2-2rr'\cos\theta'}}=\frac{1}{r\sqrt{1-2\left(\dfrac{r'}{r}\right)\cos\theta'+\left(\dfrac{r'}{r}\right)^2}}=\frac{1}{r}\sum_{n=0}^{\infty}P_n(\cos\theta')\left(\frac{r'}{r}\right)^n$$

と展開できることを紹介した。

展開式を示すと

$$\frac{1}{|\vec{r}-\vec{r}'|}=\frac{1}{r}P_0(\cos\theta')\left(\frac{r'}{r}\right)^0+\frac{1}{r}P_1(\cos\theta')\left(\frac{r'}{r}\right)^1+\frac{1}{r}P_2(\cos\theta')\left(\frac{r'}{r}\right)^2+...$$

$$=\frac{1}{r}+\frac{1}{r^2}r'(\cos\theta')+\frac{1}{r^3}(r')^2\left\{\frac{3}{2}(\cos\theta')^2-\frac{1}{2}\right\}+...$$

となる。

演習 8-10　ベクトルポテンシャルの多重極展開を最初の第 3 項まで求めよ。

解)

$$\vec{A}(\vec{r}) = \vec{A}_0(\vec{r}) + \vec{A}_1(\vec{r}) + \vec{A}_2(\vec{r}) + \ldots$$

と置くと

$$\vec{A}_0(\vec{r}) = \frac{\mu}{4\pi r}\int \vec{J}(\vec{r}')\,d^3\vec{r}' \qquad\qquad \vec{A}_1(\vec{r}) = \frac{\mu}{4\pi r^2}\int \vec{J}(\vec{r}')\,r'\cos\theta'\,d^3\vec{r}'$$

$$\vec{A}_2(\vec{r}) = \frac{\mu}{4\pi r^3}\int \vec{J}(\vec{r}')(r')^2\left(\frac{3}{2}\cos^2\theta' - \frac{1}{2}\right)d^3\vec{r}'$$

となる。

　ただし、積分範囲は電流要素のある領域である。以後、このルールに従うことにする。ここで、多重極展開式の第1項

$$\vec{A}_0(\vec{r}) = \frac{\mu}{4\pi r}\int \vec{J}(\vec{r}')\,d^3\vec{r}'$$

について見てみよう。このとき、図 8-15 に示すように、閉ループに流れる電流は一定で I となる。閉ループでは、電流は増えも減りもしないからである。このとき、上記積分は

$$\int \vec{J}(\vec{r}')\,d^3\vec{r}' = \oint_C \vec{I}\,ds$$

と置くことができる。ここで $\vec{I}$ は電流ベクトルで

$$\left|\vec{I}\right| = I$$

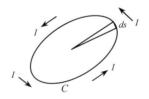

図 8-15　定電流 I が流れている閉回路において、電流成分を回路 C に沿って積算（周回積分）したものは 0 となる。

となる。また、ds はループに沿った微小線分要素である。この積分は I をスカラーとし

$$\int \vec{J}(\vec{r}')\,d^3\vec{r}' = \oint_C I\,d\vec{s}$$

のように、ループに沿った微小要素 $d\vec{s}$ をベクトルと置くこともできる。

　ここで、$\vec{I}$ が流れる閉ループが、図 8-16 のような円とすれば

$$\vec{I} = I \begin{pmatrix} -\sin\theta \\ \cos\theta \end{pmatrix} = -I\sin\theta\,\vec{e}_x + I\cos\theta\,\vec{e}_y$$

となる。

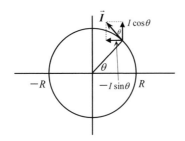

図 8-16　定電流が流れている円形リングの電流ベクトル

　ここで、円の半径を R とすれば $ds = Rd\theta$ であるから

$$\oint_C \vec{I}\,ds = -\vec{e}_x \int_0^{2\pi} IR\sin\theta\,d\theta + \vec{e}_y \int_0^{2\pi} IR\cos\theta\,d\theta$$

$$= \vec{e}_x \left[IR\cos\theta \right]_0^{2\pi} + \vec{e}_y \left[IR\sin\theta \right]_0^{2\pi} = 0$$

となる。ただし、$\vec{e}_x$ と $\vec{e}_y$ は、x 方向と y 方向の単位ベクトルである。つまり、ベクトルポテンシャルの展開式における最初の項は $\vec{A}_0(\vec{r}) = 0$ となる。

　これは、何を意味するのであろうか。まず、この項は、閉ループの電流要素から、ベクトルポテンシャルを測定する点との距離

$$\left| \vec{r} - \vec{r}' \right|$$

を $r = |\vec{r}|$ で近似したものである。つまり

$$\vec{A}(\vec{r}) = \frac{\mu}{4\pi} \int \frac{\vec{J}(\vec{r}')}{|\vec{r} - \vec{r}'|} d^3\vec{r}'$$

を閉ループ C に沿って、定電流 I が流れるとした

$$\vec{A}(\vec{r}) = \frac{\mu I}{4\pi} \oint_C \frac{d\vec{s}}{|\vec{r} - \vec{r}'|}$$

という式において

$$\vec{A}(\vec{r}) = \frac{\mu I}{4\pi} \oint_C \frac{d\vec{s}}{|\vec{r} - \vec{r}'|} \cong \frac{\mu I}{4\pi r} \oint_C d\vec{s}$$

と近似したことに相当する。

　これは、測定点が、図 8-17 に示すように、閉ループから遠く離れており、さらに閉ループの半径も r に比べて、はるかに小さい状況を想定している。

　さらに、静電ポテンシャルの解析を思い出せば、この項は、電荷の場合には、

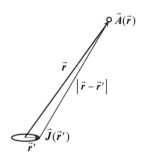

図 8-17　ベクトルポテンシャルの多重極展開における第 1 項の近似が想定している電流ループと測定点との関係。

単一電荷近似に相当する。そして、これが 0 ということは、磁場では、**単一磁荷 (monopole)** が存在しないということを意味しているのである。

　つぎに、第 2 項を見てみよう。それは

$$\vec{A}_1(\vec{r}) = \frac{\mu}{4\pi r^2} \int \vec{J}(\vec{r}') \, r' \cos\theta' \, d^3\vec{r}'$$

となる。ここで、内積を利用して変形すると

$$\vec{A}_1(\vec{r}) = \frac{\mu}{4\pi r^3}\int \vec{J}(\vec{r}')r'\, r\cos\theta'\, d^3\vec{r}' = \frac{\mu}{4\pi r^3}\int \vec{J}(\vec{r}')(\vec{r}'\cdot\vec{r})d^3\vec{r}'$$

となる。実は

$$\frac{1}{|\vec{r}-\vec{r}'|} = \frac{1}{r}\left[1 + \frac{\vec{r}\cdot\vec{r}'}{r} + \frac{1}{2r^4}\{3(\vec{r}\cdot\vec{r}')^2 - r^2 r'^2\} + ...\right]$$

という展開も可能であり、こちらの式を利用する場合もある。このとき

$$\vec{A}_0(\vec{r}) = \frac{\mu}{4\pi r}\int \vec{J}(\vec{r}')d^3\vec{r}' \qquad \vec{A}_1(\vec{r}) = \frac{\mu}{4\pi r^3}\int \vec{J}(\vec{r}')(\vec{r}'\cdot\vec{r})d^3\vec{r}'$$

$$\vec{A}_2(\vec{r}) = \frac{\mu}{8\pi r^5}\int \vec{J}(\vec{r}')\{3(\vec{r}'\cdot\vec{r})^2 - r^2 r'^2\}d^3\vec{r}' \quad ...$$

となる。

演習 8-11　つぎのベクトル公式

$$(\vec{a}\times\vec{b})\times\vec{c} = \vec{b}(\vec{a}\cdot\vec{c}) - \vec{a}(\vec{b}\cdot\vec{c})$$

を利用して、被積分関数 $\vec{J}(\vec{r}')(\vec{r}'\cdot\vec{r})$ を変形せよ。

解）

$$\vec{b}(\vec{a}\cdot\vec{c}) = (\vec{a}\times\vec{b})\times\vec{c} + \vec{a}(\vec{b}\cdot\vec{c})$$

となる。よって、被積分項は

$$\vec{J}(\vec{r}')(\vec{r}'\cdot\vec{r}) = \{\vec{r}'\times\vec{J}(\vec{r}')\}\times\vec{r} + \vec{r}'\{(\vec{J}(\vec{r}')\cdot\vec{r})\}$$

と変形できる。

それぞれの項で、変数 r' に関する体積分をとると

$$\int \vec{J}(\vec{r}')(\vec{r}'\cdot\vec{r})d^3\vec{r}' = \int\{\vec{r}'\times\vec{J}(\vec{r}')\}d^3\vec{r}'\times\vec{r} + \int\vec{r}'\{(\vec{J}(\vec{r}')\cdot\vec{r})\}d^3\vec{r}'$$

$$= \left[\int \{\vec{r}' \times \vec{J}(\vec{r}')\} d^3\vec{r}' \right] \times \vec{r} + \int \vec{r}' \{\vec{J}(\vec{r}') \cdot \vec{r}\} d^3\vec{r}'$$

となる。右辺の第 1 項における $\times\vec{r}$ は r' に関する積分とは関係ないため、積分の外に出せることに注意されたい。

　実は

$$\int \vec{J}(\vec{r}')(\vec{r}' \cdot \vec{r}) d^3\vec{r}' = -\int \vec{r}' \{(\vec{J}(\vec{r}') \cdot \vec{r})\} d^3\vec{r}'$$

という関係が成立し、その結果

$$\vec{A}_1(\vec{r}) = \frac{\mu}{4\pi r^3} \int \vec{J}(\vec{r}')(\vec{r}' \cdot \vec{r}) d^3\vec{r}' = \frac{\mu}{4\pi r^3} \frac{1}{2} \left[\int \{\vec{r}' \times \vec{J}(\vec{r}')\} d^3\vec{r} \right] \times \vec{r}$$

という関係がえられ、[ ] が**磁気双極子** (magnetic dipole) に対応することがわかるのである。ただし、このままでは煩雑なので、表記を変えてみよう。まず、$\vec{r}$ は定数ベクトルであるので $\vec{a}$ と置く。さらに $\vec{r}'$ を $\vec{r}$ とすると、変数ベクトルが

$$\vec{r} = (x, y, z)$$

となり、かなりわかりやすくなる。このとき

$$\int \vec{J}(\vec{r})(\vec{r} \cdot \vec{a}) d^3\vec{r} = -\int \vec{r} \{(\vec{J}(\vec{r}) \cdot \vec{a})\} d^3\vec{r}$$

が成立することを確かめればよいことになる。そのための工夫をする。左辺の被積分関数に x を乗じる。

$$x\vec{J}(\vec{r})(\vec{r} \cdot \vec{a}) = x (\vec{r} \cdot \vec{a}) \vec{J}(\vec{r}) = \{x (\vec{r} \cdot \vec{a})\} \vec{J}(\vec{r})$$

そのうえで、このベクトルの div すなわち $\nabla\cdot$ をとる。すると、{ } 内はスカラーであり、$\vec{J}(\vec{r})$ がベクトルである。ϕ がスカラー、$\vec{D}$ をベクトルとしたときの div は

$$\nabla \cdot \phi \vec{D} = \nabla\phi \cdot \vec{D} + \phi \nabla \cdot \vec{D}$$

という式を思い出すと

$$\nabla \cdot \{x(\vec{r} \cdot \vec{a})\} \vec{J}(\vec{r}) = [\nabla \{x(\vec{r} \cdot \vec{a})\}] \cdot \vec{J}(\vec{r}) + \{x(\vec{r} \cdot \vec{a})\} \nabla \cdot \vec{J}(\vec{r})$$

となる。ここで、閉回路における電流保存の法則から $\nabla \cdot \vec{J}(\vec{r}) = 0$ となって第 2 項は消える。よって

$$\nabla \cdot \{x(\vec{r} \cdot \vec{a})\} \, \vec{J}(\vec{r}) \ = [\nabla\{x(\vec{r} \cdot \vec{a})\}] \cdot \vec{J}(\vec{r})$$

となる。

　ここで、スカラー部分の $x(\vec{r} \cdot \vec{a})$ は積となっているので、関数の積の勾配 grad において成立する

$$\nabla(\phi\varphi) = \phi\nabla\varphi + \varphi\nabla\phi$$

を使うと

$$\nabla\{x(\vec{r} \cdot \vec{a})\} = \nabla x \, (\vec{r} \cdot \vec{a}) + x\nabla(\vec{r} \cdot \vec{a})$$

と分解できる。

演習 8-12　ベクトルを成分で計算することにより、上記の関係が成立することを確かめよ。

　解）

$$\nabla\{x(\vec{r} \cdot \vec{a})\} = \nabla(x^2 a_x + xy a_y + xz a_z) = \begin{pmatrix} 2xa_x + ya_y + za_z + x^2\,(\partial a_x / \partial x) \\ xa_y + xy\,(\partial a_y / \partial y) \\ xa_z + xz\,(\partial a_z / \partial z) \end{pmatrix}$$

となるが、$\vec{a}$ は定数ベクトルであるから

$$\nabla\{x(\vec{r} \cdot \vec{a})\} = \begin{pmatrix} xa_x \\ xa_y \\ xa_z \end{pmatrix} + \begin{pmatrix} xa_x + ya_y + za_z \\ 0 \\ 0 \end{pmatrix} = x\vec{a} + \begin{pmatrix} 1 \\ 0 \\ 0 \end{pmatrix}(\vec{r} \cdot \vec{a})$$

となる。

　つぎに、右辺の $\nabla x\,(\vec{r} \cdot \vec{a}) + x\nabla(\vec{r} \cdot \vec{a})$ を計算してみよう。まず

$$\nabla x = \begin{pmatrix} \partial x / \partial x \\ 0 \\ 0 \end{pmatrix} = \begin{pmatrix} 1 \\ 0 \\ 0 \end{pmatrix} \quad \text{から} \quad \nabla x\,(\vec{r} \cdot \vec{a}) = \begin{pmatrix} 1 \\ 0 \\ 0 \end{pmatrix}(\vec{r} \cdot \vec{a})$$

つぎに、ふたたび $\vec{a}$ が定数ベクトルであることを使うと

$$\nabla(\vec{r} \cdot \vec{a}) = \nabla(xa_x + ya_y + za_z) = \begin{pmatrix} a_x + x(\partial a_x/\partial x) \\ a_y + y(\partial a_y/\partial y) \\ a_z + z(\partial a_z/\partial z) \end{pmatrix} = \begin{pmatrix} a_x \\ a_y \\ a_z \end{pmatrix} = \vec{a}$$

となる。よって

$$\nabla x\,(\vec{r} \cdot \vec{a}) + x\nabla(\vec{r} \cdot \vec{a}) = x\vec{a} + \begin{pmatrix} 1 \\ 0 \\ 0 \end{pmatrix}(\vec{r} \cdot \vec{a})$$

となって、表記の等式が成立することが確かめられる。

　ここで、われわれの目的は

$$\int \vec{J}(\vec{r})(\vec{r} \cdot \vec{a})d^3\vec{r} = -\int \vec{r}\{(\vec{J}(\vec{r}) \cdot \vec{a})\}d^3\vec{r}$$

が成立することを確かめることであった。いま

$$\nabla\{x(\vec{r} \cdot \vec{a})\} = \nabla x(\vec{r} \cdot \vec{a}) + x\vec{a}$$

が成立することが確かめられたので

$$\nabla \cdot \{x(\vec{r} \cdot \vec{a})\}\,\vec{J}(\vec{r}) = \nabla x \cdot \vec{J}(\vec{r})(\vec{r} \cdot \vec{a}) + x\vec{J}(\vec{r}) \cdot \vec{a}$$

$$= (\vec{r} \cdot \vec{a})(1 \quad 0 \quad 0)\begin{pmatrix} \vec{J}_x(\vec{r}) \\ \vec{J}_y(\vec{r}) \\ \vec{J}_z(\vec{r}) \end{pmatrix} + x\vec{J}(\vec{r}) \cdot \vec{a} = \vec{J}_x(\vec{r})(\vec{r} \cdot \vec{a}) + x\vec{J}(\vec{r}) \cdot \vec{a}$$

となる。よって

$$\nabla \cdot \{x\,(\vec{r} \cdot \vec{a})\vec{J}(\vec{r})\} = \vec{J}_x(\vec{r})(\vec{r} \cdot \vec{a}) + x\vec{J}(\vec{r}) \cdot \vec{a}$$

という等式が成立する。ここで、左辺の体積分は

$$\int \nabla \cdot \{x(\vec{r} \cdot \vec{a})\}\,\vec{J}(\vec{r})d^3\vec{r} = \int \nabla \cdot \{x(\vec{r} \cdot \vec{a})\}\,\vec{J}(\vec{r})dV$$

$$= \int \{x(\vec{r} \cdot \vec{a})\}\,\vec{J}(\vec{r}) \cdot d\vec{S}$$

のような面積分に変わる。ここで、**ガウスの発散定理** (Divergence theorem of Gauss) を思い出してみよう。それは、V を閉曲面 S によって囲まれた体積とし、

$\vec{D}$ を連続な位置のベクトル関数とするとき

$$\int \nabla \cdot \vec{D}\,dV = \int \vec{D}\cdot d\vec{S} = \int \vec{D}\cdot \vec{n}\,dS$$

が成立するというものであった。ただし、$\vec{n}$ は曲面 S に対して外向きの単位法線ベクトルである。これは、この体積 V から曲面 S を通して外部に出ていく成分に相当する。これをいまの場合に適用すると

$$\vec{D} = x\vec{J}(\vec{r})(\vec{r}\cdot\vec{a}) = x\vec{J}(\vec{r})(xa_x + ya_y + za_z)$$

$$= (x^2 a_x + xy a_y + xz a_z)\vec{J}(\vec{r})$$

となり、$\vec{D}$ は位置のベクトル関数である。よって、ガウスの発散定理が適用できる。ここで、$\vec{J}(\vec{r})$ は閉ループを描くので、$\vec{D}$ も閉ループを描くはずである。ここで、図 8-18 に示すように、これらのループを包むように、体積 V を選ぶことができる。

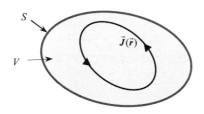

図 8-18　$\vec{J}(\vec{r})$ は閉回路に沿って流れるため、そのループを包含するように、ガウス発散定理の体積 V と閉曲面 S を選ぶことができる。

　この場合、閉曲面 S を通って外に出ていく $\vec{D} = x\vec{J}(\vec{r})(\vec{r}\cdot\vec{a})$ の成分はないので

$$\int \nabla\cdot\{x(\vec{r}\cdot\vec{a})\}\,\vec{J}(\vec{r})\,d^3\vec{r} = 0$$

となる。したがって

$$\int \nabla \cdot \{ x \vec{J}(\vec{r})(\vec{r} \cdot \vec{a}) \} d^3\vec{r} = \int \vec{J}_x(\vec{r})(\vec{r} \cdot \vec{a}) \, d^3\vec{r} + \int x \vec{J}(\vec{r}) \cdot \vec{a} \, d^3\vec{r} = 0$$

となり

$$\int \vec{J}_x(\vec{r})(\vec{r} \cdot \vec{a}) \, d^3\vec{r} = -\int x \vec{J}(\vec{r}) \cdot \vec{a} \, d^3\vec{r}$$

という関係がえられる。同様にして、y, z に関しても

$$\int \vec{J}_y(\vec{r})(\vec{r} \cdot \vec{a}) \, d^3\vec{r} = -\int y \vec{J}(\vec{r}) \cdot \vec{a} \, d^3\vec{r}$$

$$\int \vec{J}_z(\vec{r})(\vec{r} \cdot \vec{a}) \, d^3\vec{r} = -\int z \vec{J}(\vec{r}) \cdot \vec{a} \, d^3\vec{r}$$

という同様の関係が成立する。これら式の、辺々を足すと

$$\int \vec{J}(\vec{r})(\vec{r} \cdot \vec{a}) \, d^3\vec{r} = -\int \vec{r} \{ (\vec{J}(\vec{r}) \cdot \vec{a}) \} \, d^3\vec{r}$$

となる。ここで、座標をもとに戻すと、結局

$$\int \vec{J}(\vec{r}')(\vec{r}' \cdot \vec{r}) d\vec{r}' = -\int \vec{r}' \{ (\vec{J}(\vec{r}') \cdot \vec{r}) \} d\vec{r}'$$

という関係がえられ、所望の目的を達成することができた。

したがって

$$\vec{A}_1(\vec{r}) = \frac{\mu}{4\pi r^3} \int \vec{J}(\vec{r}')(\vec{r}' \cdot \vec{r}) d^3\vec{r}' = \frac{\mu}{4\pi r^3} \frac{1}{2} \left[\int \{ \vec{r}' \times \vec{J}(\vec{r}') \} d^3\vec{r} \right] \times \vec{r}$$

という関係がえられることになる。

ここで、閉ループ C に沿って定電流 I が流れている状態を想定すると

$$\vec{A}_1(\vec{r}) = \frac{\mu}{4\pi r^3} \frac{1}{2} \left[\int \{ \vec{r}' \times \vec{J}(\vec{r}') \} d^3\vec{r} \right] \times \vec{r}$$

となるが、すでに紹介したように

$$\vec{m} = \frac{1}{2} \oint_C \{ \vec{r}' \times \vec{J}(\vec{r}') \} d\vec{s}$$

は、磁気双極子のモーメントとなる。したがって

$$\vec{A}_1(\vec{r}) = \frac{\mu}{4\pi r^3} \vec{m} \times \vec{r}$$

となる。

演習 8-13　つぎの式が磁気モーメントなることを確かめよ。

$$\vec{m} = \frac{1}{2}\oint_C \{\vec{r}' \times \vec{J}(\vec{r}')\}\, d\vec{s}$$

解）　ある閉ループ C に一定の電流 I が流れているとすると

$$\oint_C \{\vec{r}' \times \vec{J}(\vec{r}')\}\, d\vec{s} = I\oint_C \vec{r}' \times d\vec{r}'$$

となる。この周回積分を図示すると図 8-19 のようになる。

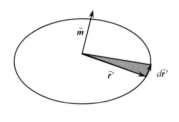

図 8-19

このとき、ベクトル積の関係から $\vec{m}$ は、図の方向となる。そして

$$\frac{1}{2}\left|\vec{r}' \times d\vec{r}'\right|$$

は、斜辺部の面積となるから、これを周回積分した結果は、電流が流れる閉ループの面積 S となる。したがって

$$\left|\vec{m}\right| = IS$$

となる。これは、まさに閉電流がつくる磁気モーメントに相当する。

ここで、$\vec{A}(\vec{r}) = \dfrac{\mu}{4\pi r^3}\vec{m} \times \vec{r}$ という結果から　$\vec{B} = \nabla \times \vec{A}$　を利用して、磁場を計

算することもできる。

$$\vec{B}(\vec{r}) = \nabla \times \vec{A}(\vec{r}) = \frac{\mu}{4\pi} \nabla \times \left(\frac{\vec{m} \times \vec{r}}{r^3} \right)$$

この右辺は、すでに第3章の演習3-11に示したように

$$\vec{B}(\vec{r}) = \frac{\mu}{4\pi} \left(\frac{3(\vec{m} \cdot \vec{r})\vec{r} - r^2 \vec{m}}{r^5} \right)$$

と与えられる。

つぎに、ベクトルポテンシャルを多重極展開したときの第3項は

$$\vec{A}_2(\vec{r}) = \frac{\mu}{4\pi r^3} \int \vec{J}(\vec{r}')(r')^2 \left(\frac{3}{2}\cos^2\theta' - \frac{1}{2} \right) d^3\vec{r}'$$

と与えられるが、これは磁気4重極子に対応する。

状況としては、磁場源となる領域に、電流ループが2個存在する状態に対応する。あるいは、より実用的には永久磁石が2個存在する状態と考えることもできる。これ以降は、磁気双極子（永久磁石）が複数配列したらどうなるかという観点で、さらなる多重極展開が可能となる。よって、ベクトルポテンシャルにおいて本質的に重要な項は $\vec{A}_1(\vec{r})$ である。

第9章　アハラノフ-ボーム効果

9.1.　ベクトルポテンシャルは実在するか

電磁場 (electromagnetic field) の物理的実態は、電場 (electric field) と磁場 (magnetic field) である。ベクトルポテンシャル (vector potential) $\vec{A}$ は

$$\vec{B} = \text{rot}\,\vec{A} = \nabla \times \vec{A}$$

というベクトル演算によって、磁束密度ベクトル $\vec{B}$ から定義されるものであり、単なる数学的な便法で導入された仮想的な物理量 (virtual physical quantity) に過ぎない。これが、一般的な解釈であった。

実際に、ベクトルポテンシャルを導入すると、いろいろな電磁現象を解析する際に便利であることは、本書で紹介してきたので、その効用については実感できたことと思う。さらに、量子力学においては、ベクトルポテンシャルが大活躍する。シュレーディンガー方程式にも

$$\hat{H} = \frac{1}{2m}(\hat{\boldsymbol{p}} - q\vec{A})^2$$

のように、磁束密度ベクトルではなく、ベクトルポテンシャルが顔を出す。

実は、歴史的には、ベクトルポテンシャルこそが電磁場における主役ではないかという提案がマックスウェルから出されたこともあったのである。その背景は、電荷のない空間で成立する次の 2 式で示される。

$$\vec{B} = \text{rot}\,\vec{A} = \nabla \times \vec{A} \qquad\qquad \vec{E} = -\frac{\partial \vec{A}}{\partial t}$$

これらの式をみると、ベクトルポテンシャルが回転するとき、磁場が発生し、それが時間変化するときに、電場が発生すると解釈できる。したがって、<u>ベクトルポテンシャルこそが電磁場の主役であり本質である</u>ということを示唆してい

るのである。

　ただし、電場や磁場は、測定器によって実測できるのに対し、ベクトルポテンシャルは実測できない。さらに、ベクトルポテンシャル $\vec{A}$ には任意性がある。それは、同じ磁束密度ベクトル $\vec{B}$ を与えるベクトルポテンシャルが

$$\vec{A}'(\vec{r}) = \vec{A}(\vec{r}) + \nabla\eta(\vec{r})$$

あるいは

$$\vec{A}'(\vec{r}) = \vec{A}(\vec{r}) + \mathrm{grad}\,\eta(\vec{r})$$

と置けるからである。

　ただし、$\eta(\vec{r})$ は任意のゲージ関数であり、grad $\eta(\vec{r})$（あるいは $\nabla\eta(\vec{r})$）は、この関数の勾配 (gradient) を与える 3 次元ベクトルである。こんな任意性のある物理量が、物理現象の本質であるはずがない。これが多くの物理学者の実感であった。このため、マックスウェルの提案は歴史の中で埋もれてしまい、ベクトルポテンシャルではなく、電場と磁場が電磁場の主役となっていったのである。

　ここで、ふたたび、先ほどのベクトルポテンシャルのゲージ変換

$$\vec{A}'(\vec{r}) \to \vec{A}(\vec{r}) + \nabla\eta(\vec{r})$$

を思い出そう。この新たなゲージにおけるベクトルポテンシャル $\vec{A}'(\vec{r})$ は、$\vec{A}(\vec{r})$ とまったく同じ磁場 $\vec{B}$ を与える。ところが、第 6 章の量子力学で紹介したように、同じエネルギー固有値を与える波動関数は

$$\varphi'(\vec{r}) \to \exp\left\{i\frac{q}{\hbar}\eta(\vec{r})\right\}\varphi(\vec{r})$$

のように、位相を変換する必要があるのであった。位相 θ は exp $(i\theta)$ と表現できるが、関数 $\eta(\vec{r})$ によるゲージ変換では、第 6 章で示したように

$$\theta = \frac{q}{\hbar}\eta(\vec{r})$$

となるのであった。とすると、ベクトルポテンシャルは、電子の位相に直接的な影響を及ぼすことになる。

　そして、この事実が、ベクトルポテンシャルにふたたび光を与えることとなっ

た。それが、本章で紹介する**アハラノフ‐ボーム効果**（Aharonov-Bohm effect：　AB 効果）である。この効果は、ベクトルポテンシャルが仮想的なものではなく、物理量として実在することを示唆している。ただし、実験的な困難さから、当初は、この効果に対して、懐疑的な物理学者が多かったのも事実である。

9.2.　磁場がゼロとなる条件

磁束密度ベクトル $\vec{B}$ とベクトルポテンシャル $\vec{A}$ の関係は

$$\vec{B} = \text{rot } \vec{A}$$

と与えられる。成分で書けば

$$\vec{B} = \text{rot } \vec{A} = \left(\frac{\partial A_z}{\partial y} - \frac{\partial A_y}{\partial z}\right)\vec{e}_x + \left(\frac{\partial A_x}{\partial z} - \frac{\partial A_z}{\partial x}\right)\vec{e}_y + \left(\frac{\partial A_y}{\partial x} - \frac{\partial A_x}{\partial y}\right)\vec{e}_z$$

となる。

このとき、磁場が主役であるならば $\vec{B} = 0$ のとき、$\vec{A} = 0$ と考えるのが自然であろう。実際に、磁場下の荷電粒子のハミルトニアンは

$$\hat{H} = \frac{1}{2m}(\hat{p} - q\hat{A})^2 = \frac{1}{2m}\left(\frac{\hbar}{i}\nabla - q\vec{A}\right)^2$$

となるが、磁場がない場合には $\vec{A} = 0$ と置いて

$$\hat{H} = \frac{1}{2m}\hat{p}^2$$

を採用する。

一方で、ベクトルポテンシャルが主役であるならば、$\vec{B} = 0$ であっても、$\vec{A} \neq 0$ となる場合が想定できる。このような状況を満足するベクトルポテンシャルは

$$\frac{\partial A_z}{\partial y} - \frac{\partial A_y}{\partial z} = 0 \qquad \frac{\partial A_x}{\partial z} - \frac{\partial A_z}{\partial x} = 0 \qquad \frac{\partial A_y}{\partial x} - \frac{\partial A_x}{\partial y} = 0$$

が条件となる。ここで、簡単化のために $A_z = 0$ を考えよう。すると、上記条件は

$$\frac{\partial A_y}{\partial z} = 0 \qquad \frac{\partial A_x}{\partial z} = 0 \qquad \frac{\partial A_y}{\partial x} - \frac{\partial A_x}{\partial y} = 0$$

となる。この関係を満足するベクトルポテンシャルは数多く存在することが容易

にわかる。単純な例では

$$A_x = y \qquad A_y = x$$

がある。

演習9-1　ベクトルポテンシャル $\vec{A} = (y \quad x \quad 0)$ がつくる磁束密度ベクトル $\vec{B}$ を求めよ。

解）

$$\vec{B} = \mathrm{rot}\ \vec{A} = \left(\frac{\partial A_z}{\partial y} - \frac{\partial A_y}{\partial z}\right)\vec{e}_x + \left(\frac{\partial A_x}{\partial z} - \frac{\partial A_z}{\partial x}\right)\vec{e}_y + \left(\frac{\partial A_y}{\partial x} - \frac{\partial A_x}{\partial y}\right)\vec{e}_z$$

$$= \left(-\frac{\partial x}{\partial z}\right)\vec{e}_x + \left(\frac{\partial y}{\partial z}\right)\vec{e}_y + \left(\frac{\partial x}{\partial x} - \frac{\partial y}{\partial y}\right)\vec{e}_z = (0 \quad 0 \quad 0)$$

となる。

　このように、磁束密度ベクトルが 0 となることが確かめられる。数学的には、$\vec{B} = 0$ を与えるベクトルポテンシャル $\vec{A}$ はいくらでも考えられる。ところで、ベクトルポテンシャルには任意性があるのであった。そして、関数 $\eta(\vec{r})$ によって

$$\vec{A}'(\vec{r}) \to \vec{A}(\vec{r}) + \nabla \eta(\vec{r})$$

というゲージ変換を施しても、同じ磁束密度ベクトルを与えるのであった。

演習 9-2　ベクトルポテンシャル $\vec{A} = (y \quad x \quad 0)$ に対して

$$\eta(\vec{r}) = \eta(x, y, z) = -xy$$

によるゲージ変換を施せ。

解）　　$\dfrac{\partial \eta(x, y, z)}{\partial x} = -y$ 　　$\dfrac{\partial \eta(x, y, z)}{\partial y} = -x$ 　　$\dfrac{\partial \eta(x, y, z)}{\partial z} = 0$

であるので

$$\nabla \eta(x,y,z) = \mathrm{grad}\, \eta(x,y,z) = (-y \quad -x \quad 0)$$

となる。したがって

$$\vec{A}' = \vec{A} + \nabla \eta = (0 \quad 0 \quad 0)$$

となる。

このように、$\vec{B}=0$ を与えるベクトルポテンシャル $\vec{A}$ はいくらでもあるが、適当なゲージ変換を施せば、$\vec{A}=0$ になる。よって、磁場のない空間にベクトルポテンシャルがあるとはいえないのである。問題は、物理的に $\vec{B}=0$ という空間において、$\vec{A}\neq 0$ となることが可能かどうか。そして、それが荷電粒子にどのような影響を与えるかである。

9.3.　磁場がゼロの空間

アハラノフとボームは、つぎのような磁場空間を考えた。z 軸に沿って細く長いソレノイド（円筒状のコイル）を置く。このソレノイドが充分長いとすると、z 軸に沿ってのみ磁束 $\varPhi$ が存在し、それ以外では $\vec{B}=0$ と考えることができる。

このとき、z 軸から離れた領域では、磁束は存在しない（図 9-1 参照）。一方、ベクトルポテンシャルが存在しないと、中心部の磁束は存在できない。よって、磁場がなくともベクトルポテンシャルは存在するという結果になるのである。その説明をしよう。

9.3.1. 磁場ゼロを与えるベクトルポテンシャル

ソレノイドを取り囲む閉曲線 C（ただし、この位置には磁場は存在しないとする）に沿って、ベクトルポテンシャルの接線成分を周回積分すると

$$\oint_C \vec{A} \cdot d\vec{r}$$

となるが、ストークスの定理（補遺 6-2 を参照）を適用すると

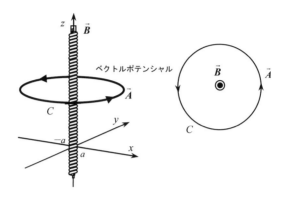

図 9-1　アハラノフ-ボーム効果を説明する模式図

$$\oint_C \vec{A} \cdot d\vec{r} = \iint_S \mathrm{rot}\,\vec{A} \cdot d\vec{S}$$

となる。ただし、S は閉曲線 C に囲まれた閉曲面である。$\vec{B} = \mathrm{rot}\,\vec{A}$ であるから

$$\oint_C \vec{A} \cdot d\vec{r} = \iint_S \vec{B} \cdot d\vec{S} = \varPhi$$

となり、$\varPhi$ は閉曲線 C に囲まれた領域の総磁束量である。

　ここで、無限に長いソレノイドを想定してみよう。この場合、ソレノイドの外部には磁場は存在しない[1]。それならば、ベクトルポテンシャルも存在しないといえそうだが、そうはいかない。図 9-1 に示したように、磁束から離れた磁場のない閉曲線 C 上のベクトルポテンシャルの θ 成分が存在しないと、中心の磁束は存在できないからである。それを確かめてみよう。

　図 9-1 の z 軸に沿って無限に長いソレノイドの半径を a とする。このとき、z 軸方向に大きさが B の磁場が発生するとき、$r^2 = x^2 + y^2$ とすれば、磁束密度ベクトルは

<hr />

[1] 有限の長さのソレノイドであれば、コイル端で磁束は外に出て、もう一方のコイル端に戻る。しかし、無限の長さがあれば、このような端部がないので、外に磁束が漏れないという考えである。しかし、無限のソレノイドなど実在しないのであるから、このような想定をすること自体に無理があるという指摘もある。

第 9 章　アハラノフ‐ボーム効果

$$\vec{B} = \begin{cases} (0 \quad 0 \quad B) & 0 \le r \le a \\ (0 \quad 0 \quad 0) & a < r < \infty \end{cases}$$

と与えられる。

　つまり、ソレノイドの外の磁場は 0 となる。これが重要である。$\vec{B} = (0 \quad 0 \quad B)$ のベクトルポテンシャルとして

$$\vec{A} = \left(-\frac{By}{2} \quad \frac{Bx}{2} \quad 0 \right)$$

が採用できることは、すでに第 1 章で示した。問題は $r > a$ の空間である。

演習 9-3　$r > a$ の領域におけるベクトルポテンシャルが

$$\vec{A} = \left(-\frac{Ba^2 y}{2r^2} \quad \frac{Ba^2 x}{2r^2} \quad 0 \right)$$

と与えられることを確かめよ。

　解）

$$\text{rot}\,\vec{A} = \text{rot} \begin{pmatrix} -Ba^2 y/2r^2 \\ Ba^2 x/2r^2 \\ 0 \end{pmatrix} = \begin{pmatrix} -\partial(Ba^2 x/2r^2)/\partial z \\ \partial(-Ba^2 y/2r^2)/\partial z \\ \partial(Ba^2 x/2r^2)/\partial x - \partial(-Ba^2 y/2r^2)/\partial y \end{pmatrix}$$

となる。ここで $r^2 = x^2 + y^2$ である。まず

$$-\frac{\partial(Ba^2 x/2r^2)}{\partial z} = 0 \qquad \frac{\partial(-Ba^2 y/2r^2)}{\partial z} = 0$$

となる。つぎに

$$\frac{\partial(Ba^2 x/2r^2)}{\partial x} = \frac{Ba^2}{2}\frac{\partial}{\partial x}\left(\frac{x}{x^2+y^2}\right) = \frac{Ba^2}{2}\frac{\partial}{\partial x}\left(x(x^2+y^2)^{-1}\right)$$

ここで

$$\frac{\partial}{\partial x}\left(x(x^2+y^2)^{-1}\right) = (x^2+y^2)^{-1} - x(2x)(x^2+y^2)^{-2}$$

$$= \frac{1}{(x^2+y^2)} - \frac{2x^2}{(x^2+y^2)^2} = \frac{x^2+y^2}{(x^2+y^2)^2} - \frac{2x^2}{(x^2+y^2)^2} = \frac{-x^2+y^2}{(x^2+y^2)^2}$$

から

$$\frac{\partial(Ba^2x/2r^2)}{\partial x} = \frac{Ba^2}{2}\frac{-x^2+y^2}{(x^2+y^2)^2}$$

となる。同様にして

$$\frac{\partial(-Ba^2y/2r^2)}{\partial y} = -\frac{Ba^2}{2}\frac{x^2-y^2}{(x^2+y^2)^2}$$

したがって $\vec{B} = (0 \quad 0 \quad 0)$ となる。

それでは、このベクトルポテンシャル

$$\vec{A} = \left(-\frac{Ba^2y}{2r^2} \quad \frac{Ba^2x}{2r^2} \quad 0\right) = \left(-\frac{Ba^2y}{2(x^2+y^2)} \quad \frac{Ba^2x}{2(x^2+y^2)} \quad 0\right)$$

はゲージ変換によって 0 とすることはできないのだろうか。そのためには

$$\nabla\eta(x,y,z) = \left(\frac{Ba^2y}{2(x^2+y^2)} \quad -\frac{Ba^2x}{2(x^2+y^2)} \quad 0\right)$$

を満足する関数 $\eta(x,y,z)$ があればよい。ここで $\eta = (Ba^2/2)\varphi$ とおくと

$$\nabla\varphi = \left(\frac{y}{x^2+y^2} \quad -\frac{x}{x^2+y^2} \quad 0\right)$$

となる。すると

$$\frac{\partial\varphi}{\partial x} = \frac{y}{x^2+y^2} \qquad \frac{\partial\varphi}{\partial y} = -\frac{x}{x^2+y^2}$$

となる。ここで、$\partial\varphi/\partial x$ の式において y を定数として積分すれば

$$\varphi(x,y) = \int\frac{y}{x^2+y^2}\,dx = \tan^{-1}\left(\frac{x}{y}\right)$$

と与えられるが、x についての偏微分であったので、任意の y の関数を加えて

$$\varphi(x,y) = \tan^{-1}\left(\frac{x}{y}\right) + f(y)$$

となる。一方、$\partial\varphi/\partial y$ に関する式からは

$$\varphi(x,y) = -\int\frac{x}{x^2+y^2}\,dy = -\tan^{-1}\left(\frac{y}{x}\right)$$

がえられ、x の任意関数を加えて

$$\varphi(x,y) = -\tan^{-1}\left(\frac{y}{x}\right) + g(x)$$

となる。ところが、これらの両式を満足する適当な関数 $\varphi(x,y)$ が見つからないのである。つまり、ベクトルポテンシャルを 0 とするゲージ変換が存在しない。

この結果は、磁束密度ベクトルがゼロの空間でも、ベクトルポテンシャルがゼロとはならない状態が物理的に存在することを示しているのである。

9. 3. 2.　円柱座標のベクトル表示

これ以降の解析では、**円柱座標** (cylindrical coordinates) を使ったほうが便利となるので、その説明をしておこう。円柱座標は円筒座標と呼ぶこともある。図 9-2 に円柱座標と直交座標の対応関係を示す。

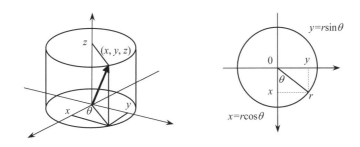

図 9-2　円柱座標と直交座標の対応

よって、円柱座標 (r, θ, z) と直交座標 (x, y, z) の対応は

$$x = r\cos\theta \qquad y = r\sin\theta \qquad z = z$$

となる。つまり、z 軸は共通であるが、xy 平面が $r\theta$ 平面つまり、2 次元の極座標に対応しているのである。ここで、3 次元の極座標である球座標の r, θ とは表記が異なることに注意されたい。

さらに、xy 平面内のベクトルを直交座標と円柱座標で表記した場合の対応関係についても説明しておこう。図 9-3 に示すように、点 (x, y) に起点を持つベクトル $\vec{A}$ を考える。

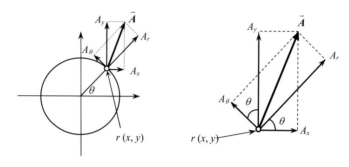

図 9-3 直交座標と円柱座標で表現した xy 平面内のベクトルポテンシャル

このとき、直交座標系のベクトル

$$\vec{A} = (A_x, A_y) \qquad (\text{3 次元では } \vec{A} = (A_x, A_y, A_z))$$

と円柱座標系のベクトル

$$\vec{A} = (A_r, A_\theta) \qquad (\text{3 次元では } \vec{A} = (A_r, A_\theta, A_z))$$

の対応関係は図 9-3 から

$$A_x = A_r\cos\theta - A_\theta\sin\theta \qquad\qquad A_y = A_r\sin\theta + A_\theta\cos\theta$$

ならびに

$$A_r = A_x\cos\theta + A_y\sin\theta \qquad\qquad A_\theta = -A_x\sin\theta + A_y\cos\theta$$

となることがわかる。

演習 9-4 直交座標のベクトルポテンシャル

$$\vec{A} = \left(-\frac{Ba^2 y}{2r^2} \quad \frac{Ba^2 x}{2r^2} \quad 0 \right)$$

を円柱座標に変換せよ。

解） 円柱座標 (r, θ, z) と直交座標 (x, y, z) の対応は

$$x = r\cos\theta \qquad\qquad y = r\sin\theta \qquad\qquad z = z$$

となる。ここで、ベクトルポテンシャルの成分は

$$A_x = -\frac{Ba^2 y}{2r^2} \qquad A_y = \frac{Ba^2 x}{2r^2} \qquad A_z = 0$$

である。ここで

$$A_x = -\frac{Ba^2}{2r}\sin\theta \qquad\qquad A_y = \frac{Ba^2}{2r}\cos\theta$$

と置ける。ここで

$$A_r = A_x\cos\theta + A_y\sin\theta \qquad\qquad A_\theta = -A_x\sin\theta + A_y\cos\theta$$

という関係にあるから

$$A_r = A_x\cos\theta + A_y\sin\theta = -\frac{Ba^2}{2r}\sin\theta\cos\theta + \frac{Ba^2}{2r}\cos\theta\sin\theta = 0$$

$$A_\theta = -A_x\sin\theta + A_y\cos\theta = \frac{Ba^2}{2r}\sin^2\theta + \frac{Ba^2}{2r}\cos^2\theta = \frac{Ba^2}{2r}$$

となるので、円柱座標のベクトルポテンシャルは

$$\vec{A} = (A_r \quad A_\theta \quad A_z) = \begin{pmatrix} 0 & \dfrac{Ba^2}{2r} & 0 \end{pmatrix}$$

と与えられる。

　このようにベクトル $\vec{A} = (-Ba^2 y/2r^2 \quad Ba^2 x/2r^2 \quad 0)$ は、円柱座標系では回転方向の成分のみを有することがわかる。これを図示すると、図 9-4 のようになる。

　この閉回路の中の総磁束 $\varPhi$ は

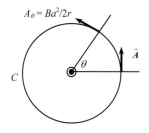

図 9-4　ベクトルポテンシャルの成分

$$\Phi = \oint_C \vec{A} \cdot d\vec{r}$$

と与えられる。ここで、円柱座標を採用すれば

$$\vec{A} = (A_r \quad A_\theta \quad A_z) = \begin{pmatrix} 0 & \dfrac{Ba^2}{2r} & 0 \end{pmatrix} \qquad d\vec{r} = (0 \quad rd\theta \quad 0)$$

となり、周回積分のときの θ の積分範囲は 0 から 2π となるので

$$\Phi = \oint_C \vec{A} \cdot d\vec{r} = \int_0^{2\pi} A_\theta \, rd\theta = A_\theta r \int_0^{2\pi} d\theta = 2\pi r \frac{Ba^2}{2r} = \pi a^2 B$$

と与えられる。

　したがって

$$B = \frac{\Phi}{\pi a^2}$$

となり、分母は半径 a の円の面積であるから、B が磁束密度となることがわかる。

　以上のように、磁場がゼロでも、ベクトルポテンシャルがゼロとはならない空間のあることがわかったが、それでは、ベクトルポテンシャルが実在することを証明するためには、どうしたらよいのであろう。

9.4.　ベクトルポテンシャルと波動関数の位相

　すでに紹介したように、ストークスの定理により

$$\oint_C \vec{A} \cdot d\vec{r} = \iint_S \vec{B} \cdot d\vec{S} = \Phi$$

という関係が成立する。左辺は、閉曲線 C に沿って、ベクトルポテンシャル $\vec{A}$ を周回積分したものであり、右辺は閉曲線 C に囲まれた領域の総磁束量 Φ である。一方、第6章では、電荷 q の荷電粒子の波動関数の位相の変化 $\Delta\theta$ は

$$\Delta\theta = \frac{q}{\hbar} \int \vec{A} \cdot d\vec{r}$$

と与えられることを示した。この関係を閉回路 C にあてはめると

$$\Delta\theta = \frac{q}{\hbar} \oint_C \vec{A} \cdot d\vec{r}$$

となる。

　右辺にストークスの定理を適用し、閉ループの中の磁束量を$\varPhi$とすると、位相の変化は

$$\Delta\theta = \frac{q}{\hbar}\varPhi$$

と与えられることになる。

　このことから、荷電粒子の波動関数は、磁束 $\varPhi$ のまわりを1周すると $(q/\hbar)\varPhi$ だけ変化することがわかる。つまり、位相差は磁束 $\varPhi$ の大きさ、すなわち磁場の大きさに比例することになる。このとき、波動関数は

$$\varphi \to \quad \varphi' = \exp(i\Delta\theta)\varphi = \exp\left(i\frac{q}{\hbar}\varPhi\right)\varphi$$

$$= \exp\left(i\frac{q}{\hbar}\oint_C \vec{A}\cdot d\vec{r}\right)\varphi$$

のように、φ から φ' へと変化することになる。ただし、粒子の存在確率は変化しないから、変化するのは波動関数の位相のみである。

　よって、荷電粒子の波動関数の位相変化を測定できれば、ベクトルポテンシャルの存在を示すことができるのである。

　これを実際の物理現象に置き換えてみよう。それは、図9-5に示すように、磁場が存在しない空間を電子が運動したときに、その運動している空間から離れた場所に磁束が存在するならば、ベクトルポテンシャルの効果によって、電子の位相に差が生じる。これがAB効果である。

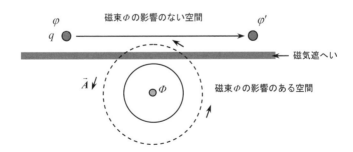

図 9-5　磁場がない空間を荷電粒子が運動するとき、離れた位置に磁場が存在すれば、ベクトルポテンシャルの影響で荷電粒子の波動関数の位相が変化する。

例えば、この空間（磁場が遮へいされているため磁場が存在しないがベクトルポテンシャルがゼロではない空間）に電子線を照射し、経路によって、その位相が変化することが実験的に観察できれば、ベクトルポテンシャルが物理的実態であることが証明できることになる。

　ただし、これを確かめるのは容易ではない。なぜなら、もともと無限長のソレノイドなど存在しないうえ、図 9-6 に示すように、もともと磁場を空間に閉じ込めることはできないからである。

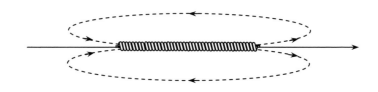

図 9-6　軸長の長いソレノイドが発生する磁場分布

　これは、磁束密度には $\mathrm{div}\,\vec{B}=0$ という基本的性質があるからである。この式が意味するところは、磁束密度には、その発生源はなく、必ず閉ループを描くということである。したがって、たとえ、無限長のソレノイドを用いたとしても、図 9-1 のように、中心のみに磁束 Φ が存在し、そのまわりに磁束の存在しない空間をつくることはできない。これでは、AB 効果の思考実験そのものが現実にはありえない状況を想定していることになる。

　それでは、磁場を空間に閉じ込めることができないのであろうか。実は、無限長のソレノイドなどではなく、図 9-7 に示すように磁場が閉回路をつくればよいのである。

　そして、この磁気回路の外の（磁場の存在しない）空間を荷電粒子が通ったときに、その波動関数の位相が変化するかを見ればよいのである。しかし、ここでも疑義が寄せられた。つまり、閉回路をつくったとしても、磁場が外に漏れないという保障はない事実である。一般には、漏れがあるので、完全に磁場を遮蔽することなどできないからである。

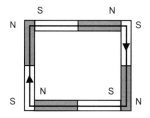

図 9-7　磁場の閉回路。磁石の N 極と S 極が接触するような回路をつくれば、磁場は外に漏れない。

　ここで、登場したのが**超伝導体** (superconductor) である。超伝導体はマイスナー効果により**完全反磁性** (perfect diamagnetism) を示す唯一の物質である。よって、図 9-7 の閉回路を超伝導体で包んでしまえば、漏れ磁場の問題も回避できるのである。実際に外村らは、この手法により磁場が完全に閉じ込められた空間をつくり、そのまわりの磁場のない空間に、電子線を通すことで、電子の波動関数の位相が変化することを示したのである。これにより、AB 効果の正当性と、ベクトルポテンシャルが物理的実態であることが証明されたとされている[2]。

9.5.　波動関数の位相

　電荷 q を有する荷電粒子のハミルトニアンは

$$\hat{H} = \frac{1}{2m}\{\hat{\boldsymbol{p}} - q\boldsymbol{A}(\vec{r})\}^2 + q\phi(\vec{r}) + V(\vec{r})$$

となる。ただし、$V(\vec{r})$ は位置によるポテンシャルエネルギーである。時間依存まで考えると、荷電粒子の波動関数 $\varphi(\vec{r},t)$ は

$$\hat{H}\varphi(\vec{r},t) = \left[\frac{1}{2m}\{\hat{\boldsymbol{p}} - q\boldsymbol{A}(\vec{r})\}^2 + q\phi(\vec{r}) + V(\vec{r})\right]\varphi(\vec{r},t) = i\hbar\frac{\partial\varphi(\vec{r},t)}{\partial t}$$

という方程式を満足することになる。

---

[2]　外村彰著『電子波で見る電磁界分布』[ベクトルポテンシャルを感じる電子波] 電子情報通信学会誌 2000 年 12 月号を参照されたい。この論文はインターネットで取得可能である。

ところで、ゲージ変換でみたように、波動関数には位相因子も取り入れる必要
があり

$$\varphi(\vec{r},t) = \exp(i\theta)\varphi'(\vec{r},t)$$

となる。このとき、位相は

$$\theta_B - \theta_A = \frac{q}{\hbar}\int_A^B \vec{A}(\vec{r}) \cdot d\vec{r}$$

となる。ただし、積分はミクロ粒子の経路 $A \to B$ に沿って行うが、閉回路を一周
したときには、2π だけの位相差を与えることになり

$$\Delta\theta = 2\pi = \frac{q}{\hbar}\oint \vec{A}(\vec{r}) \cdot d\vec{r}$$

となるのであった。

　ここで、図 9-8 を見てみよう。磁束 Φ が中心にあるが、そのまわりに磁場はな
いとする。この空間に左から、波動関数の位相の揃った 2 個の電子を照射し、ひ
とつの電子 1 は ABD という経路を通って、点 D に到達する。もうひとつの電子
2 は ACD という別の経路を通って、点 D に到達する。このとき、経路に依存し
て、電子波の位相は変化する。

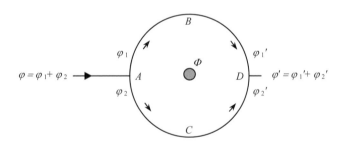

図 9-8　磁束 Φ が中心にある空間において磁場のない経路を荷電粒子が通ると考える。

　その変化は、ベクトルポテンシャルを使えば、つぎのように与えられる。

$$\varphi_1' = \exp\left(-i\frac{e}{\hbar}\int_{ABD}\vec{A}_1 \cdot d\vec{r}\right)\varphi_1 = \exp(-i\Delta\theta_1)\varphi_1$$

$$\varphi_2{}' = \exp\!\left(-i\frac{e}{\hbar}\int_{ACD}\vec{A}_2\cdot d\vec{r}\right)\varphi_2 = \exp\!\left(-i\Delta\theta_2\right)\varphi_2$$

となる。ただし、e は素電荷の大きさであり、電子であるので、荷電粒子の電荷を $q = -e$ としている。

　したがって、波動関数の位相のそろった 2 個の電子が A 点で違う経路を通り D 点で再び出会ったときの位相差は

$$\Delta\theta = \Delta\theta_1 + \Delta\theta_2 = -\frac{e}{\hbar}\int_{ABD}\vec{A}_1\cdot d\vec{r} - \frac{e}{\hbar}\int_{ACD}\vec{A}_2\cdot d\vec{r}$$

となる。ここで、電子の軌道が半円とすると、それぞれのベクトルポテンシャル $\vec{A}_1$ および $\vec{A}_2$ の θ 成分は $A_1{}^{\theta} = -A_2{}^{\theta}$ という関係にある。よって、反時計まわりを θ 成分の正方向とし $A_1{}^{\theta} = -A_{\theta}$ と置くと $A_2{}^{\theta} = A_{\theta}$ となる。

　ここで

$$\int_{ABD}\vec{A}_1\cdot d\vec{r} = \int_{ABD}A_1{}^{\theta}\cdot d\theta = \int_{\pi}^{0}(-A_{\theta})d\theta = \int_{0}^{\pi}A_{\theta}\,d\theta$$

$$\int_{ACD}\vec{A}_2\cdot d\vec{r} = \int_{ACD}A_2{}^{\theta}\cdot d\theta = \int_{\pi}^{2\pi}A_{\theta}\,d\theta$$

であるから

$$-\frac{\hbar}{e}\Delta\theta = \int_{0}^{\pi}A_{\theta}\,d\theta + \int_{\pi}^{2\pi}A_{\theta}\,d\theta = \int_{0}^{2\pi}A_{\theta}\,d\theta$$

となる。ところで

$$\int_{0}^{2\pi}A_{\theta}\,d\theta = \oint_{ACDBA}\vec{A}\cdot d\vec{r}$$

という関係にあり、図 9-8 の円 $A \rightarrow C \rightarrow D \rightarrow B \rightarrow A$ に沿ったベクトルポテンシャルの周回積分と一致する。よって、この中心の磁束の大きさを $\varPhi$ とすれば

$$\Delta\theta = -\frac{e}{\hbar}\oint_{ACDBA}\vec{A}\cdot d\vec{r} = -\frac{e}{\hbar}\varPhi$$

と与えられる。

　つまり、図 9-8 において磁場がないときには、電子の位相差は生じないが、磁場が存在するときに、それを遮へいしたとしても、ベクトルポテンシャルの影響で、電子の波動関数に位相差が生じ、干渉が生じることになる。さらに、磁場の

大きさ、すなわちΦを変えれば$\Delta\theta$が変化するので、位相差も変化することになる。これが確かめられれば、ベクトルポテンシャルが電子波の位相に影響を与えることが証明できる。

9.6. 実験による証明

それでは、最後に、外村らのベクトルポテンシャルの実在を証明する実験を紹介してみよう。残念ながら、電子を2個取り出して、違う経路を動かすということはできないので、実際の実験では、2個の電子ではなく、多数の電子からなる電子線を利用する。透過型電子顕微鏡などにおいては、位相のそろった電子ビームを発生することが可能となっている。

図9-9に示すように、位相の揃った電子線を発生し、この電子ビームをスリットs_1ならびにs_2を通すのである。すると、これらのスリットを通る電子の波動関数の位相は揃っている。

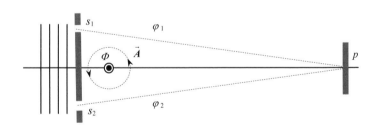

図 9-9　AB効果の検証実験の模式図

ここで、光の干渉実験と同じことを行ってみる。ただし、これらのスリットを通る電子ビームの間には、超伝導体で磁場を完全にシールドした磁場の閉回路が置かれている。超伝導のおかげで、磁場を発生している回路からは、漏れ磁場は出てこないので、電子線の通り道には、磁場は存在しないという状況をつくることができる。

そのうえで、点pで電子ビームを重ねるのである。このとき、両者に位相のず

れがあれば、それに対応した干渉縞が観測されるはずである。一方、もし、ベクトルポテンシャルが電子の位相に影響を与えないのであれば、干渉縞は生じないことになる。さらに、位相のずれは

$$\Delta\theta = -\frac{e}{\hbar}\Phi$$

のように、超伝導で遮蔽された磁場回路から発生する磁束Φに比例するので、磁束回路の磁場の大きさを変化させれば、干渉縞も、その磁場強度に応じて変化するはずである。

　その結果はどうだったのであろうか。図 9-10 に示すように、外村らは、まさに、電子波の干渉縞のずれが観測されること、ならびに、磁場強度に応じて干渉縞の幅が変化するという観察結果をえたのである。かくして、ベクトルポテンシャルは、仮想的な物理量ではなく、真の物理量であることが実験的にも証明されたのである。

図 9-10　外村らによる電子波の干渉実験。超伝導体である Nb（ニオブ）で磁場遮へいされたパーマロイ（ニッケルと鉄の合金）からなるドーナツ磁石の内側と外側の電子波の干渉。ドーナツの内部と外部では、電子波の位相がずれている様子を示している。この写真は、外村彰著（2010）『目で見る美しい量子力学』（サイエンス社）など多くの文献で紹介されている。

第 10 章　電磁波の放出

　ある点におけるベクトルポテンシャル $\vec{A}$（あるいは静電ポテンシャル、つまり電位 ϕ）は、空間に分布した電流要素（電荷）によって与えられる。この際、空間内に分布したすべての電流要素 $\vec{j}$（静電ポテンシャル、電位ならば電荷 ρ）が、この点に及ぼす影響を積算（積分）することでベクトルポテンシャル（あるいは静電ポテンシャル）を計算することができる。

　ところで、定常状態であれば、時間の項は無視できるが、電流要素や電位が時間的に変化している場合はどうであろうか。このような場合には、この変化が到達するのにかかる時間の影響を考慮する必要がある。本章では、この時間依存性を取り扱い、電磁波の放射についても簡単に紹介する。

　ここで、第 4 章で紹介したように、時間項 t も取り入れたローレンツゲージを採用した場合のマックスウェル方程式を、電磁ポテンシャル（静電ポテンシャル ϕ ならびにベクトルポテンシャル $\vec{A}$）で示すと

$$\Delta\phi(\vec{r}, t) - \frac{\partial^2\phi(\vec{r}, t)}{c^2\partial t^2} = -\frac{\rho(\vec{r}, t)}{\varepsilon}$$

$$\Delta\vec{A}(\vec{r}, t) - \frac{\partial^2\vec{A}(\vec{r}, t)}{c^2\partial t^2} = -\mu\,\vec{j}(\vec{r}, t)$$

となるのであった。

　これらは同じ**非同次波動方程式** (inhomogeneous wave equation) であるので、解法は同じものとなる。

10.1.　ポアソン方程式

ところで、これらの微分方程式において時間依存性がない場合の式である

$$\Delta \phi(\vec{r}) = -\frac{\rho(\vec{r})}{\varepsilon} \qquad\qquad \Delta \vec{A}(\vec{r}) = -\mu\,\vec{j}(\vec{r})$$

はポアソン方程式と呼ばれており、その解は第3章で示したように

$$\phi(\vec{r}) = \frac{1}{4\pi\varepsilon} \int \frac{\rho(\vec{r}')}{\left|\vec{r}-\vec{r}'\right|}\, d^3\vec{r}'$$

と与えられる。

　この式は、空間（任意の位置 $\vec{r}'$）に置かれた複数の電荷が、位置 $\vec{r}$ につくる電位、すなわち、静電ポテンシャル $\phi(\vec{r})$ を与える。

　電位と電荷の位置ベクトルは直交座標（x, y, z 座標）で示せば

$$\vec{r} = (x, y, z) \qquad\qquad \vec{r}' = (x', y', z')$$

となり、表記の積分は $\vec{r}' = (x', y', z')$ が変数となる。

　電荷の位置と電位（静電ポテンシャル）を求める位置との距離は

$$\left|\vec{r}-\vec{r}'\right| = \sqrt{(x-x')^2 + (y-y')^2 + (z-z')^2}$$

と与えられる。また、積分は3次元空間の全域にわたるので

$$\phi(x,y,z) = \frac{1}{4\pi\varepsilon} \int_{-\infty}^{+\infty}\int_{-\infty}^{+\infty}\int_{-\infty}^{+\infty} \frac{\rho(x',y',z')}{\sqrt{(x-x')^2+(y-y')^2+(z-z')^2}}\, dx'\,dy'\,dz'$$

となる。

　ここで、位置ベクトル $\vec{r} = (x,y,z)$ の点における電位 $\phi(\vec{r})$ は、位置ベクトル $\vec{r}' = (x',y',z')$ の点における電荷 $\rho(\vec{r}')$ の関数となっている。

　そして、全空間に分布している電荷 $\rho(\vec{r}')$ の影響をすべて積算（つまり積分）したものが、$\vec{r}$ の点における電位となる。

　ベクトルポテンシャルもポアソン方程式に従い、位置ベクトル $\vec{r} = (x,y,z)$ の点におけるベクトルポテンシャル $\vec{A}(\vec{r})$ は、位置ベクトル $\vec{r}' = (x',y',z')$ の点における電流要素 $\vec{J}(\vec{r}')$ の関数となり、位置 $\vec{r}$ におけるベクトルポテンシャルは

$$\vec{A}(\vec{r}) = \frac{\mu}{4\pi} \int \frac{\vec{J}(\vec{r}')}{\left|\vec{r}-\vec{r}'\right|}\, d^3\vec{r}'$$

と与えられる。成分では

$$\vec{A}(x,y,z) = \frac{\mu}{4\pi} \int_{-\infty}^{+\infty} \int_{-\infty}^{+\infty} \int_{-\infty}^{+\infty} \frac{\vec{J}(x',y',z')}{\sqrt{(x-x')^2 + (y-y')^2 + (z-z')^2}} \, dx' \, dy' \, dz'$$

となる。

10.2. 時間依存の方程式

本章において、われわれが求めるのは

$$\Delta\phi(\vec{r},t) - \frac{\partial^2\phi(\vec{r},t)}{c^2\partial t^2} = -\frac{\rho(\vec{r},t)}{\varepsilon} \qquad \Delta\vec{A}(\vec{r},t) - \frac{\partial^2\vec{A}(\vec{r},t)}{c^2\partial t^2} = -\mu\vec{j}(\vec{r},t)$$

という時間依存性のある微分方程式の解である。

実は、これら方程式の解は、それぞれ、以下の積分によって与えられることがわかっている。

$$\phi(\vec{r},t) = \frac{1}{4\pi\varepsilon} \int \frac{\rho(\vec{r}',t-|\vec{r}-\vec{r}'|/c)}{|\vec{r}-\vec{r}'|} \, d^3\vec{r}' \qquad \vec{A}(\vec{r},t) = \frac{\mu}{4\pi} \int \frac{\vec{J}(\vec{r}',t-|\vec{r}-\vec{r}'|/c)}{|\vec{r}-\vec{r}'|} \, d^3\vec{r}'$$

これは

$$\phi(\vec{r},t) = \frac{1}{4\pi\varepsilon} \int \frac{\rho(\vec{r}',t')}{|\vec{r}-\vec{r}'|} \, d^3\vec{r}' \qquad \vec{A}(\vec{r},t) = \frac{\mu}{4\pi} \int \frac{\vec{J}(\vec{r}',t')}{|\vec{r}-\vec{r}'|} \, d^3\vec{r}'$$

とした解において

$$t' = t - \frac{|\vec{r}-\vec{r}'|}{c}$$

としたものである。これら解の意味を考えてみよう。時間依存がない場合は、空間に分布している電荷 ρ が、位置 $\vec{r}$ の点に及ぼす影響を足し合わせたもの（積分）が、その点での静電ポテンシャル ϕ となる。そして、空間に分布している電流要素 $\vec{J}$ の影響を足し合わせた（積分した）ものが、位置 $\vec{r}$ の点のベクトルポテンシャル $\vec{A}$ となる。

一方、これらの時間依存性を考えると、原因である $\vec{r}'$ の位置から測定点 $\vec{r}$ の位置まで、その影響が伝わるには時間を要する。この伝播速度を光速 c とすれば、要する時間は $|\vec{r}-\vec{r}'|/c$ となるはずである。

　よって、位置 $\vec{r}$ における時間 t での位置 $\vec{r}'$ の点に起因する影響は、それよりも時間 $|\vec{r}-\vec{r}'|/c$ だけ前の現象ということになる。この時間 t' は $t'=t-|\vec{r}-\vec{r}'|/c$ によって与えられるはずである。例えば、図 10-1 に示すように、伝播に要する時間 $|\vec{r}-\vec{r}'|/c$ が $1s$ であれば、$t=5s$ とすると、$t'=4s$ となる。

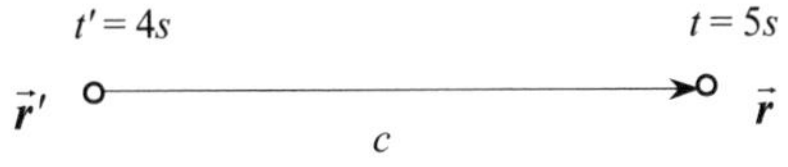

図 10-1　事象が r' から r の位置に伝わるのに要する時間に起因する遅延

　つまり、光速が伝わる時間だけ $\vec{r}'$ 点の影響が $\vec{r}$ まで伝播するのに、遅れが生じる。このため、いま求めた静電ポテンシャル $\phi(\vec{r},t)$ ならびにベクトルポテンシャル $\vec{A}(\vec{r},t)$ を**遅延ポテンシャル** (retarded potential) と呼ぶのである。

　実は、後ほど示すように、微分方程式の解としては

$$\phi(\vec{r},t)=\frac{1}{4\pi\varepsilon}\int\frac{\rho(\vec{r}',t+|\vec{r}-\vec{r}'|/c)}{|\vec{r}-\vec{r}'|}d^3\vec{r}' \qquad \vec{A}(\vec{r},t)=\frac{\mu}{4\pi}\int\frac{\vec{J}(\vec{r}',t+|\vec{r}-\vec{r}'|/c)}{|\vec{r}-\vec{r}'|}d^3\vec{r}'$$

もえられる。

　この場合、$\vec{r}'$ の点に起因する影響の発生が、測定点の位置 $\vec{r}$ における時間 t よりも未来ということになり、**先進ポテンシャル** (advanced potential) と呼ばれている。常識的に考えれば、因果律に反する解には物理的意味がないようにも思われるが、一方で、未来予測が可能という意味づけをするひともいる。

10. 3.　グリーン関数による解法

　それでは、基本となる

$$\Delta\phi(\vec{r},t)-\frac{\partial^2\phi(\vec{r},t)}{c^2\partial t^2}=-\frac{\rho(\vec{r},t)}{\varepsilon}$$

という微分方程式を解法してみよう。これは、非同次波動方程式である。まず、

1次元の場合を考えると

$$\frac{\partial^2 \phi(x,t)}{\partial x^2} - \frac{1}{c^2}\frac{\partial^2 \phi(x,t)}{\partial t^2} = -\frac{1}{\varepsilon}\rho(x,t)$$

という方程式となる。

　この方程式には、位置と時間に関する 2 階微分が入っている。そこで、フーリエ変換を利用して、時間に関する微分項をうまく処理してみよう。そのため、まず t に関する変換を行う。フーリエ変換において、x に対応する変数は波数 k であったが、t に対応する変数は角振動数 ω である。そして、$\phi(x, t)$ の $t \to \omega$ のフーリエ変換は

$$\widetilde{\phi}(x,\omega) = \int_{-\infty}^{+\infty}\phi(x,t)\exp(-i\omega t)\,dt$$

となり、その逆変換は

$$\phi(x,t) = \frac{1}{2\pi}\int_{-\infty}^{+\infty}\widetilde{\phi}(x,\omega)\exp(i\omega t)\,d\omega$$

となる。これらの変換によって、t 空間と ω 空間を行き来することができる。3 次元空間でも同様で

$$\widetilde{\phi}(\vec{r},\omega) = \int_{-\infty}^{+\infty}\phi(\vec{r},t)\exp(-i\omega t)\,dt \qquad \phi(\vec{r},t) = \frac{1}{2\pi}\int_{-\infty}^{+\infty}\widetilde{\phi}(\vec{r},\omega)\exp(i\omega t)\,d\omega$$

となる。

　また、逆変換とは、あくまでも相対的なことであるので、いずれもフーリエ変換として、$t \to \omega$ か $\omega \to t$ の変換かを明記すればよい。そして、これらの変換をうまく利用することで、微分方程式の解法が可能になる場合がある。

演習 10-1　つぎの微分方程式の両辺に対しフーリエ変換を施し、t に関する偏微分のない微分方程式を導出せよ。

$$\frac{\partial^2 \phi(x,t)}{\partial x^2} - \frac{1}{c^2}\frac{\partial^2 \phi(x,t)}{\partial t^2} = -\frac{1}{\varepsilon}\rho(x,t)$$

　解)　左辺の静電ポテンシャル $\phi(x,t)$ に関する $\omega \to t$ のフーリエ変換は

$$\phi(x,t) = \frac{1}{2\pi}\int_{-\infty}^{+\infty}\tilde{\phi}(x,\omega)\exp(i\omega t)\,d\omega$$

となる。両辺を x に関して偏微分すると、右辺の微分対象は $\tilde{\phi}(x,\omega)$ なので

$$\frac{\partial\phi(x,t)}{\partial x} = \frac{1}{2\pi}\frac{\partial}{\partial x}\left\{\int_{-\infty}^{+\infty}\tilde{\phi}(x,\omega)\exp(i\omega t)\,d\omega\right\}$$

$$=\frac{1}{2\pi}\int_{-\infty}^{+\infty}\frac{\partial}{\partial x}\{\tilde{\phi}(x,\omega)\exp(i\omega t)\}\,d\omega = \frac{1}{2\pi}\int_{-\infty}^{+\infty}\frac{\partial\tilde{\phi}(x,\omega)}{\partial x}\exp(i\omega t)\,d\omega$$

さらに、もう一度 x に関して偏微分すると

$$\frac{\partial^2\phi(x,t)}{\partial x^2} = \frac{1}{2\pi}\int_{-\infty}^{+\infty}\frac{\partial^2\tilde{\phi}(x,\omega)}{\partial x^2}\exp(i\omega t)\,d\omega$$

となる。つぎに、両辺を t に関して偏微分しよう。右辺の微分対象は $\exp(i\omega t)$ であるから

$$\frac{\partial\phi(x,t)}{\partial t} = \frac{1}{2\pi}\frac{\partial}{\partial t}\left\{\int_{-\infty}^{+\infty}\tilde{\phi}(x,\omega)\exp(i\omega t)\,d\omega\right\}$$

$$=\frac{1}{2\pi}\int_{-\infty}^{+\infty}\tilde{\phi}(x,\omega)\frac{\partial\{\exp(i\omega t)\}}{\partial t}d\omega = \frac{i\omega}{2\pi}\int_{-\infty}^{+\infty}\tilde{\phi}(x,\omega)\exp(i\omega t)\,d\omega$$

さらに、t に関して偏微分すると

$$\frac{\partial^2\phi(x,t)}{\partial t^2} = \frac{i\omega}{2\pi}\frac{\partial}{\partial t}\left\{\int_{-\infty}^{+\infty}\tilde{\phi}(x,\omega)\exp(i\omega t)\,d\omega\right\}$$

$$=\frac{(i\omega)^2}{2\pi}\int_{-\infty}^{+\infty}\tilde{\phi}(x,\omega)\exp(i\omega t)\,d\omega = -\frac{\omega^2}{2\pi}\int_{-\infty}^{+\infty}\tilde{\phi}(x,\omega)\exp(i\omega t)\,d\omega$$

となる。

つぎに、表記の微分方程式の右辺の電荷 ρ に関する $\omega \to t$ のフーリエ変換は

$$\rho(x,t) = \frac{1}{2\pi}\int_{-\infty}^{+\infty}\tilde{\rho}(x,\omega)\exp(i\omega t)d\omega$$

となるから、これらの結果を表記の微分方程式に代入すると

$$\frac{1}{2\pi}\int_{-\infty}^{+\infty}\frac{\partial^2\tilde{\phi}(x,\omega)}{\partial x^2}\exp(i\omega t)\,d\omega + \frac{\omega^2}{c^2}\frac{1}{2\pi}\int_{-\infty}^{+\infty}\tilde{\phi}(x,\omega)\exp(i\omega t)\,d\omega$$

$$= -\frac{1}{\varepsilon} \frac{1}{2\pi} \int_{-\infty}^{+\infty} \widetilde{\rho}(x,\omega) \exp(i\omega t)\, d\omega$$

となる。ここで、両辺の被積分項は等しいから

$$\frac{\partial^2 \widetilde{\phi}(x,\omega)}{\partial x^2} \exp(i\omega t) + \frac{\omega^2}{c^2} \widetilde{\phi}(x,\omega) \exp(i\omega t) = -\frac{1}{\varepsilon} \widetilde{\rho}(x,\omega) \exp(i\omega t)$$

となり、両辺を $\exp(i\omega t)$ で除すと

$$\frac{\partial^2 \widetilde{\phi}(x,\omega)}{\partial x^2} + \frac{\omega^2}{c^2} \widetilde{\phi}(x,\omega) = -\frac{1}{\varepsilon} \widetilde{\rho}(x,\omega)$$

となって、t に関する偏微分を含まない微分方程式がえられる。

このように $\omega \to t$ のフーリエ変換によって、波動方程式は、ヘルムホルツ方程式に変形できるのである。この方程式は、グリーン関数を利用して解法することが可能である。求めるグリーン関数 $G(x,x')$ は

$$\frac{\partial^2 G(x,x')}{\partial x^2} + \frac{\omega^2}{c^2} G(x,x') = -\delta(x-x')$$

という関係を満足する（ここでは右辺の符号を負としている）。右辺はデルタ関数である。さらに、電荷の影響は、起点となる電荷の位置 x' と、それによってえられる電位を測定する位置 x との間の距離 $x-x'$ の関数となるので

$$\frac{\partial^2 G(x-x')}{\partial x^2} + \frac{\omega^2}{c^2} G(x-x') = -\delta(x-x')$$

としてよい。このグリーン関数がえられれば、微分方程式の解は

$$\widetilde{\phi}(x,\omega) = -\int_{-\infty}^{+\infty} G(x-x') \left\{ -\frac{1}{\varepsilon} \widetilde{\rho}(x',\omega) \right\} dx' = \frac{1}{\varepsilon} \int_{-\infty}^{+\infty} G(x-x') \widetilde{\rho}(x',\omega)\, dx'$$

という積分によって与えられる。3 次元では

$$\widetilde{\phi}(\vec{r},\omega) = \frac{1}{\varepsilon} \int_{-\infty}^{+\infty} G(\vec{r}-\vec{r}') \widetilde{\rho}(\vec{r}',\omega)\, d^3\vec{r}'$$

となる。ふたたび、フーリエ変換を利用してグリーン関数を求めてみよう。

演習 10-2　微分方程式 $\dfrac{\partial^2 G(x)}{\partial x^2}+\dfrac{\omega^2}{c^2}G(x)=-\delta(x)$ を満足するグリーン関数

$G(x)$ のフーリエ変換 $\widetilde{G}(k)$ を求めよ。

解）　左辺のグリーン関数 $G(x)$ に関する $k \to x$ のフーリエ変換は

$$G(x)=\frac{1}{2\pi}\int_{-\infty}^{+\infty}\widetilde{G}(k)\exp(ikx)\,dk$$

となる。両辺を x に関して偏微分すると

$$\frac{\partial G(x)}{\partial x}=\frac{1}{2\pi}\int_{-\infty}^{+\infty}\widetilde{G}(k)\frac{\partial\{\exp(ikx)\}}{\partial x}\,dk=\frac{1}{2\pi}\int_{-\infty}^{+\infty}\widetilde{G}(k)\{ik\exp(ikx)\}dk$$

さらに、両辺を x に関して偏微分すると

$$\frac{\partial^2 G(x)}{\partial x^2}=-\frac{k^2}{2\pi}\int_{-\infty}^{+\infty}\widetilde{G}(k)\exp(ikx)\,dk$$

となる。また、右辺のデルタ関数 $\delta(x)$ の $k\to x$ のフーリエ変換は、第 3 章で示したように

$$\delta(x)=\frac{1}{2\pi}\int_{-\infty}^{+\infty}\exp(ikx)\,dk$$

となる。

　したがって、フーリエ変換後の表記の方程式は

$$-\frac{k^2}{2\pi}\int_{-\infty}^{+\infty}\widetilde{G}(k)\exp(ikx)\,dk+\frac{1}{2\pi}\frac{\omega^2}{c^2}\int_{-\infty}^{+\infty}\widetilde{G}(k)\exp(ikx)\,dk$$

$$=-\frac{1}{2\pi}\int_{-\infty}^{+\infty}\exp(ikx)\,dk$$

となる。ここで、左辺の積分をまとめると

$$\frac{1}{2\pi}\int_{-\infty}^{+\infty}\left(-k^2+\frac{\omega^2}{c^2}\right)\widetilde{G}(k)\exp(ikx)\,dk=-\frac{1}{2\pi}\int_{-\infty}^{+\infty}\exp(ikx)\,dk$$

ここで、両辺の被積分項を比較すると

$$\left(-k^2+\frac{\omega^2}{c^2}\right)\widetilde{G}(k)=-1$$

という関係が成立することがわかる。よって

$$\widetilde{G}(k) = \frac{1}{k^2 - (\omega^2/c^2)}$$

となる。

したがって、求めるグリーン関数は

$$G(x) = \frac{1}{2\pi} \int_{-\infty}^{+\infty} \widetilde{G}(k)\exp(ikx)\,dk = \frac{1}{2\pi} \int_{-\infty}^{+\infty} \frac{\exp(ikx)}{k^2 - (\omega^2/c^2)}\,dk$$

という積分となる。ただし、一般的には x を $x - x'$ とした

$$G(x - x') = \frac{1}{2\pi} \int_{-\infty}^{+\infty} \frac{\exp\{ik(x-x')\}}{k^2 - (\omega^2/c^2)}\,dk$$

がグリーン関数である。

この表式を3次元に拡張すれば

$$G(\vec{r} - \vec{r}') = \frac{1}{(2\pi)^3} \int_{-\infty}^{+\infty} \frac{\exp\{i\vec{k} \cdot (\vec{r} - \vec{r}')\}}{\vec{k}^2 - (\omega^2/c^2)}\,d^3\vec{k}$$

というグリーン関数がえられる。

ここで、再確認しておくと、$\vec{r}'$ は空間に分散している電荷の位置を、$\vec{r}$ は静電ポテンシャル（電位）の測定点となる。ベクトルポテンシャルでは、$\vec{r}$ が測定点で、$\vec{r}'$ は電流要素の位置となる。

ここで、今後の計算のために 図 10-2 に示すように $\vec{R} = \vec{r} - \vec{r}'$ と置いてみよう。これは、2点間の相対位置ベクトルである。すると

$$G(\vec{R}) = \frac{1}{(2\pi)^3} \int_{-\infty}^{+\infty} \frac{\exp(i\vec{k} \cdot \vec{R})}{\vec{k}^2 - (\omega^2/c^2)}\,d^3\vec{k}$$

となる。

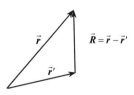

図 10-2　2点間の相対位置ベクトル $\vec{R} = \vec{r} - \vec{r}'$

演習 10-3　いまえられたグリーン関数 $G(\vec{R})$ をベクトル表示ではなく、成分で示せ。

　解）　ベクトル $\vec{R} = \vec{r} - \vec{r}'$ の成分を

$$\vec{R} = (\ r_x \quad r_y \quad r_z\ ) = (\ x - x' \quad y - y' \quad z - z'\ )$$

と置こう。すると、表記の式は

$$G(r_x, r_y, r_z) = \frac{1}{(2\pi)^3} \iiint \frac{\exp(ik_x r_x + ik_y r_y + ik_z r_z)}{(k_x^{\ 2} + k_y^{\ 2} + k_z^{\ 2}) - (\omega^2/c^2)}\, dk_x\, dk_y\, dk_z$$

となる。ただし、積分範囲は $-\infty$ から $+\infty$ である。

　さらに、xyz 座標で示せば

$$G(x - x', y - y', z - z') =$$

$$\frac{1}{(2\pi)^3} \iiint \frac{\exp\{(ik_x(x - x') + ik_y(y - y') + ik_z(z - z')\}}{(k_x^{\ 2} + k_y^{\ 2} + k_z^{\ 2}) - (\omega^2/c^2)}\, dk_x\, dk_y\, dk_z$$

となる。

　あとは、この積分を実行すれば、グリーン関数がえられる。このためには、第 3 章と同様に、k 空間の全領域に対応した積分

$$\int_{-\infty}^{+\infty} d^3\vec{k} = \int_{-\infty}^{+\infty} dk_x \int_{-\infty}^{+\infty} dk_y \int_{-\infty}^{+\infty} dk_z$$

を直交座標から、極座標の積分に変える[1]。このとき、図 10-3 に示すように

$$k_x = k\sin\theta\cos\phi \qquad k_y = k\sin\theta\sin\phi \qquad k_z = k\cos\theta$$

という関係にあり

$$k = \sqrt{k_x^{\ 2} + k_y^{\ 2} + k_z^{\ 2}} \geq 0$$

である。これは、k が極座標の r、つまり原点からの距離に対応することを意味しており、この場合は、k は負の値をとらない。ただし、k_x, k_y, k_z は、天頂角 θ ならびに方位角 ϕ の値によって負の値もとることができることに注意されたい。

---

[1] 第 3 章の図 3-4 ならびに図 3-5 も参照されたい。

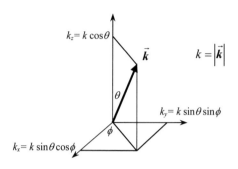

$$k_z = k\cos\theta \qquad \vec{k} \qquad k = \left|\vec{k}\right|$$

$$\theta$$

$$k_y = k\sin\theta\sin\phi$$

$$\phi$$

$$k_x = k\sin\theta\cos\phi$$

図 10-3　　直交座標と球座標の対応

すると、3 重積分は

$$\int_{-\infty}^{+\infty} d^3\vec{k} = \int_0^{+\infty} k^2\,dk \int_0^{\pi} \sin\theta\,d\theta \int_0^{2\pi} d\phi$$

となる。この積分範囲で、全領域をカバーできることになる。また、体積要素の対応は

$$dk_x\,dk_y\,dk_z = k^2\sin\theta\,dk\,d\theta\,d\phi$$

となる。

　つぎに、$\vec{R}$ を z 軸に平行にとる。この場合でも、$\vec{k}$ の取り方は自由であるので、一般化は失われない。図 10-4 に示すように天頂角 θ を使って、ベクトル間の内積が

$$\vec{k} \cdot \vec{R} = kR\cos\theta$$

と与えられる。ただし $\left|\vec{k}\right| = k$，$\left|\vec{R}\right| = R$ という関係にあり、k 空間と xyz 空間の軸は共有している。

　よって

$$\int \frac{1}{k^2 - (\omega^2/c^2)} \exp(i\vec{k} \cdot \vec{R})\,d^3\vec{k}$$

$$= \int_0^{+\infty} \int_0^{\pi} \frac{k^2}{k^2 - (\omega^2/c^2)} \exp(ikR\cos\theta) \sin\theta\,d\theta\,dk \int_0^{2\pi} d\phi$$

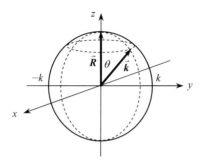

図 10-4　$\vec{R}$ が z 軸に平行とした場合の $\vec{k} \cdot \vec{R}$ は $kR\cos\theta$ となる。さらに、このように $\vec{r}$ を選んでも、k 空間の全領域における積分の結果は変わらない。

となる。被積分関数は ϕ を含まないので

$$\int_0^{2\pi} d\phi = 2\pi$$

となるので

$$G(\vec{R}) = \frac{2\pi}{(2\pi)^3} \int_0^{+\infty} \int_0^{\pi} \frac{k^2}{k^2 - (\omega^2/c^2)} \exp(ikR\cos\theta) \sin\theta\, d\theta\, dk$$

となる。つぎに

$$\int_0^{+\infty} \int_0^{\pi} \frac{k^2}{k^2 - (\omega^2/c^2)} \{\exp(ikR\cos\theta)\} \sin\theta\, d\theta\, dk$$

を計算する。

演習 10-4　θ に関する積分 $\displaystyle\int_0^{\pi} \exp(ikR\cos\theta) \sin\theta\, d\theta$　を実行せよ。

解）　$\cos\theta = p$ と置くと

$$-\sin\theta\, d\theta = dp$$

となり積分範囲は $0 \leq \theta \leq \pi$ から $-1 \leq p \leq 1$ へと変わるので

$$\int_0^\pi \exp(ikR\cos\theta)\,\sin\theta\,d\theta = -\int_1^{-1} \exp(ikR\,p)\,dp = \int_{-1}^1 \exp(ikR\,p)\,dp$$

$$= \left[\frac{\exp(ikR\,p)}{ikR}\right]_{-1}^1 = \frac{\exp(ikR)-\exp(-ikR)}{ikR}$$

となる。

したがって

$$\int_0^{+\infty}\int_0^\pi \frac{k^2}{k^2-(\omega^2/c^2)}\exp(ikR\cos\theta)\,\sin\theta\,d\theta\,dk$$

$$= \int_0^{+\infty}\frac{k^2}{k^2-(\omega^2/c^2)}\frac{\exp(ikR)-\exp(-ikR)}{ikR}\,dk$$

したがって

$$G(\vec{R}) = \frac{1}{(2\pi)^3}\int_{-\infty}^{+\infty}\frac{\exp(i\vec{k}\cdot\vec{R})}{\vec{k}^2-(\omega^2/c^2)}\,d^3\vec{k}$$

$$= \frac{2\pi}{(2\pi)^3}\int_0^{+\infty}\frac{k^2}{k^2-(\omega^2/c^2)}\frac{\exp(ikR)-\exp(-ikR)}{ikR}\,dk$$

$$= \frac{1}{4\pi^2 R\,i}\int_0^{+\infty}\frac{k\{\exp(ikR)-\exp(-ikR)\}}{k^2-(\omega^2/c^2)}\,dk$$

となる。

演習 10-5 つぎの関係が成立することを示せ。

$$\int_0^{+\infty}\frac{k\{\exp(ikR)-\exp(-ikR)\}}{k^2-(\omega^2/c^2)}\,dk = \int_{-\infty}^{+\infty}\frac{k\exp(ikR)}{k^2-(\omega^2/c^2)}\,dk$$

解） 左辺の積分は

$$\int_0^{+\infty}\frac{k\{\exp(ikR)-\exp(-ikR)\}}{k^2-(\omega^2/c^2)}\,dk = \int_0^{+\infty}\frac{k\exp(ikR)}{k^2-(\omega^2/c^2)}\,dk - \int_0^{+\infty}\frac{k\exp(-ikR)}{k^2-(\omega^2/c^2)}\,dk$$

となる。ここで、2項目の積分で $k=-u$ と変数変換すれば

$$-\int_0^{+\infty}\frac{k\exp(-ikR)}{k^2-(\omega^2/c^2)}\,dk = -\int_0^{-\infty}\frac{(-u)\exp(iuR)}{u^2-(\omega^2/c^2)}\,(-du) = -\int_0^{-\infty}\frac{u\exp(iuR)}{u^2-(\omega^2/c^2)}\,du$$

$$= +\int_{-\infty}^{0} \frac{u \exp(iuR)}{u^2 - (\omega^2/c^2)}\, du$$

となる。積分変数を u から k に換えてもよいので

$$-\int_{0}^{+\infty} \frac{k \exp(-ikR)}{k^2 - (\omega^2/c^2)}\, dk = +\int_{-\infty}^{0} \frac{k \exp(ikR)}{k^2 - (\omega^2/c^2)}\, dk$$

と置くと、2 項はまとめられ

$$\int_{0}^{+\infty} \frac{k\{\exp(ikR) - \exp(-ikR)\}}{k^2 - (\omega^2/c^2)}\, dk = \int_{-\infty}^{+\infty} \frac{k \exp(ikR)}{k^2 - (\omega^2/c^2)}\, dk$$

となる。

　結局、グリーン関数は

$$G(\vec{R}) = \frac{1}{4\pi^2 Ri} \int_{-\infty}^{+\infty} \frac{k \exp(ikR)}{k^2 - (\omega^2/c^2)}\, dk$$

という k に関する積分に還元される。

　ここで、この積分を計算するために、複素積分における**留数定理** (residue theorem) を利用する[2]。複素積分には特異点のない関数（正則関数）を閉回路に沿って周回積分すると、その値がゼロになるという性質がある。一方、閉回路の中に、特異点のある（分母がゼロになる）関数の場合には、有限の積分値を示す。これらの特異点を極と呼んでいる。

　たとえば、ある複素関数 $f(z)$ において、$z = a$ が無限大となる特異点とすると、この特異点を含む閉回路に沿って周回積分した際の積分値は

$$I = 2\pi i \operatorname{Res}(a)$$

と与えられる。ただし

$$\operatorname{Res}(a) = \big[(z-a)f(z)\big]_{z=a}$$

であり、Res は留数の英語 residue の略である。

　いまの複素積分は

---

[2] 拙著『なるほど複素関数』（海鳴社）の「4 章 2 節 複素積分の特徴」、p.92 を参照されたい。

$$G(\vec{R}) = \frac{1}{4\pi^2 R i} \int_{-\infty}^{+\infty} \frac{k \exp(ikR)}{k^2 - (\omega^2/c^2)}\,dk = \frac{1}{4\pi^2 R i}\left\{ \int_{-\infty}^{+\infty} \frac{k \exp(ikR)}{\left(k + \dfrac{\omega}{c}\right)\left(k - \dfrac{\omega}{c}\right)}\,dk \right\}$$

と変形できるので $k = \pm \omega/c$ が特異点となる。

　ここで、この複素積分を求めるためには、特異点を含む閉回路を複素平面に選ぶ必要がある。そこで、図 10-5 に示す積分路 C_1 を考えてみよう。

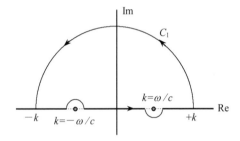

図 10-5 複素積分するための積分路; C_1: $k = \omega/c$ を内部に含む半円からなる閉回路であり $k = -\omega/c$ は含まない。特異点のまわりの迂回路は無限小として無視できる。

　この場合 $k \to \infty$ の極限が上記の積分となるが、閉回路に沿った積分は、その中の特異点 $k = \omega/c$ でのみ値を有するので、閉回路がどんなに大きくなっても、積分値は変わらない。このとき、実軸に沿った積分と半円 C に沿った積分

$$I = \int_{-\infty}^{+\infty} \frac{k \exp(ikR)}{k^2 - (\omega^2/c^2)}\,dk + \int_{C} \frac{k \exp(ikR)}{k^2 - (\omega^2/c^2)}\,dk$$

の和となるが、半円に沿った積分は、分子が k の 1 次に対して、分母は 2 次であり、$\left|\exp(ikR)\right| \leq 1$ であるから $k \to \infty$ の極限でゼロとなる。したがって

$$I = \int_{-\infty}^{+\infty} \frac{k \exp(ikR)}{k^2 - (\omega^2/c^2)}\,dk = \lim_{k \to \infty} \oint_{C_1} \frac{k \exp(ikR)}{\left(k + \dfrac{\omega}{c}\right)\left(k - \dfrac{\omega}{c}\right)}\,dk$$

となる。このとき、留数定理により

$$f(k) = \frac{k \exp(ikR)}{\left(k + \dfrac{\omega}{c}\right)\left(k - \dfrac{\omega}{c}\right)}$$

として

$$\text{Res}\left(\frac{\omega}{c}\right) = \left[\left(k - \frac{\omega}{c}\right)f(k)\right]_{k=\frac{\omega}{c}} = \frac{(\omega/c)\exp\{i(\omega/c)R\}}{2(\omega/c)}$$

となり、積分値は

$$I = 2\pi i\, \text{Res}\left(\frac{\omega}{c}\right) = 2\pi i\frac{(\omega/c)\exp\{i(\omega/c)R\}}{2(\omega/c)} = \pi i \exp\left(i\frac{\omega}{c}R\right)$$

となる。したがって

$$G(\vec{R}) = \frac{1}{4\pi^2 R i}\int_{-\infty}^{+\infty}\frac{k\,\exp(ikR)}{k^2 - (\omega^2/c^2)}\,dk = \frac{1}{4\pi^2 R i}I = \frac{\pi i}{4\pi^2 R i}\exp\left(i\frac{\omega}{c}R\right)$$

$$= \frac{1}{4\pi R}\exp\left(i\frac{\omega}{c}R\right)$$

となる。ここで $\vec{R} = \vec{r} - \vec{r}'$ であったので、グリーン関数は

$$G(\vec{r} - \vec{r}') = \frac{1}{4\pi|\vec{r} - \vec{r}'|}\exp\left(i\frac{\omega}{c}|\vec{r} - \vec{r}'|\right)$$

と書ける。ここで

$$\widetilde{\phi}(\vec{r},\omega) = \frac{1}{\varepsilon}\int_{-\infty}^{+\infty}G(\vec{r} - \vec{r}')\widetilde{\rho}(\vec{r}',\omega)\,d^3\vec{r}'$$

という関係にあるので

$$\widetilde{\phi}(\vec{r},\omega) = \frac{1}{4\pi\varepsilon}\int_{-\infty}^{+\infty}\frac{1}{|\vec{r} - \vec{r}'|}\exp\left(i\frac{\omega}{c}|\vec{r} - \vec{r}'|\right)\widetilde{\rho}(\vec{r}',\omega)\,d^3\vec{r}'$$

となる。

演習 10-6　$\widetilde{\phi}(\vec{r},\omega)$ に $\omega \to t$ のフーリエ変換を施し静電ポテンシャル $\phi(\vec{r},t)$ を

求めよ。

解） 求める静電ポテンシャル $\phi(\vec{r},t)$ はフーリエ変換により

$$\phi(\vec{r},\,t) = \frac{1}{2\pi}\int_{-\infty}^{+\infty}\widetilde{\phi}(\vec{r},\omega)\exp(i\omega t)\,d\omega$$

となる。よって

$$\phi(\vec{r},\,t) = \frac{1}{8\pi^2\varepsilon}\int_{-\infty}^{+\infty}\int_{-\infty}^{+\infty}\frac{1}{|\vec{r}-\vec{r}'|}\exp\left(i\frac{\omega}{c}|\vec{r}-\vec{r}'|\right)\widetilde{\rho}(\vec{r}',\omega)\exp(i\omega t)\,d\omega\,d^3\vec{r}'$$

右辺を、積分変数 ω と r' で整理すると

$$\phi(\vec{r}',t) = \frac{1}{8\pi^2\varepsilon}\int_{-\infty}^{+\infty}\frac{1}{|\vec{r}-\vec{r}'|}\left[\int_{-\infty}^{+\infty}\widetilde{\rho}(\vec{r}',\omega)\exp\left\{i\omega\left(t+\frac{|\vec{r}-\vec{r}'|}{c}\right)\right\}d\omega\right]d^3\vec{r}'$$

となる。ここで、再びフーリエ変換により $\widetilde{\rho}(\vec{r}',\omega)$ と $\rho(\vec{r}',t)$ は

$$\rho(\vec{r}',t) = \frac{1}{2\pi}\int_{-\infty}^{+\infty}\widetilde{\rho}(\vec{r}',\omega)\exp(i\omega t)d\omega$$

という対応関係にあるので、この式の t に $t+|\vec{r}-\vec{r}'|/c$ を代入すれば

$$\rho\left(\vec{r}',\,t+\frac{|\vec{r}-\vec{r}'|}{c}\right) = \frac{1}{2\pi}\int_{-\infty}^{+\infty}\widetilde{\rho}(\vec{r}',\omega)\exp\left\{i\omega\left(t+\frac{|\vec{r}-\vec{r}'|}{c}\right)\right\}d\omega$$

となる。この式は、いま求めた式の ω に関する積分項に対応するから

$$\phi(\vec{r},\,t) = \frac{1}{4\pi\varepsilon}\int_{-\infty}^{+\infty}\frac{\rho(\vec{r}',t+|\vec{r}-\vec{r}'|/c)}{|\vec{r}-\vec{r}'|}d^3\vec{r}'$$

となる。

　これは、すでに紹介した先進ポテンシャルに対応した解である。では、肝心の遅延ポテンシャルに対応した解はどうなるであろうか。実は、複素平面における積分路を変えて、特異点として $k=-\omega/c$ を選べばよい。つまり、積分路として図 10-6 に示した C_2 を選べばよいのである。

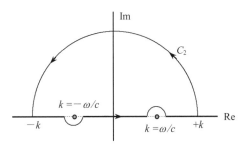

図 10-6　複素積分するための積分路; C_2: $k = -\omega/c$ を内部に含む半円からなる閉回路であり $k = \omega/c$ は含まない。

演習 10-7　積分路 C_2 に沿った周回積分を利用して、つぎの積分の値を求めよ。

$$I = \int_{-\infty}^{+\infty} \frac{k \exp(ikR)}{k^2 - (\omega^2/c^2)}\, dk$$

解)

$$I = \int_{-\infty}^{+\infty} \frac{k \exp(ikR)}{k^2 - (\omega^2/c^2)}\, dk = \lim_{k \to \infty} \oint_{C_2} \frac{k \exp(ikR)}{\left(k + \dfrac{\omega}{c}\right)\left(k - \dfrac{\omega}{c}\right)}\, dk$$

としたとき、留数定理により

$$f(k) = \frac{k \exp(ikR)}{\left(k + \dfrac{\omega}{c}\right)\left(k - \dfrac{\omega}{c}\right)}$$

として

$$\mathrm{Res}\left(-\frac{\omega}{c}\right) = \left[\left(k + \frac{\omega}{c}\right) f(k)\right]_{k = -\frac{\omega}{c}} = \frac{(-\omega/c)\exp\{-i(\omega/c)R\}}{2(-\omega/c)}$$

となり、積分値は

$$I = 2\pi i\, \mathrm{Res}\left(-\frac{\omega}{c}\right) = 2\pi i \frac{(-\omega/c)\exp\{-i(\omega/c)R\}}{2(-\omega/c)} = \pi i \exp\left(-i\frac{\omega}{c}R\right)$$

となる。したがって、グリーン関数は

$$G(\vec{R}) = \frac{1}{4\pi^2 R i} \int_{-\infty}^{+\infty} \frac{k\ \exp(ikR)}{k^2 - (\omega^2/c^2)}\, dk\ = \frac{1}{4\pi R} \exp\left(-i\frac{\omega}{c}R\right)$$

となる。

演習 10-6 と同様の計算により

$$\phi(\vec{r},t) = \frac{1}{4\pi\varepsilon} \int_{-\infty}^{+\infty} \frac{\rho(\vec{r}',t - |\vec{r} - \vec{r}'|/c)}{|\vec{r} - \vec{r}'|}\, d^3\vec{r}'$$

という解がえられる。

これは、まさに遅延ポテンシャルに対応した解である。ベクトルポテンシャルも、まったく同様にして

$$\vec{A}(\vec{r},t) = \frac{\mu}{4\pi} \int_{-\infty}^{+\infty} \frac{\vec{J}(\vec{r}',t - |\vec{r} - \vec{r}'|/c)}{|\vec{r} - \vec{r}'|} d^3\vec{r}'$$

という解となる。

10. 4.　電磁波放出

すでに紹介したように、電磁波の本質は、ベクトルポテンシャルの振動が空間を伝播することである。導線に電流が流れていれば、そのまわりの空間には電流と平行な向きにベクトルポテンシャルが形成される。

電流が一定の場合には、空間のベクトルポテンシャルは、距離とともに単純に減衰するだけであり振動はしない。よって、電磁波も発生しない。

ベクトルポテンシャルが振動するためには、電流が振動（あるいは電荷が振動）する必要がある。たとえば、交流電流を印加すれば電磁波が放出される。

ここでは、図 10-7 に示すように、z 方向に平行な導線において、原点を中心に長さ ℓ の範囲に交流電流を印加することを考える。

このとき、原点から $\vec{r}$ だけ離れた点の時間 t におけるベクトルポテンシャルの表式である

$$\vec{A}(\vec{r},t) = \frac{\mu}{4\pi} \int \frac{\vec{J}(\vec{r}',t')}{|\vec{r} - \vec{r}'|}\, d^3\vec{r}'$$

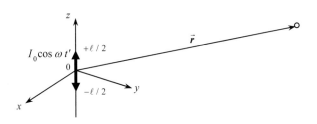

図 10-7　原点付近の長さ ℓ の範囲に z 方向に交流電流を印加する。この振動電流によって発生する電磁波の観測点は、充分、遠方とする。原点における振動の影響が、観測点まで到達するには時間は、光速を c とすると r/c を要する。

において

$$\vec{J}(\vec{r}',t') = I(t')\vec{e}_z \qquad (-\ell/2 \leq z' \leq \ell/2)$$

とし、交流電流として $I(t') = I_0\cos\omega t'$ を採用する。

　ただし、$\vec{e}_z$ は z 方向の単位ベクトルである。$\vec{r}'=(x'\quad y'\quad z')$ はベクトルポテンシャルの起源となる電流要素の位置ベクトルである。いまの場合 $\vec{r}'=(0\quad 0\quad z')=z'\vec{e}_z$ となる。このベクトルポテンシャルは z 軸に平行に振動し

$$\vec{A}(\vec{r},t) = \vec{e}_z\frac{\mu}{4\pi}\int_{-\ell/2}^{+\ell/2}\frac{I(t')}{|\vec{r}-z'\vec{e}_z|}\,dz'$$

と与えられる。ただし $t'=t-\dfrac{|\vec{r}-z'\vec{e}_z|}{c}$ である。

演習 10-8　測定点までの距離 r が十分大きいとすると

$$|\vec{r}-z'\vec{e}_z| \cong r$$

と近似できる。このときのベクトルポテンシャルを求めよ。

　解)

$$\vec{A}(\vec{r},t) = \vec{e}_z\frac{\mu}{4\pi}\int_{-\ell/2}^{+\ell/2}\frac{I(t')}{|\vec{r}-z'\vec{e}_z|}\,dz' \cong \vec{e}_z\frac{\mu}{4\pi}\int_{-\ell/2}^{+\ell/2}\frac{I(t-(r/c))}{r}\,dz'$$

$$= \vec{e}_z \frac{\mu}{4\pi r} I(t-(r/c)) \int_{-\ell/2}^{+\ell/2} dz' = \vec{e}_z \frac{\mu\ell}{4\pi r} I(t-(r/c))$$

と与えられる。ただし

$$I(t-(r/c)) = I_0 \cos\left\{\omega\left(t-\frac{r}{c}\right)\right\}$$

である。

つぎに、静電ポテンシャル ϕ を求めてみよう。ここでは、すでに、測定点でのベクトルポテンシャルがえられているので、第4章で示したローレンツゲージの条件

$$\text{div}\,\vec{A}(\vec{r},t) = -\frac{1}{c^2}\frac{\partial\phi(\vec{r},t)}{\partial t}$$

を使って、静電ポテンシャル ϕ を求めることにしよう。

演習 10-9 ベクトルポテンシャルが $\vec{A}(\vec{r},t) = \vec{e}_z \dfrac{\mu\ell}{4\pi r} I(t-(r/c))$ と与えられる

とき、$\text{div}\,\vec{A}(\vec{r},t)$ を計算せよ。

解） $t' = t - r/c$ と置き直すと

$$\vec{A}(\vec{r},t) = \vec{e}_z \frac{\mu\ell}{4\pi r} I(t')$$

このベクトルは、z 成分しかないので

$$\text{div}\,\vec{A}(\vec{r},t) = \frac{\partial\vec{A}(\vec{r},t)}{\partial z} = \frac{\partial}{\partial z}\left(\frac{\mu\ell}{4\pi r}\right)I(t') + \frac{\mu\ell}{4\pi r}\frac{\partial I(t')}{\partial z}$$

ここで $r = (x^2 + y^2 + z^2)^{\frac{1}{2}}$ であるので

$$\frac{\partial r}{\partial z} = \frac{1}{2}(x^2 + y^2 + z^2)^{-\frac{1}{2}} 2z = \frac{z}{r}$$

$$\frac{\partial}{\partial z}\left(\frac{1}{r}\right) = \frac{\partial\left\{(x^2+y^2+z^2)^{-\frac{1}{2}}\right\}}{\partial z} = -\frac{1}{2}(x^2+y^2+z^2)^{-\frac{3}{2}}(2z) = -\frac{z}{r^3}$$

となる。

$$\frac{\partial t'}{\partial z} = \frac{\partial}{\partial z}\left(t - \frac{r}{c}\right) = -\frac{1}{c}\frac{\partial r}{\partial z} = -\frac{1}{c}\frac{z}{r}$$

よって

$$\frac{\partial I(t')}{\partial z} = \frac{\partial I(t')}{\partial t'}\frac{\partial t'}{\partial z} = \frac{\partial I(t')}{\partial t'}\left(-\frac{1}{c}\frac{z}{r}\right)$$

ここで、t と t' の時間変化は同じであるから

$$\frac{\partial I(t')}{\partial z} = -\frac{1}{c}\frac{z}{r}\frac{\partial I(t')}{\partial t}$$

となる。また

$$\frac{\partial}{\partial z}\left(\frac{\mu\ell}{4\pi r}\right) = -\frac{\mu\ell}{4\pi}\frac{z}{r^3}$$

結局、ベクトルポテンシャルの div は

$$\mathrm{div}\,\vec{A}(\vec{r},t) = -\frac{\mu\ell}{4\pi}\frac{z}{r^3}I(t') - \frac{1}{c}\frac{\mu\ell}{4\pi}\frac{z}{r^2}\frac{\partial I(t')}{\partial t}$$

となる。

　ここで、ローレンツゲージの条件を

$$\frac{\partial\phi(\vec{r},t)}{\partial t} = -c^2\mathrm{div}\,\vec{A}(\vec{r},t)$$

と変形し、いま求めた div $\vec{A}(\vec{r},t)$ を代入すると

$$\frac{\partial\phi(\vec{r},t)}{\partial t} = \frac{c^2\mu\ell}{4\pi}\frac{z}{r^3}I(t') + \frac{c\mu\ell}{4\pi}\frac{z}{r^2}\frac{\partial I(t')}{\partial t}$$

となる。さらに電流は電荷 q の時間変化であるから

$$I(t') = \frac{\partial q(t')}{\partial t}$$

という関係にある。よって

$$\frac{\partial \phi(\vec{r},t)}{\partial t} = \frac{c^2 \mu \ell}{4\pi} \frac{z}{r^3} \frac{\partial q(t')}{\partial t} + \frac{c \mu \ell}{4\pi} \frac{z}{r^2} \frac{\partial I(t')}{\partial t}$$

$$= \frac{\partial}{\partial t}\left(\frac{c^2 \mu \ell}{4\pi} \frac{z}{r^3} q(t') + \frac{c \mu \ell}{4\pi} \frac{z}{r^2} I(t') \right)$$

とおけるので

$$\phi(\vec{r},t) = \frac{c \mu \ell}{4\pi r^2} z\left(\frac{c}{r} q(t') + I(t') \right)$$

となる。本来は積分定数がつくが、振動には関係ないので無視すると

$$\phi(\vec{r},t) = \frac{c \mu \ell}{4\pi r^2} z\left(\frac{c}{r} q(t-(r/c)) + I(t-(r/c)) \right)$$

と与えられる。さらに、ふたつの項をみると、q のほうだけ $1/r$ 依存性がある。よって、充分遠方では、この項は無視できるので

$$\phi(\vec{r},t) = \frac{c \mu \ell}{4\pi r^2} z I(t-(r/c))$$

と近似できることになる。

　したがって、原点近傍に z 方向に平行に置かれた導線に、長さ ℓ の交流電流を印加したとき、充分遠方の空間に伝播される電磁波の電磁ポテンシャルは

$$\vec{A}(\vec{r},t) = \vec{e}_z \frac{\mu \ell}{4\pi r} I(t-(r/c)) \qquad \phi(\vec{r},t) = \frac{c \mu \ell}{4\pi r^2} z I(t-(r/c))$$

と近似的に与えられることになる。交流電流は $I(t') = I_0 \cos \omega t'$ であるから

$$I(t-(r/c)) = I_0 \cos\{\omega(t-(r/c))\}$$

となる。したがって、電磁ポテンシャルは

$$\vec{A}(\vec{r},t) = \vec{e}_z \frac{\mu \ell}{4\pi r} I_0 \cos\left\{ \omega\left(t - \frac{r}{c} \right) \right\}$$

$$\phi(\vec{r},t) = \frac{c \mu \ell}{4\pi r^2} z I_0 \cos\left\{ \omega\left(t - \frac{r}{c} \right) \right\}$$

となる。

　電磁ポテンシャルがえられたので、磁場ベクトルならびに電場ベクトルは

$$\vec{B}(\vec{r},t) = \mathrm{rot}\,\vec{A}(\vec{r},t)$$

$$\vec{E}(\vec{r},t) = -\frac{\partial \vec{A}(\vec{r},t)}{\partial t} - \mathrm{grad}\,\phi\,(\vec{r},t)$$

によって、与えられる。

　それでは、実際に、これらのベクトルを求めていこう。ここで、ベクトルポテンシャルは

$$\vec{A}(\vec{r},t) = \left(0 \quad 0 \quad \frac{\mu\ell}{4\pi r}I_0\cos\left\{\omega\left(t-\frac{r}{c}\right)\right\} \right)$$

のように、z 成分のみからなるベクトルであることに注意しよう。

　このとき、磁束密度ベクトルは

$$\vec{B}(\vec{r},t) = \mathrm{rot}\,\vec{A}(\vec{r},t) = \frac{\partial A_z}{\partial y}\vec{e}_x - \frac{\partial A_z}{\partial x}\vec{e}_y$$

と与えられる。

演習 10-10　ベクトルポテンシャルの z 成分が

$$A_z = \frac{\mu\ell}{4\pi r}I_0\cos\left\{\omega\left(t-\frac{r}{c}\right)\right\}$$

と与えられるとき、$\partial A_z/\partial y$ を求めよ。

　解）

$$\frac{\partial A_z}{\partial y} = \frac{\partial}{\partial y}\left(\frac{\mu\ell}{4\pi r}\right)I_0\cos\left\{\omega\left(t-\frac{r}{c}\right)\right\} + \frac{\mu\ell}{4\pi r}\frac{\partial}{\partial y}\left[I_0\cos\left\{\omega\left(t-\frac{r}{c}\right)\right\}\right]$$

となる。ここで $r = (x^2+y^2+z^2)^{\frac{1}{2}}$ であるので

$$\frac{\partial}{\partial y}\left(\frac{1}{r}\right) = \frac{\partial\left\{(x^2+y^2+z^2)^{-\frac{1}{2}}\right\}}{\partial y} = -\frac{1}{2}(x^2+y^2+z^2)^{-\frac{3}{2}}(2y) = -\frac{y}{r^3}$$

となる。したがって

$$\frac{\partial}{\partial y}\left(\frac{\mu\ell}{4\pi r}\right) = -\frac{\mu\ell}{4\pi}\frac{y}{r^3}$$

となる。つぎに

$$\frac{\partial}{\partial y}\left[I_0\cos\left\{\omega\left(t-\frac{r}{c}\right)\right\}\right] = \frac{\partial}{\partial y}\{I_0\cos(\omega t')\}$$

を考えてみよう。

　ここで、r のみが y の関数であり

$$\frac{\partial r}{\partial y} = \frac{\partial}{\partial y}(x^2+y^2+z^2)^{\frac{1}{2}} = \frac{1}{2}(x^2+y^2+z^2)^{-\frac{1}{2}}(2y) = \frac{y}{r}$$

となる。つぎに

$$\frac{\partial}{\partial y}\{I_0\cos(\omega t')\} = \frac{\partial}{\partial t'}\{I_0\cos(\omega t')\}\frac{\partial t'}{\partial y} = -I_0\omega\sin(\omega t')\frac{\partial t'}{\partial y}$$

として

$$\frac{\partial t'}{\partial y} = \frac{\partial}{\partial y}\left(t-\frac{r}{c}\right) = -\frac{1}{c}\frac{\partial r}{\partial y} = -\frac{1}{c}\frac{y}{r}$$

を代入すると

$$\frac{\partial}{\partial y}\{I_0\cos(\omega t')\} = \frac{I_0\omega y}{c r}\sin(\omega t')$$

となる。したがって

$$\frac{\partial A_z}{\partial y} = -\frac{\mu\ell}{4\pi r^3}yI_0\cos\left\{\omega\left(t-\frac{r}{c}\right)\right\} + \frac{\mu\ell}{4\pi r^2 c}yI_0\omega\sin\left\{\omega\left(t-\frac{r}{c}\right)\right\}$$

$$= -\frac{\mu\ell}{4\pi r^2}yI_0\left[\frac{1}{r}\cos\left\{\omega\left(t-\frac{r}{c}\right)\right\} - \frac{\omega}{c}\sin\left\{\omega\left(t-\frac{r}{c}\right)\right\}\right]$$

となる。

　同様にして

$$\frac{\partial A_z}{\partial x} = -\frac{\mu\ell}{4\pi r^2}xI_0\left[\frac{1}{r}\cos\left\{\omega\left(t-\frac{r}{c}\right)\right\} - \frac{\omega}{c}\sin\left\{\omega\left(t-\frac{r}{c}\right)\right\}\right]$$

となる。したがって

$$\vec{B}(\vec{r},t) = \mathrm{rot}\ \vec{A}(\vec{r},t) = \frac{\partial A_z}{\partial y}\vec{e}_x - \frac{\partial A_z}{\partial x}\vec{e}_y$$

$$= -\frac{\mu\ell}{4\pi r^2}yI_0\left[\frac{1}{r}\cos\left\{\omega\left(t-\frac{r}{c}\right)\right\} - \frac{\omega}{c}\sin\left\{\omega\left(t-\frac{r}{c}\right)\right\}\right]\vec{e}_x$$

$$+\frac{\mu\ell}{4\pi r^2}xI_0\left[\frac{1}{r}\cos\left\{\omega\left(t-\frac{r}{c}\right)\right\} - \frac{\omega}{c}\sin\left\{\omega\left(t-\frac{r}{c}\right)\right\}\right]\vec{e}_y$$

となるが、右辺を整理すると

$$\vec{B}(\vec{r},t) = \frac{\mu\ell}{4\pi r^2}I_0\left[\frac{1}{r}\cos\left\{\omega\left(t-\frac{r}{c}\right)\right\} - \frac{\omega}{c}\sin\left\{\omega\left(t-\frac{r}{c}\right)\right\}\right](x\vec{e}_y - y\vec{e}_x)$$

となる。

　ここで、上記の表式は直交座標によるものである。しかし、電磁ポテンシャルは原点からの距離 r の関数となるから、極座標を採用したほうが見通しがよい。そこで、極座標に変換してみよう（図 10-8 参照）。

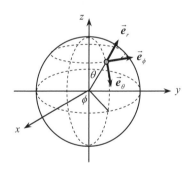

図 10-8　極座標と直交座標。単位ベクトル $\vec{e}_r, \vec{e}_\theta, \vec{e}_\phi$ は互いに直交している。

　まず、直交座標と極座標は

$$x = r\sin\theta\cos\phi \qquad y = r\sin\theta\sin\phi \qquad z = r\cos\theta$$

という関係にあり、それぞれの座標の単位ベクトルどうしの対応関係は

$$\vec{e}_r = \sin\theta\cos\phi\,\vec{e}_x + \sin\theta\sin\phi\,\vec{e}_y + \cos\theta\,\vec{e}_z$$

$$\vec{e}_\theta = \cos\theta\cos\phi\,\vec{e}_x + \cos\theta\sin\phi\,\vec{e}_y - \sin\theta\,\vec{e}_z$$

$$\vec{e}_\phi = -\sin\phi\,\vec{e}_x + \cos\phi\,\vec{e}_y$$

となる。

解）

$$x\vec{e}_y - y\vec{e}_x = r\sin\theta\cos\phi\,\vec{e}_y - r\sin\theta\sin\phi\,\vec{e}_x$$
$$= r\sin\theta\,(\cos\phi\,\vec{e}_y - \sin\phi\,\vec{e}_x) = r\sin\theta\,\vec{e}_\phi$$

と変形できるので

$$\vec{B}(\vec{r},t) = \frac{\mu\ell}{4\pi r^2}I_0\left[\frac{1}{r}\cos\left\{\omega\left(t-\frac{r}{c}\right)\right\} - \frac{\omega}{c}\sin\left\{\omega\left(t-\frac{r}{c}\right)\right\}\right]r\sin\theta\,\vec{e}_\phi$$

$$= \frac{\mu\ell}{4\pi r}I_0\sin\theta\left[\frac{1}{r}\cos\left\{\omega\left(t-\frac{r}{c}\right)\right\} - \frac{\omega}{c}\sin\left\{\omega\left(t-\frac{r}{c}\right)\right\}\right]\,\vec{e}_\phi$$

となる。

ここで、遠方では $1/r$ の項の付いた第 1 項は無視できるから

$$\vec{B}(\vec{r},t) = -\frac{\mu\ell}{4\pi r}I_0\sin\theta\left[\frac{\omega}{c}\sin\left\{\omega\left(t-\frac{r}{c}\right)\right\}\right]\,\vec{e}_\phi$$

となる。

よって、磁場ベクトルは極座標における ϕ 方向を向くことになる。それでは

$$\vec{E}(\vec{r},t) = -\frac{\partial\vec{A}(\vec{r},t)}{\partial t} - \operatorname{grad}\phi\,(\vec{r},t)$$

という関係を利用して電場ベクトルを求めていこう。

$$\vec{A}(\vec{r},t) = \frac{\mu\ell}{4\pi r}I_0\cos\left\{\omega\left(t-\frac{r}{c}\right)\right\}\vec{e}_z$$

であるから

$$\frac{\partial\vec{A}(\vec{r},t)}{\partial t} = -\frac{\mu\ell}{4\pi r}I_0\omega\sin\left\{\omega\left(t-\frac{r}{c}\right)\right\}\vec{e}_z$$

となる。

演習 10-12　$\phi(\vec{r}, t)$ が次式

$$\phi(\vec{r}, t) = \frac{c\mu\ell}{4\pi r^2} z \, I_0 \cos\left\{\omega\left(t - \frac{r}{c}\right)\right\}$$

で与えられるとき $\mathrm{grad}\,\phi(\vec{r}, t)$ を計算せよ。

解）

$$\mathrm{grad}\,\phi(\vec{r}, t) = \frac{\partial\phi(\vec{r}, t)}{\partial x}\vec{e}_x + \frac{\partial\phi(\vec{r}, t)}{\partial y}\vec{e}_y + \frac{\partial\phi(\vec{r}, t)}{\partial z}\vec{e}_z$$

である。

$$\phi(\vec{r}, t) = \frac{c\mu\ell}{4\pi} \frac{z}{x^2 + y^2 + z^2} \, I_0 \cos\left\{\omega\left(t - \frac{r}{c}\right)\right\}$$

から、ふたつの項が微分対象となる。まず

$$I_0 \cos\left\{\omega\left(t - \frac{r}{c}\right)\right\}$$

に関しては、まず、x で偏微分すると

$$\frac{\partial}{\partial x}\left[I_0 \cos\left\{\omega\left(t - \frac{r}{c}\right)\right\}\right] = \frac{\partial}{\partial x}\{I_0 \cos(\omega t')\} = \frac{\partial}{\partial t'}\{I_0 \cos(\omega t')\}\frac{\partial t'}{\partial x}$$

$$= -I_0 \omega \sin\left\{\omega\left(t - \frac{r}{c}\right)\right\}\frac{\partial}{\partial x}\left(t - \frac{r}{c}\right) = -I_0 \omega \sin\left\{\omega\left(t - \frac{r}{c}\right)\right\}\left(-\frac{1}{c}\frac{\partial r}{\partial x}\right)$$

となる。ここで $r = (x^2 + y^2 + z^2)^{\frac{1}{2}}$ であるから

$$\frac{\partial r}{\partial x} = \frac{1}{2}(x^2 + y^2 + z^2)^{-\frac{1}{2}}(2x) = \frac{x}{r}$$

より

$$\frac{\partial}{\partial x}\left[I_0 \cos\left\{\omega\left(t - \frac{r}{c}\right)\right\}\right] = \frac{I_0 \omega}{rc} x \sin\left\{\omega\left(t - \frac{r}{c}\right)\right\}$$

となる。同様に

$$\frac{\partial}{\partial y}\left[I_0\cos\left\{\omega\left(t-\frac{r}{c}\right)\right\}\right]=\frac{I_0\omega}{rc}\,y\,\sin\left\{\omega\left(t-\frac{r}{c}\right)\right\}$$

$$\frac{\partial}{\partial z}\left[I_0\cos\left\{\omega\left(t-\frac{r}{c}\right)\right\}\right]=\frac{I_0\omega}{rc}\,z\,\sin\left\{\omega\left(t-\frac{r}{c}\right)\right\}$$

となる。つぎに

$$\frac{z}{x^2+y^2+z^2}=z\,(x^2+y^2+z^2)^{-1}$$

の微分を考えよう。

$$\frac{\partial}{\partial x}\left(\frac{z}{x^2+y^2+z^2}\right)=-z\,(x^2+y^2+z^2)^{-2}(2x)=-\frac{2xz}{r^4}$$

$$\frac{\partial}{\partial y}\left(\frac{z}{x^2+y^2+z^2}\right)=-z\,(x^2+y^2+z^2)^{-2}(2y)=-\frac{2yz}{r^4}$$

となる。また

$$\frac{\partial}{\partial z}\left(\frac{z}{x^2+y^2+z^2}\right)=(x^2+y^2+z^2)^{-1}-z\,(x^2+y^2+z^2)^{-2}(2z)=\frac{1}{r^2}-\frac{2z^2}{r^4}$$

となる。したがって

$$\frac{\partial\phi(\vec{r},t)}{\partial x}=-\frac{c\mu\ell}{4\pi}\frac{2xz}{r^4}\,I_0\cos\left\{\omega\left(t-\frac{r}{c}\right)\right\}+\frac{c\mu\ell}{4\pi r^2}\frac{I_0\omega}{rc}\,xz\,\sin\left\{\omega\left(t-\frac{r}{c}\right)\right\}$$

$$=-\frac{c\mu\ell}{4\pi r}\frac{z}{r^2}I_0x\left[\frac{2}{r}\cos\left\{\omega\left(t-\frac{r}{c}\right)\right\}-\frac{\omega}{c}\sin\left\{\omega\left(t-\frac{r}{c}\right)\right\}\right]$$

$$\frac{\partial\phi(\vec{r},t)}{\partial y}=-\frac{c\mu\ell}{4\pi}\frac{2yz}{r^4}\,I_0\cos\left\{\omega\left(t-\frac{r}{c}\right)\right\}+\frac{c\mu\ell}{4\pi r^2}\frac{I_0\omega}{rc}\,yz\,\sin\left\{\omega\left(t-\frac{r}{c}\right)\right\}$$

$$=-\frac{c\mu\ell}{4\pi r}\frac{z}{r^2}I_0y\left[\frac{2}{r}\cos\left\{\omega\left(t-\frac{r}{c}\right)\right\}-\frac{\omega}{c}\sin\left\{\omega\left(t-\frac{r}{c}\right)\right\}\right]$$

$$\frac{\partial\phi(\vec{r},t)}{\partial z}=\frac{c\mu\ell}{4\pi}\left(\frac{1}{r^2}-\frac{2z^2}{r^4}\right)I_0\cos\left\{\omega\left(t-\frac{r}{c}\right)\right\}+\frac{c\mu\ell}{4\pi r^2}\frac{I_0\omega}{rc}\,z^2\,\sin\left\{\omega\left(t-\frac{r}{c}\right)\right\}$$

$$= -\frac{c\mu\ell}{4\pi r}\frac{z}{r^2}I_0 z\left[\frac{2}{r}\cos\left\{\omega\left(t-\frac{r}{c}\right)\right\} - \frac{\omega}{c}\sin\left\{\omega\left(t-\frac{r}{c}\right)\right\}\right]$$

$$+ \frac{c\mu\ell}{4\pi r}\frac{1}{r}I_0\cos\left\{\omega\left(t-\frac{r}{c}\right)\right\}$$

となる．したがって

$$\mathrm{grad}\,\phi(\vec{r},t) = -\frac{c\mu\ell}{4\pi r}\frac{z}{r^2}I_0\left[\frac{2}{r}\cos\left\{\omega\left(t-\frac{r}{c}\right)\right\} - \frac{\omega}{c}\sin\left\{\omega\left(t-\frac{r}{c}\right)\right\}\right](x\vec{e}_x + y\vec{e}_y + z\vec{e}_z)$$

$$+ \frac{c\mu\ell}{4\pi r}\frac{1}{r}I_0\cos\left\{\omega\left(t-\frac{r}{c}\right)\right\}\vec{e}_z$$

となる．

ここで、電場ベクトルは

$$\vec{E}(\vec{r},t) = -\frac{\partial \vec{A}(\vec{r},t)}{\partial t} - \mathrm{grad}\,\phi(\vec{r},t)$$

であるから

$$\vec{E}(\vec{r},t) = \frac{\mu\ell}{4\pi r}I_0\omega\sin\left\{\omega\left(t-\frac{r}{c}\right)\right\}\vec{e}_z$$

$$+ \frac{c\mu\ell}{4\pi r}I_0\left[\frac{2}{r}\cos\left\{\omega\left(t-\frac{r}{c}\right)\right\} - \frac{\omega}{c}\sin\left\{\omega\left(t-\frac{r}{c}\right)\right\}\right]\frac{z}{r^2}(x\vec{e}_x + y\vec{e}_y + z\vec{e}_z)$$

$$- \frac{c\mu\ell}{4\pi r}\frac{1}{r}I_0\cos\left\{\omega\left(t-\frac{r}{c}\right)\right\}\vec{e}_z$$

よって

$$\vec{E}(\vec{r},t) = \frac{c\mu\ell}{4\pi r}I_0\left[\frac{\omega}{c}\sin\left\{\omega\left(t-\frac{r}{c}\right)\right\} - \frac{1}{r}\cos\left\{\omega\left(t-\frac{r}{c}\right)\right\}\right]\vec{e}_z$$

$$+ \frac{c\mu\ell}{4\pi r}I_0\left[\frac{2}{r}\cos\left\{\omega\left(t-\frac{r}{c}\right)\right\} - \frac{\omega}{c}\sin\left\{\omega\left(t-\frac{r}{c}\right)\right\}\right]\frac{z}{r^2}(x\vec{e}_x + y\vec{e}_y + z\vec{e}_z)$$

となる。

　ここでは、遠方を考えているので[ ]内の $1/r$ 依存性の項を無視すると

$$\vec{E}(\vec{r},t) = \frac{c\mu\ell}{4\pi r}I_0\left[\frac{\omega}{c}\sin\left\{\omega\left(t-\frac{r}{c}\right)\right\}\right]\vec{e}_z$$

$$+\frac{c\mu\ell}{4\pi r}I_0\left[-\frac{\omega}{c}\sin\left\{\omega\left(t-\frac{r}{c}\right)\right\}\right]\frac{z}{r^2}(x\vec{e}_x+y\vec{e}_y+z\vec{e}_z)$$

となる。ここで

$$x = r\sin\theta\cos\phi \qquad y = r\sin\theta\sin\phi \qquad z = r\cos\theta$$

ならびに

$$\vec{e}_r = \sin\theta\cos\phi\,\vec{e}_x + \sin\theta\sin\phi\,\vec{e}_y + \cos\theta\,\vec{e}_z$$

$$\vec{e}_\theta = \cos\theta\cos\phi\,\vec{e}_x + \cos\theta\sin\phi\,\vec{e}_y - \sin\theta\,\vec{e}_z$$

$$\vec{e}_\phi = -\sin\phi\,\vec{e}_x + \cos\phi\,\vec{e}_y$$

という関係を利用して直交座標を極座標に変換しよう。まず

$$\frac{z}{r^2}(x\vec{e}_x+y\vec{e}_y+z\vec{e}_z) = \frac{z}{r}\left(\frac{x}{r}\vec{e}_x+\frac{y}{r}\vec{e}_y+\frac{z}{r}\vec{e}_z\right)$$

$$= \cos\theta\,(\sin\theta\cos\phi\,\vec{e}_x + \sin\theta\sin\phi\,\vec{e}_y + \cos\theta\,\vec{e}_z)$$

$$= \sin\theta\,(\cos\theta\cos\phi\,\vec{e}_x + \cos\theta\sin\phi\,\vec{e}_y) + \cos^2\theta\,\vec{e}_z$$

ここで

$$\vec{e}_\theta = \cos\theta\cos\phi\,\vec{e}_x + \cos\theta\sin\phi\,\vec{e}_y - \sin\theta\,\vec{e}_z$$

より

$$\cos\theta\cos\phi\,\vec{e}_x + \cos\theta\sin\phi\,\vec{e}_y = \vec{e}_\theta + \sin\theta\,\vec{e}_z$$

であるから

$$\frac{z}{r^2}(x\vec{e}_x+y\vec{e}_y+z\vec{e}_z) = \sin\theta(\vec{e}_\theta + \sin\theta\,\vec{e}_z) + \cos^2\theta\,\vec{e}_z$$

$$= \sin\theta\,\vec{e}_\theta + (\sin^2\theta+\cos^2\theta)\vec{e}_z = \sin\theta\,\vec{e}_\theta + \vec{e}_z$$

となる。したがって

$$\vec{E}(\vec{r},t) = \frac{c\mu\ell}{4\pi r}I_0\left[\frac{\omega}{c}\sin\left\{\omega\left(t-\frac{r}{c}\right)\right\}\right]\vec{e}_z + \frac{c\mu\ell}{4\pi r}I_0\left[-\frac{\omega}{c}\sin\left\{\omega\left(t-\frac{r}{c}\right)\right\}\right](\sin\theta\,\vec{e}_\theta+\vec{e}_z)$$

$$= -\frac{c\mu\ell}{4\pi r}I_0\left[\frac{\omega}{c}\sin\left\{\omega\left(t-\frac{r}{c}\right)\right\}\right]\sin\theta\,\vec{e}_\theta = -\frac{\mu\ell\omega}{4\pi r}I_0\,\sin\left\{\omega\left(t-\frac{r}{c}\right)\right\}\sin\theta\,\vec{e}_\theta$$

となる。よって

$$\vec{E}(\vec{r},t) = -\frac{\mu\ell\omega}{4\pi r}I_0\,\sin\left\{\omega\left(t-\frac{r}{c}\right)\right\}\sin\theta\,\vec{e}_\theta$$

となり、電場ベクトルは極座標における θ 方向を向くことになる。ここで、磁場ベクトルをふたたび示すと

$$\vec{B}(\vec{r},t) = -\frac{\mu\ell\omega}{4\pi rc}I_0\,\sin\left\{\omega\left(t-\frac{r}{c}\right)\right\}\sin\theta\,\vec{e}_\phi$$

となるのであった。

　これらの式を比較すると、磁場ベクトルと電場ベクトルは位相が同じで、振動が互いに直交する（ϕ方向とθ方向）ことが確認できる。まさに、これは電磁波の特徴を反映している。これが交流電流によって発生する電磁波である。さらに、それぞれの大きさを E と B とすれば

$$E = cB$$

となり第7章で紹介した関係が成立することもわかる。

　この章でも見てきたように、電磁波の本質はベクトルポテンシャルの振動である。そして、ベクトルポテンシャルは、電流と平行に自由空間に発生する。さらに、電流が振動すれば、ベクトルポテンシャルも振動し、その結果、電磁波が発生するのである。

　ただし、本章で導出した電磁波では $1/r$ という距離依存性がついていることに気づかれたであろうか。つまり、電磁波は距離とともに減衰することになる。実は、第7章で紹介した電磁波は指向性が高く、3次元空間のあるひとつの方向（k 方向）のみに進行する平面波である。このような波は減衰しない。

　一方、z 方向に振動する交流電流であっても、そこから発生する電磁波が 3次元空間に拡がる場合、1/r 依存性が生じるのである。ただし、$\sin\theta$ の項により$\theta=0$ では 0 となり、z 方向に電磁波は発信されない。つまり、図10-9に示すようにある程度の指向性は担保されることになる。

　また、電灯の光のように球面波として3次元空間のあらゆる方向に進む電磁

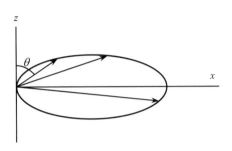

図 10-9　z 軸方向に振動する交流電流から放出される電磁波

波は $1/r^2$ の依存性を有するので、急激に減衰することになる。通信や放送に使う電波（波長の長い電磁波）では、パラボラアンテナを使って、電波に指向性を与えることで、遠方まで届くような工夫が施されているのである。

おわりに

　光 (light) は電磁波 (electromagnetic wave) の一種であり波 (wave) である。一方、電子 (electron) は粒子 (particle) である。目には見えないほど小さい（大きささえもいまだに不明である）が、静電気として取り出すことはできる。

　ところで、量子力学によれば、粒子であるはずの電子に波の性質もある。これを物質波 (matter wave) と呼んでいる。一方、量子力学は、波であるはずの光に粒子の性質があることも教えてくれる。これを光子 (photon) と呼んでいる。

　光学顕微鏡 (light microscope) では、光の波という性質と光学レンズを利用して極微の世界を拡大して見ることができる。ただし、その分解能は光の波長が限界となる。電子波の波長は光よりも10万分の1と短いから、それを顕微鏡に利用すれば、その分解能は格段に向上するはずである。当初は、そんなことは不可能と思われていたが、現在では、電子の波の性質を利用した電子顕微鏡 (electron microscope) が大活躍し、驚くことに、1個の原子さえも見ることができるようになっている。

　電子の波動関数を$\varphi(x)$とすると、実は$\exp(i\theta)$だけの不確定性があり、$\varphi(x)$に$\exp(i\theta)$を乗じたものも、同じ電子状態を与える。θは電子波の位相 (phase) であり、通常、θはばらばらである。このため、θの存在そのものを多くの物理学者が否定した時代もあった。いまでは、その存在は疑う余地がない。そして、電子波の位相が完全に揃うことがある。それが超伝導現象であり、コヒーレントな波 (coherent wave) と呼ばれている。この波動性によって、超伝導体内の磁場が量子化 (quantization) されるのである。これを磁束の量子化と呼んでいる。原子内の電子軌道と同じ原理であるが、量子化のスケールは1万倍以上である。よって、超伝導を巨視的な量子現象と呼んでいる。

　そして、本書で紹介したベクトルポテンシャルのゲージ変換には、波動関数の位相であるθが直接関係している。

もし、電子波の位相をそろえることができれば、それを利用した新たな応用が可能となる。たとえば、高分解能のホログラフィー電子顕微鏡が可能となり、量子力学の世界を見ることができるようになる。そして、ミクロな電子の位相の変化を捉えることもできる。

　外村彰らは、位相のそろった電子ビームを発生する電解放射型の電子銃（なんと 30-100 万ボルト）を開発し、電子波の位相差を観察することに成功した。そして、ノーベル賞級の研究成果を次から次へと発表していく。ベクトルポテンシャルの実在を予言した AB 効果の実証は、まさに、その成果のひとつである。

　残念ながら、外村彰氏は、2012 年に亡くなった。生きておられれば、必ずやノーベル賞を受賞していただろう。

　以下に、ベクトルポテンシャル、特に AB 効果に関する文献を掲げておく。

　外村彰著（2010）『目で見る美しい量子力学』（サイエンス社）：本書で取り上げた AB 効果の実証実験や、超伝導体内の磁束量子 (quantized magnetic flux) の観察など、豊富な写真とともに、40 年にわたる「量子力学の世界を見る」挑戦が描かれている。

　R. P. Grease 著; *The Ten Most Beautiful Experiments in Science*, Random House, New York, 2003. 邦題『世界でもっとも美しい 10 の科学実験』青木薫訳（日経 BP 社, 2006）：外村彰氏等の 2 重スリット実験を取り上げている。

　大貫善郎著（1985）『アハラノフ-ボーム効果』（物理学最前線 9）大槻義彦編（共立出版）：AB 効果についての理論的背景などが、詳細に解説されている。

　Y. Aharonov and D. Bohm: Physical Review, vol. **115** (1959) P. 485 ： AB 効果に関する原著論文

索引

著者：村上 雅人（むらかみ まさと）

1955 年，岩手県盛岡市生まれ．東京大学工学部金属材料工学科卒，同大学工学系大学院博士課程修了．工学博士．超電導工学研究所第一および第三研究部長を経て，2003 年 4 月から芝浦工業大学教授．2008 年 4 月同副学長，2011 年 4 月より同学長．

1972 年米国カリフォルニア州数学コンテスト準グランプリ，World Congress Superconductivity Award of Excellence，日経 BP 技術賞，岩手日報文化賞ほか多くの賞を受賞．

著書：『なるほど虚数』『なるほど微積分』『なるほど線形代数』『なるほど量子力学』など「なるほど」シリーズを 20 冊以上のほか，『日本人英語で大丈夫』．編著書に『元素を知る事典』（以上，海鳴社），『はじめてナットク超伝導』（講談社，ブルーバックス），『高温超伝導の材料科学』（内田老鶴圃）など．

なるほどベクトルポテンシャル

2020 年 10 月 30 日 第 1 刷発行
2024 年 4 月 5 日 第 2 刷発行

発行所：㈱海 鳴 社　http://www.kaimeisha.com/

〒 101-0065 東京都千代田区西神田 2 － 4 － 6
E メール：info@kaimeisha.com
Tel.：03-3262-1967 Fax：03-3234-3643

発 行 人：辻 信行
組 版：小林 忍
印刷・製本：シ ナ ノ

出版社コード：1097
ISBN 978-4-87525-352-5